跨境电子商务基础

主编 邱丽萍 谭 玲 卢彰诚

北京理工大学出版社
BEIJING INSTITUTE OF TECHNOLOGY PRESS

版权专有　侵权必究

图书在版编目（CIP）数据

跨境电子商务基础 / 邱丽萍，谭玲，卢彰诚主编. -- 北京：北京理工大学出版社，2023.11
ISBN 978-7-5763-3097-7

Ⅰ．①跨… Ⅱ．①邱… ②谭… ③卢… Ⅲ．①电子商务-高等学校-教材 Ⅳ．①F713.36

中国国家版本馆 CIP 数据核字（2023）第 217240 号

责任编辑：时京京　　**文案编辑**：时京京
责任校对：刘亚男　　**责任印制**：施胜娟

出版发行 / 北京理工大学出版社有限责任公司
社　　址 / 北京市丰台区四合庄路 6 号
邮　　编 / 100070
电　　话 / （010）68914026（教材售后服务热线）
　　　　　　（010）68944437（课件资源服务热线）
网　　址 / http://www.bitpress.com.cn
版 印 次 / 2023 年 11 月第 1 版第 1 次印刷
印　　刷 / 涿州市京南印刷厂
开　　本 / 787 mm×1092 mm　1/16
印　　张 / 17
字　　数 / 414 千字
定　　价 / 89.00 元

图书出现印装质量问题，请拨打售后服务热线，负责调换

前 言

在全球化进程不断深化的今天，跨境电子商务已成为新的贸易增长点。特别是近年来，我国的跨境电子商务迅猛发展，取得了显著的成果，更是在全球化经济交往中扮演了重要角色。

习近平总书记在党的二十大报告中强调："中国坚持对外开放的基本国策，坚定奉行互利共赢的开放战略。……推进高水平对外开放。依托我国超大规模市场优势，以国内大循环吸引全球资源要素，增强国内国际两个市场两种资源联动效应，提升贸易投资合作质量和水平。稳步扩大规则、规制、管理、标准等制度型开放。推动货物贸易优化升级，创新服务贸易发展机制，发展数字贸易，加快建设贸易强国。"这意味着，对外开放不仅是我国的国策，更是我们深化国际合作、推动国家发展的重要手段。在此背景下，跨境电子商务的发展就显得尤为重要。这些重要论述，也为我们开展跨境电子商务指明了前进方向、提供了根本遵循。

同时，习近平总书记在党的二十大报告中也强调"深入实施人才强国战略。""加快建设高质量教育体系""统筹职业教育、高等教育、继续教育协同创新，推进职普融通、产教融合、科教融汇，优化职业教育类型定位。"，再次明确了职业教育的发展方向。

但在开展跨境电子商务过程中，我们面临的挑战和问题也不可忽视。因为跨境电子商务并非简单的买卖过程，它涉及商品选品、产品发布、营销推广、物流支付、知识产权和法规等多个环节。不同于传统的电子商务，跨境电子商务还需要面对更复杂的文化背景、市场环境、法律法规以及各种不确定因素。如何在这样的环境中取得成功，是每一个从业者和学者都需要思考的问题。

面对国内外的复杂环境，我们既要积极应对挑战，也要把握机遇，持续推进我国跨境电子商务的健康发展，为我国跨境电子商务人才培养注入新的活力。

鉴于此，我们编写了这本《跨境电子商务基础》，为广大学生和从业者提供一份翔实的指南。这本书结构清晰、内容丰富，分为八个单元，涵盖了跨境电子商务的所有重要环节，包括跨境电子商务概述、跨境电子商务平台介绍、跨境电子商务选品分析、跨境店铺产品发布、跨境电子商务营销与推广、跨境电子商务物流、跨境电子商务支付、跨境电子商务知识产权与法律法规等，每个环节都进行了详细的讲解。同时还结合实际经验，提供了实战操作指导，帮助读者在理解理论的基础上，更好地把握跨境电子商务的实操技巧。

在这本书中，我们重视理论与实践的结合，既有深入浅出的理论解析，也有丰富的案例分析。我们引用了大量的实例，以便读者更好地理解和掌握跨境电子商务的各个环节。同时，我们也关注跨境电子商务的最新发展趋势和政策，以帮助读者及时了解和适应市场的变化。希望本书能成为读者理解和掌握跨境电子商务的有效工具，也希望本书能为我国的跨境电子商务发展贡献一份绵薄之力。

  本书由邱丽萍、谭玲、卢彰诚担任主编，周佳男、来立冬、徐迪柯担任副主编。其中邱丽萍负责学习单元一至学习单元三的编写；谭玲负责学习单元四至学习单元六的编写；来立冬负责学习单元七至学习单元八的编写；卢彰诚、周佳男负责整体内容及资源的统筹安排和审稿校对；徐迪柯负责教材配套资源的梳理和汇总。在内容建设、配套资源开发过程中，得到了浙江商业职业技术学院的大力支持，也得到了许多业界同人的帮助。在这里诚挚地感谢杭州普特教育咨询有限公司、浙江出书网络科技有限公司等公司的鼎力相助，他们以丰富的经验和专业的知识，对这本书的内容进行了严谨而全面的审阅和指导。

  本书定位准确、立意新颖、紧跟前沿、特色鲜明、内容务实，可作为高职高专院校、职业本科院校和应用型普通本科院校的跨境电子商务、国际经济与贸易、商务英语、工商管理等专业的教材和教学参考用书，也可作为跨境电子商务从业人员的参考用书。

  由于编者能力水平有限，书中可能仍存在待商榷之处，敬请相关院校师生及其他读者在使用本书的过程中给予指正，并将改进意见和建议及时反馈给我们，以便后续修订时进一步完善。

编　者

目 录

学习单元一 跨境电子商务概述 (001)

学习目标 (001)
思维导图 (001)
学习模块一 跨境电子商务定义 (002)
 一、跨境电子商务概念 (002)
 二、跨境电子商务分类 (006)
学习模块二 跨境电子商务现状及趋势 (008)
 一、跨境电子商务发展历程 (008)
 二、跨境电子商务发展趋势 (009)
学习模块三 跨境电子商务岗位技能和职业素养 (011)
 一、跨境电子商务岗位类别 (011)
 二、跨境电子商务岗位技能 (012)
 三、跨境电子商务职业素养 (013)

学习单元二 跨境电子商务平台介绍 (016)

学习目标 (016)
思维导图 (016)
学习模块一 跨境电子商务主流平台介绍 (017)
 一、Amazon (017)
 二、AliExpress (020)
 三、eBay (024)
 四、Shopee (027)
学习模块二 跨境电子商务独立站平台 (029)
 一、独立站 Shopify (029)
 二、其他独立站平台 (032)
学习模块三 社交媒体跨境电子商务平台 (035)
 一、TikTok (035)
 二、其他社交跨境电子商务平台介绍 (038)

学习单元三　跨境电子商务选品分析 ……………………………………………… (041)

学习目标 ……………………………………………………………………………………… (041)
思维导图 ……………………………………………………………………………………… (041)
学习模块一　选品思维和策略 …………………………………………………………… (042)
　　一、国际市场需求分析 ……………………………………………………………… (042)
　　二、跨境电子商务选品的原则与逻辑 ……………………………………………… (048)
　　三、跨境电子商务的选品方法 ……………………………………………………… (051)
　　四、第三方选品网站与工具 ………………………………………………………… (058)
学习模块二　不同平台的选品方法 ……………………………………………………… (069)
　　一、亚马逊平台选品方法 …………………………………………………………… (069)
　　二、AliExpress 平台选品工具 ……………………………………………………… (070)
　　三、eBay 平台选品工具 ……………………………………………………………… (078)

学习单元四　跨境店铺产品发布 …………………………………………………………… (081)

学习目标 ……………………………………………………………………………………… (081)
思维导图 ……………………………………………………………………………………… (081)
学习模块一　商品信息准备 ……………………………………………………………… (082)
　　一、商品标题 ………………………………………………………………………… (082)
　　二、商品属性 ………………………………………………………………………… (085)
　　三、商品图片和视频 ………………………………………………………………… (087)
　　四、商品详情页信息 ………………………………………………………………… (093)
　　五、商品价格 ………………………………………………………………………… (101)
　　六、发货设置 ………………………………………………………………………… (104)
学习模块二　AliExpress 发布产品 ……………………………………………………… (110)
　　一、基本信息 ………………………………………………………………………… (111)
　　二、产品信息 ………………………………………………………………………… (113)
　　三、价格与库存 ……………………………………………………………………… (115)
　　四、详细描述 ………………………………………………………………………… (117)
　　五、包装和物流 ……………………………………………………………………… (118)
　　六、其他设置 ………………………………………………………………………… (119)
学习模块三　Amazon 产品发布 ………………………………………………………… (120)
　　一、创建新商品信息 ………………………………………………………………… (121)
　　二、跟卖 ……………………………………………………………………………… (124)
学习模块四　eBay 店铺产品刊登 ………………………………………………………… (125)
学习模块五　TikTok 店铺商品刊登 ……………………………………………………… (130)
　　一、单个上传商品 …………………………………………………………………… (130)
　　二、批量上传产品 …………………………………………………………………… (135)
　　三、商品管理 ………………………………………………………………………… (139)

学习模块六　Shopee 产品上传流程···(140)
　　一、设置价格···(140)
　　二、新增全球商品···(143)
　　三、发布店铺商品···(147)

学习单元五　跨境电子商务营销与推广···(151)

学习目标···(151)
思维导图···(151)
学习模块一　不同平台站内活动与营销工具···(152)
　　一、AliExpress 平台活动与营销工具··(152)
　　二、Amazon 平台活动与营销工具···(161)
学习模块二　不同平台站内广告投放渠道···(170)
　　一、AliExpress 平台站内广告投放渠道···(170)
　　二、Amazon 平台站内广告投放渠道··(173)
　　三、eBay 平台站内广告投放渠道··(175)
学习模块三　站外营销与推广···(177)
　　一、社交媒体推广···(177)
　　二、SEO 搜索引擎优化与推广···(180)
　　三、案例分析：揭秘跨境电子商务巨头 Anker·································(183)

学习单元六　跨境电子商务物流···(186)

学习目标···(186)
思维导图···(186)
学习模块一　跨境电子商务物流概述··(187)
　　一、跨境电子商务物流的特征··(187)
　　二、跨境电子商务物流运输流程···(188)
　　三、跨境物流的现状及发展趋势···(189)
学习模块二　国际物流的主要分类···(191)
　　一、邮政物流···(191)
　　二、商业快递···(193)
　　三、专线物流···(193)
　　四、海外仓··(195)
学习模块三　常见的物流清关问题及解决方案·······································(196)
学习模块四　跨境电子商务物流的包装与清关······································(198)
　　一、国际物流运输中产品包装注意事项···(198)
　　二、不同国家的清关方式···(200)
学习模块五　跨境电子商务物流方案选择··(202)
　　一、Amazon 平台物流方案实操··(202)
　　二、AliExpress 平台物流方案实操···(207)

三、eBay 物流方案实操 ·· (212)

学习单元七　跨境电子商务支付 ·· (219)

　学习目标 ·· (219)
　思维导图 ·· (219)
　学习模块一　跨境电子商务收退款方式 ·· (220)
　　一、跨境电子商务支付 ··· (220)
　　二、跨境电子商务收款方式与工具 ·· (221)
　　三、不同出口报关模式下的跨境收款 ··· (225)
　学习模块二　跨境电子商务常见买家支付方式 ··· (228)
　　一、北美地区 ··· (228)
　　二、欧洲地区 ··· (229)
　　三、东南亚地区 ·· (230)
　　四、拉美地区 ··· (231)
　　五、中东地区 ··· (232)

学习单元八　跨境电子商务知识产权与法律法规 ··· (233)

　学习目标 ·· (233)
　思维导图 ·· (233)
　学习模块一　知识产权概念及特征 ·· (234)
　　一、知识产权概念及特征 ·· (234)
　　二、不同知识产权的侵权风险及应对措施 ·· (238)
　学习模块二　不同跨境电子商务平台的知识产权保护规则 ································ (241)
　　一、AliExpress 平台知识产权保护规则 ··· (241)
　　二、Amazon 平台知识产权保护规则 ·· (242)
　　三、eBay 平台知识产权保护规则 ··· (245)
　学习模块三　知识产权常用查询工具 ··· (246)
　　一、中国专利信息查询 ·· (246)
　　二、区域性知识产权管理组织 ··· (248)
　　三、不同国家知识产权管理 ·· (249)
　学习模块四　跨境电子商务中常见的法律法规 ··· (249)
　　一、跨境电子商务与走私问题 ··· (249)
　　二、跨境电子商务与传销问题 ··· (251)
　　三、跨境电子商务与广告宣传问题 ·· (253)
　　四、跨境电子商务与反不正当竞争问题 ·· (255)
　　五、跨境电子商务与反垄断问题 ··· (257)

参考文献 ·· (260)

学习单元一

跨境电子商务概述

【学习目标】

【知识目标】

了解跨境电子商务的概念与分类。

熟悉我国跨境电子商务的特点。

了解我国跨境电子商务的发展历程及趋势。

【技能目标】

区分跨境电子商务岗位类别。

了解跨境电子商务岗位技能。

具备跨境电子商务职业素养。

【素质目标】

对我国建设更高水平开放型经济新体制有所了解。

【思维导图】

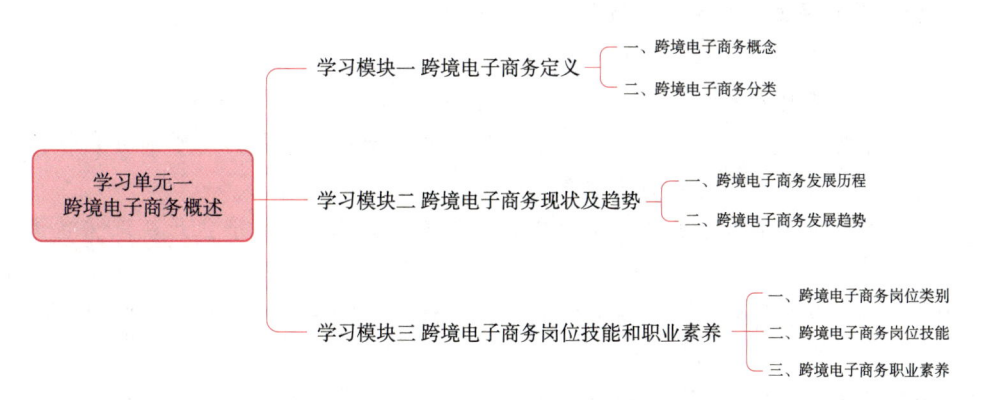

```
                                        ┌─ 一、跨境电子商务概念
                    ┌─ 学习模块一 跨境电子商务定义 ─┤
                    │                   └─ 二、跨境电子商务分类
                    │
学习单元一           │                           ┌─ 一、跨境电子商务发展历程
跨境电子商务概述 ────┼─ 学习模块二 跨境电子商务现状及趋势 ─┤
                    │                           └─ 二、跨境电子商务发展趋势
                    │
                    │                                   ┌─ 一、跨境电子商务岗位类别
                    └─ 学习模块三 跨境电子商务岗位技能和职业素养 ─┼─ 二、跨境电子商务岗位技能
                                                        └─ 三、跨境电子商务职业素养
```

学习模块一　跨境电子商务定义

一、跨境电子商务概念

（一）跨境电子商务的定义

近年来，随着"代购""微商""国货出海"等众多词汇及相关交易行为的兴起，跨境电子商务一词也愈加频繁地出现在人们的日常生活中。有关跨境电子商务的概念，有不同版本的定义，因为跨境电子商务由跨境和电子商务组成，故跨境电子商务具备双重属性。

有人认为跨境电子商务中的电子商务是理解跨境电子商务的关键。即跨境电子商务是指分属不同关境的交易主体，通过电子商务平台达成交易、进行支付结算，并通过跨境物流送达商品、完成交易的电子商务平台和在线交易平台。电子商务平台在跨境电子商务活动中处于核心和枢纽地位。

也有学者认为，在跨境电子商务领域中，跨境属性比电子商务属性更加重要。他们认为，跨境电子商务是一种新型的外贸商业模式，利用互联网发展的便利，依靠电子商务平台使不同关境的交易主体达成交易，通过跨境物流送达交易商品并完成交易的商业模式。其中交易主体应处于不同关境的企业与个人，交易商品应位于不同关境，"跨境"是其最主要的特征。

但不同版本的核心概念并无太大争议，根据《关于跨境电子商务零售进出口商品有关监管事宜的公告》〔海关总署公告 2016 年第 26 号〕中的相关规定 [1]：

一、适用范围

（一）电子商务企业、个人通过电子商务交易平台实现零售进出口商品交易，并根据海关要求传输相关交易电子数据的，按照本公告接受海关监管。

…………

（二十）本公告有关用语的含义：

"参与跨境电子商务业务的企业"是指参与跨境电子商务业务的电子商务企业、电子商务交易平台企业、支付企业、物流企业等。

"电子商务企业"是指通过自建或者利用第三方电子商务交易平台开展跨境电子商务业务的企业。

"电子商务交易平台企业"是指提供电子商务进出口商品交易、支付、配送服务的平台提供企业。

"电子商务通关服务平台"是指由电子口岸搭建，实现企业、海关以及相关管理部门之间数据交换与信息共享的平台。

由此，我们可以明确，跨境电子商务是指分属不同关境的交易主体，通过互联网等多种电子化方式达成交易（包括商务谈判、服务履约、签订合同等），并通过跨境物流或异地仓储送达商品、完成交易的一种国际商务活动。根据跨境电子商务的核心概念，我们可以对跨境电子商务的涵盖范围进行外延，凡是具备跨境和电子商务双重属性的交易都可归入跨境电子商务的范围。

跨境电子商务交易主体包括跨境电子商务经营者、跨境电子商务平台经营者、跨境电子商务服务商、消费者及监管方。

1. 跨境电子商务经营者

跨境电子商务经营者指通过自建或者利用第三方电子商务交易平台开展跨境贸易电子商务业务的境内外企业，包含线下的外贸企业和国内电商领域的商家，为交易商品或服务的所有权人。

2. 跨境电子商务平台经营者

跨境电子商务平台经营者为跨境交易双方提供网页空间、虚拟经营场所、交易规则、交易撮合、信息发布等服务，设立供交易双方独立开展交易活动的信息网络系统，为货物进出境、物品实现交易、支付、配送并经海关认可且与海关联网的平台的经营者。如阿里巴巴国际站、Amazon、AliExpress 等。

3. 跨境电子商务服务商

跨境电子商务服务商是为跨境电子商务企业和跨境电子商务消费者提供服务，接受跨境电子商务企业或者消费者委托，为其提供报关报检、退税结汇、货代、支付、物流、仓储等服务，具有相应运营资质，直接向海关提供有关支付、物流和仓储信息，接受海关、市场监管等部门后续监管，是承担相应责任的主体。

4. 消费者

消费者是跨境电子商务中与跨境电子商务经营者交易的另一主体。关于消费者的概念，在各国法律中，以及一国各部门法中都不尽相同。买家身份具有多样性，包含贸易商、采购商、品牌商、零售店、网店等，同时买家的规模层次也较为分散，包含了大型跨国公司、中小型企业、微型商户和个人等。

5. 监管方

跨境电子商务的交易中，既涉及传统外贸行业的监管机关，也涉及电商行业的监管机关。总体来说，监管机构较多，不同部分的权责也存在一定的重叠，包含但不限于海关总署、商务部、检验检疫总局、国家外汇总局、税务总局等。但此处的监管方重点是指海关，是电子商务法监督管理执行方，是行使进出口监督管理职权的国家行政机关。

从广义上来说，跨境电子商务是泛指在跨境交易的任一环节上涉及电子化的活动，即具备跨境和电子商务双重属性的都是跨境电子商务，包括境外法人或者非法人组织入驻境内平台向国内销售商品或者服务，例如境外企业在国内的天猫国际、京东海囤全球等平台上从事经营活动；包括境内的法人或者非法人组织在平台上向境外出售商品或者服务，如国内企业在阿里巴巴国际站、AliExpress 上从事经营活动；包括平台内的交易双方均在境内，但是交易的商品或者服务涉及进出口等，如中国内地的消费者向中国境内的电商企业购买其在境外经营的商品等。

而狭义上的跨境电子商务是指零售模式下的跨境电子商务，即分属不同关境的企业和消费者通过跨境电子商务平台达成交易、进行跨境支付结算，并通过跨境物流送达商品、完成交易的一种国际贸易新业态。而本书的讨论重点，即狭义范围内的跨境电子商务。

跨境电子商务涵盖了商流、信息流、资金流和物流。

1. 商流

商流指的是产品，在购买与销售之间进行交易和转移商品所有权的一个过程，也就是商品交易的所有活动。

2. 信息流

信息流既包括商品信息的提供、促销营销、技术支持、售后服务等内容，也包括诸如询价单、报价单、付款通知单、转账通知单等商业贸易单证，还包括交易方的支付能力、支付信誉、中介信誉等。

3. 资金流

资金流主要是指资金的转移过程，包括付款、转账、兑换等过程，通过计算机和网络通信设备实现。

4. 物流

物流作为四流中最为特殊的一种，是指物质实体（商品或服务）的流动过程，具体指运输、储存、配送、装卸、包装、保管、物流信息管理等各种活动。

随着跨境电子商务的不断发展，基础设施的改善与新技术的出现，国际贸易形态的不断变化，跨境电子商务核心企业吸引并孵化了相关配套企业，如软件公司、代运营公司、在线支付、物流公司等，服务内容涵盖店铺运营、图片设计与店铺装修、产品翻译描述、网站营销、跨境物流等，整个行业生态体系愈加完善健全，分工更加清晰，并呈现出生态化的特征，有力地推动了跨境电子商务行业的快速发展。

对企业来说，跨境电子商务构建的开放、多维、立体的多边经贸合作模式，极大地拓宽了进入国际市场的路径，大大促进了多边资源的优化配置与企业间的互利共赢；对消费者来说，跨境电子商务为用户提供了更多选择，带来了更多实惠，让消费者无须出国即可获取其他国家的信息并买到物美价廉的商品。跨境电子商务不仅冲破了国家间的障碍，使国际贸易走向无国界贸易，让跨境电子商务在全世界范围内兴起。

跨境电子商务作为一种国际贸易新业态，推动了外贸模式的改变，缩短了外贸交易的链条。传统跨境贸易模式，往往是专业外贸经销商专门从事跨境贸易，帮助制造商将生产的货物出口，并在目的国对接专业的外贸采购商，将货物通过各级分销商、零售商中转，最终才到达消费者个人手中。而在跨境电子商务的帮助下，将传统国际贸易加以网络化、电子化，以电子技术和物流为主要手段，以商务为核心，把传统的销售、购物渠道移到网上，打破国家与地区有形无形的壁垒，减少了采购商、分销商、零售商等环节，使贸易链条大大缩短，节约了交易成本。跨境电子商务正在引起世界经济贸易的巨大变革。

（二）跨境电子商务的特征

跨境电子商务具有以下特征：

1. 全球性

与传统外贸相比，依托于互联网的跨境电子商务，具有全球性和非中心化的特性。电子商务最重要的特点之一就是打破传统贸易的地域性与时空限制，交易双方基于虚拟网络，不需考虑国界或不再局限于单一国境内，利用互联网技术和电商平台将商品和服务销往世界各地，开展全方位、多层次、宽领域的跨境贸易。世界各地的消费者不需前往世界各地购买自己需要的商品，而是像寻常网络购物一样就可以买到来自全世界的商品。如西班牙的买家，无须出国，即可买到中国义乌生产的抱枕。跨境电子商务将世界各国的消费者联系在一起，让信息共享最大化。

2. 无形性

传统交易以实物交易为主，而在电子商务中，数字化产品却可以替代实物成为交易的对象。一套软件、一首音乐、一部电影等，一切都是无形的，产品以数字化形式展现，服务也是通过数字化进行展示。跨境电子商务具备电子商务的特性，产品或服务也是通过数字化形式、在不同类型的媒介上展现，其不需要实体店铺、实体现金和线下工作人员，所有的数据都是通过媒介传输形成，所以跨境电子商务必然具有无形性的特征。

3. 匿名性

由于跨境电子商务的非中心化和全球性的特性，很难识别电子商务用户的身份和其所处的地理位置。跨境电子商务的用户不需要提供真实身份就可以完成网络交易，也不需要提供自己的真实地址就可以获得交易物品，但丝毫不影响交易的进行，网络的匿名性也允许消费者这样做。

电子商务交易的匿名性导致了逃避税现象的恶化，网络的发展，降低了避税成本，使电子商务避税更轻松易行。

4. 即时性

在传统贸易模式下，交易双方在交流及交流方式上，如信函、电报、传真等，存在一定的时间差，有沟通的时间成本。但对互联网而言，信息传递的速度与实际中的时空距离无关，跨境电子商务中的信息交流，无论实际时空距离的远近，都可以在世界各地瞬间完成传递与计算机自动处理，无须人员干预。例如音乐、软件等电子类信息产品甚至可以实现即时结算交付，订货、付款、交货都可以在瞬间完成，因此跨境电子商务具有及时性。

此外，跨境电子商务的即时性免去了传统交易中的中间环节，使得交易双方可以直接沟通，大大提高了人们的交往和交易的效率，在一定程度上改变了社会的经济运作方式。

5. 无纸化

无纸化是信息化进程的一个理想目标，其涉及无纸化交易、无纸化办公、无纸化阅读等。跨境电子商务依托于互联网运作的特征，决定了其主要采取无纸化的运作方式。通过无纸化方式开展相关业务，电子计算机取代了一系列的纸面交易文件，用户发送或接收电子信息。由于电子信息以比特的形式存在和传送，整个信息发送和接收过程实现了无纸化，使信息传递摆脱了纸张的限制。

6. 多边性

跨境电子商务交易主体涉及两个以上的国家及地区，整个贸易过程的信息流、商流、物流、资金流已经由传统的双边逐步向多边的方向演进，呈网状结构，使得跨境电子商务企业在合作以及企业活动上具有多边性。跨境电子商务可以通过 A 国的交易平台、B 国的支付结算平台、C 国的物流平台，实现与国家间的直接贸易。跨境电子商务从链条逐步进入网状时代，中小微企业不再简单依附于单向的交易或是跨国大企业的协调，而是形成一种互相动态链接的生态系统。

跨境电子商务企业想要将自己的商品销往海外就需要了解不同国家的边贸法规以及风俗民情，因此跨境电子商务企业在商业活动以及营销宣传上应具有多边性，以帮助跨境电子商务企业更好地在不同边境内展开国际业务与合作，不至于产生法律风险以及税务风险。

二、跨境电子商务分类

根据不同标准,我们可以对跨境电子商务进行以下分类:

(一)根据主体身份分类

根据交易主体属性的不同,跨境电子商务一般分为跨境贸易和跨境电子商务零售。

跨境电子商务一般贸易(B2B,Business-to-Business)是指商业主体之间通过互联网寻找商机,利用互联网平台达成跨境交易,建立更多贸易伙伴关系,是企业与企业之间的国际电子商务贸易,对电子商务的运用主要体现在以广告和信息发布为主,成交和通关流程基本在线下完成,本质上来说仍为一般贸易类型。代表企业有阿里巴巴国际站、中国制造网等。

跨境电子商务零售又分为 B2C(Business-to-Consumer)零售与 C2C(Consumer-to-Consumer)零售。

B2C 零售是指分属不同关境的企业直接面对消费者进行线上交易,以个人消费品为主,企业销售商品或者服务,并通过邮寄、海外仓等跨境物流方式完成交易,报关主体是邮政或者快递公司。代表企业有天猫国际、京东海囤全球、AliExpress 等。

C2C 零售是指个人成为卖家,发布商品信息,与买家交易并通过国际物流完成货物交付的商业活动,是个体买卖双方之间的交易。如我们日常所说的海淘代购就是 C2C 的一种模式。

(二)根据商品流向分类

根据贸易方向的不同,跨境电子商务可以分为跨境进口和跨境出口。

传统的跨境进口主要是指国内消费者通过跨境电子商务平台上购物,商品通过转运或者直邮等方式入境送达的模式。根据商务部、发改委等部门发布的《关于完善跨境电子商务零售进口监管有关工作的通知》(商财发〔2018〕486 号)的规定,跨境电子商务零售进口,是指中国境内消费者通过跨境电子商务平台经营者自境外购买商品,并通过网购保税进口(海关监管方式代码 1210)或直购进口(海关监管方式代码 9610)运递进境的消费行为。

上述商品应符合以下条件:

(1)属于《跨境电子商务零售进口商品清单》内、限于个人自用并满足跨境电子商务零售进口税收政策规定的条件。

(2)通过与海关联网的电子商务交易平台交易,能够实现交易、支付、物流电子信息"三单"比对。

(3)未通过与海关联网的电子商务交易平台交易,但进出境快件运营人、邮政企业能够接受相关电商企业、支付企业的委托,承诺承担相应法律责任,向海关传输交易、支付等电子信息。

跨境电子商务出口是指国内电子商务企业通过电子商务平台,将商品或服务达成出口交易、支付结算,并通过跨境物流配送的一种国际商业活动。

(三)根据服务类型分类

根据服务类型,跨境电子商务可分为信息服务平台、在线交易平台、外贸综合服务平台。

1. 信息服务平台

信息服务平台是通过连接或推送用户所需要的各类信息，为消费者提供网络化信息服务而建立的一种基础性信息服务体系结构。平台提供者可根据单位或个人用户需要向用户指定的终端、电子邮箱等递送、分发文本、图片、音视频、应用软件等信息，如各类选品网站等。相对来说，这类平台主要的任务是为境内和境外各会员和商户提供网络营销，将供应商和采购商的各类商家的商品或者众多服务信息传递，最终促使双方达成交易。其提供的服务内容或信息，比较单一，是专门针对企业或消费者某项需求，提供的增强型服务。一般情况下，会员费是平台的主要收入来源，同时各类增值服务，如信息查询、产品推荐及展位推广服务，也走向成熟。

代表性平台如资讯类平台雨果跨境等；选品推荐平台 Find Niche 等。

2. 在线交易平台

在线交易平台是建立在互联网上，通过互联网进行信息交换，并进行商务活动的虚拟空间和保障商务顺利运营的管理环境，是协调、整合信息流、物质流、资金流有序和高效流动的重要场所。

企业可以充分利用跨境电子商务在线交易平台提供的网络基础设施、支付收款、安全管理等资源，高效、低成本地开展自己的商业活动。因此，在线交易平台是跨境电子商务平台中的主流模式。

代表性平台如 Amazon、AliExpress 速卖通、eBay 等。

3. 外贸综合服务平台

外贸综合服务平台是指以整合各类环节服务为基础，然后统一投放给中小微外贸企业，主要的服务包括通关、物流、金融、结汇，退税等一站式的服务。简单点说，外贸综合服务是针对中小外贸企业或者做外贸的个人而设立的包括金融与物流的服务整合。

代表性平台如义乌跨境电子商务综合服务平台、洲博通等。

（四）根据平台运营方分类

以平台运营方分类，主要包含第三方开放平台、自营性平台、外贸电商代运营服务商、服务商类平台等。

1. 第三方开放平台

第三方开放平台主要是通过线上搭建商城，并且同时整合物流、用户支付以及各地运营等种种服务资源，为各商家提供跨境电子商务的交易服务等，其模式一般都是 B2B2C。与此同时，第三方开放平台是以收取商家佣金以及增值服务佣金作为它的主要盈利模式。

在这一平台的代表企业主要有 Amazon、速卖通、阿里巴巴国际站等。

2. 自营性平台

自营类型的电子商务是通过在线上搭建平台，企业自己对经营的产品进行统一生产或采购、产品展示、在线交易，并通过物流配送将产品投放到最终消费群体的行为，由平台方自行承担引流获客和销售推广功能的模式。自营型的商场上所有产品均在控制范围内，亲自采购、亲自送货、自建客服，能够提供一体化的产品体验，但是品类可能无法做到无限丰富；代表性企业有 SHEIN、兰亭集势等。

3. 外贸电商代运营服务商

外贸电子商务代运营服务商，该模式下的企业以电子商务服务商这个身份来帮助各个传统外贸企业建设属于他们自己的电子商务网站平台，并且为他们提供全方位、全面的电子商务解决方案，为从事跨境外贸电子商务的中小型传统外贸企业提供各类服务模块。服务提供商可提供一条龙式电子商务的解决方案，或者帮助外贸企业建立并定制个性化电子商务平台。外贸电子商务代运营的盈利模式是赚取企业所支付的服务费用。

代表性企业有四海商舟、锐意企创等。

4. 服务商类平台

随着跨境电子商务的不断发展，相关政策的不断完善，整个行业的生态系统越来越健全，跨境电子商务不再是野蛮生长，而是对每一个交易环节都有更精细化的需求，因此衍生并孵化了相应的跨境电子商务服务商。跨境电子商务服务商主要包括跨境金融、跨境物流等配套服务产业。

跨境电子商务金融服务包括跨境收款支付、信贷保险、境外银行账户等内容，具备支撑型服务和衍生型服务的双重性能，赋能跨境电子商务的采购、交易、物流、支付等全链条，主体呈现出多元化特点，涵盖跨境电子商务平台、跨境物流供应商、国内工厂、银行及支付机构等。代表企业有支付宝国际版、连连支付、Payoneer 等。

跨境电子商务物流服务商是跨境电子商务中的重要组成部分，是跨境电子商务运营的关键之一。与国内电子商务不同，跨境电子商务中的物流模式更加复杂，不仅涉及运输方式（如空运、海运、陆运等），还涉及海关、商检以及国际政治、经济、社会等因素的制约，同时，随着跨境电子商务行业的快速发展，新兴的物流模式也在兴起，如海外仓、保税模式的兴起与发展等。代表企业有邮政小包、菜鸟、递四方等。

我国跨境电子商务的特点

学习模块二　跨境电子商务现状及趋势

一、跨境电子商务发展历程

我国跨境电子商务发展经历了以下三个阶段。

（一）萌芽期：跨境电子商务1.0阶段（1999—2003年）

我国跨境电子商务的发展起步较早，1999 年跨境电子商务还处于试验阶段，跨境电子商务平台主要作为信息发布平台的角色为企业提供信息展示、交易撮合服务。其商业模式主要是网页广告展示、线下交易的外贸信息服务模式，核心环节仍然主要集中在线下，将消费者引流至线下进行交易，网络上并没有涉及任何交易环节，支付、物流、通关等环节均在线下完成，也无法沉淀真实的交易数据。

1997—1999 年，中国外贸 B2B 电子商务网站如中国化工网、中国制造网、阿里巴巴（国际站）等相继成立。其中，阿里巴巴在 1999 年成立的中国最大的外贸信息网页平台——阿里巴巴（国际站）成为国内最大的跨境 B2B 平台，并且已经从线上信息服务平台发展成为跨境在线交易平台。

此后，随着国家电子政务、电子商务以及互联网技术的发展，跨境电子商务的应用越来越广泛。

（二）成长期：跨境电子商务 2.0 阶段（2004—2013 年）

2004—2012 年属于跨境电子商务成长期。随着互联网技术的快速发展和广泛应用，从事跨境贸易的交易双方利用跨境电子商务平台提供的线上交易功能，逐步实现交易流程的线上化，并开始借助数字化的供应链服务来降低交易成本、提升交易效率，增加了企业的利润空间。

这一阶段，跨境电子商务平台的主要交易模式以 B2B 为主，跨境电子商务 B2B 平台开始起步并获得长足发展，跨境电子商务 B2C 平台也开始发展，并逐渐形成激烈的竞争局面。代表性事件是敦煌网的成立，它是国内首个允许中小企业参与国际贸易的平台。

对中国传统贸易行业而言，此时的跨境电子商务成了消化国内强大生产力的新模式，价格低廉的中国商品往往以成倍的价格销往海外，为企业提供了较大的利润空间。但跨境电子商务尚处于成长期阶段，商业模式还不完善，产业链上的各角色分工还不够明确，行业还有待沉淀，跨境电子商务开始走向更深的资源整合进程，以产生更大的协同，保持利润增长。

2010 年速卖通正式上线，行业进展加快。

（三）爆发期：跨境电子商务 3.0 阶段（2014 年至今）

从 2014 年起，随着一系列促进政策和监管措施的出台，中国跨境电子商务的发展进入爆发期。这一阶段，跨境电子商务出口平台迎来了良好的发展时机。

2014 年，中国对跨境电子商务零售进出口做出了监管制度的更新和相关政策的开放，促进了中国跨境电子商务零售进出口的迅猛发展，行业内各大国内外品牌、各大平台、传统行业纷纷涌入，诞生了一大批跨境电子商务平台，因此 2014 年也被称为跨境电子商务元年。

2018 年，《电子商务法》正式通过。此法旨在对跨境电子商务等电商平台进行法律监督和指导，完善监管流程和制度，促进行业走向程式化、规范化，推动整个行业健康发展，跨境电子商务逐步进入跨境电子商务多种模式融合发展时期。

现在，随着上下游产业链基本趋于完整，相关法律法规的完善，跨境电子商务逐渐规范化，在人工智能、大数据、云计算等数字技术开始飞速发展和消费者需求日趋个性化的背景下，从事跨境贸易的交易双方能够充分利用平台上沉淀的海量交易数据，实现供需的精准匹配，并借助平台上的低成本、专业、完善的生态化供应链服务完成线上交易和履约的数字化贸易活动。

2020 年，新型冠状病毒全球大流行给跨境电子商务的发展带来了机遇与挑战，是其向全球数字贸易过渡的重要节点。

二、跨境电子商务发展趋势

（一）跨境电子商务将向精细化、数字化发展

大数据时代，多渠道精细化经营将是未来跨境电子商务发展的主旋律。随着全球线上消

费规模的不断扩大，我国跨境电子商务将通过用户行为数据寻找目标客群、分析用户旅程、定位业务痛点，深度挖掘用户数据价值。营销方式将从传统的规模化逐步转变为精细化，完成从追求规模到追求质量的转变。内容方面，通过用户行为数据分析，商家可以对目标客群进行细分，执行不同的营销策略，利用个性化的内容投放触达用户。渠道方面，将从单一的广告投放转变为社交购物、直播购物、VR 购物等多渠道数字化投放。未来，打通多渠道并实现全流程数字化将成为我国跨境电子商务发展的立足点。

（二）跨境电子商务服务类产品规模将增大

随着数字贸易的快速发展，我国跨境电子商务服务类产品交易规模将增大。一方面，服务贸易领域深化改革为跨境电子商务服务类产品发展注入了新动力。2021 年，全面深化服务贸易创新发展试点稳步推进，122 项具体举措中 110 项已落地实施，落地率超过 90%；支持服务外包和特色服务出口基地高质量发展的政策措施陆续推出；服务业外资准入持续放宽，营商环境继续改善。另一方面，数字技术快速发展催生了大量数字化服务需求。全球视听、医疗、教育、网络零售等在线服务大幅增长。据商务部统计，2021 年我国知识密集型服务贸易保持两位数增长，其中，出口增长较快的领域是个人文化和娱乐服务、知识产权使用费、电信计算机和信息服务，分别增长 35%、26.9%、22.3%。当前，国际经贸形势复杂多变，数字贸易仍面临着诸多不确定性，未来，跨境电子商务服务类产品发展如何快速推进仍需进一步探索。

（三）跨境电子商务生态链将持续优化升级

数字技术的发展将为跨境电子商务行业带来革新。如区块链的可追溯性、不可篡改性、点对点传输技术、智能合约技术，将帮助解决跨境物流监测难题、跨境支付难题和跨境电子商务产品质量追溯难题；大数据技术、云计算技术将使营销更精准化、个性化，并提高供应链运转速度；元宇宙或将推动跨境电子商务生态链出现新业态新模式。2021 年，数字人民币已经开始应用到跨境电子商务支付场景。随着数字技术与跨境电子商务场景的深度融合，未来将形成智能、绿色的跨境电子商务数字生态链。

（四）跨境电子商务 B2B 交易规模将扩大

我国产业数字化进程加快，推动工业品加速进入跨境电子商务出口领域，将持续扩大跨境电子商务 B2B 交易规模。据中国信息通信研究院测算，2021 年我国产业数字化规模达到 37.2 万亿元，同比名义增长 17.2%，占数字经济比重 81.7%，占 GDP 比重 32.5%，产业数字化仍是我国数字经济发展的主引擎。2021 年，在产业数字化的推动下，我国钢铁、建材、化工等行业的跨境电子商务交易规模不断扩大，未来将进一步扩大零部件、机电设备、二手车等工业品在跨境电子商务 B2B 渠道的交易规模。同时，海外仓、独立站、出口信保、数字金融等优质服务，为我国跨境电子商务 B2B 快速发展提供了强大支撑。此外，随着跨境电子商务 B2B 交易规模的扩大，未来，数据安全、数据流动、合规建设等方面将迎来新挑战。

（五）电子商务国际合作将加速推进

当前，我国丝路电商"朋友圈"持续扩大，金砖国家、上合组织、中国—中东欧、中国—中亚五国等多边及区域电子商务合作机制建设持续推进。同时，我国积极推动世贸组织电子商务谈判，正式申请加入数字经济伙伴关系协定（DEPA）和全面与进步跨太平洋伙伴关系协定（CPTPP），积极探索和推动同欧洲、非洲、拉丁美洲各国的贸易投资自由化和便利化合作，进一步提升我国电子商务国际合作的广度和深度。随着数字领域多双边合作机制建设的持续推进，我国电子商务国际合作将迎来新发展，合作布局不断扩大，合作层次不断丰富，合作水平不断提升。

学习模块三　跨境电子商务岗位技能和职业素养

跨境电子商业职业是指具有敬业精神、创新精神和较强实践能力，具有较高职业道德水平，知识、能力、素质协调发展，面向从事跨境电子商务相关的一线岗位，以及使用电子商务专业知识从事国内外网络贸易能力的较高素质的商务技能型、应用型岗位。

一、跨境电子商务岗位类别

跨境电子商务涉及的工作岗位，包括跨境电子商务产品专员、视觉设计专员、采购与物流专员、在线客服专员、营销策划推广员、平台运营专员等，特定的工作岗位要负责完成相应的工作任务。跨境电子商务不同岗位有各自的特殊性和技能要求。总体来看，从业人员要具备外贸、外语、营销、物流、客服、财务等综合性知识，对综合能力素养要求较高。

跨境电子商务企业的规模不同，组织结构也会有所不同，一般会设有以下几个部门。

（一）产品部

产品部包含产品开发、分析产品市场、产品成本及利润，确定网站主推产品名录，整理产品信息，预测产品销售额，通过产品成本及竞争对手分析对产品进行定价，根据市场销售反馈对产品进行迭代升级等。

（二）视觉设计部

视觉设计部包含产品拍摄、图片处理、图文描述等，根据产品特点对产品进行卖点展示、外观展示、使用场景展示。

（三）采购与物流部

采购与物流部包含供应链管理与优化，物流供应商选择与维系，仓储管理，商品的包装、配送，商品出入境的物流及清关等。

（四）客服部

客服部主要进行客服的运营及服务质量的管理，如在线客服的咨询，包含产品咨询、订单处理、售后服务、客户管理、评价管理等。

（五）营销推广部

营销推广部主要包含平台内的营销推广、平台外的营销推广、数据挖掘以及数据分析等。

（六）技术部

技术部包含网站的建设与系统开发，如官网的建设与开发、客户管理系统的建设与维护、采购和仓储系统的建设与维护。

（七）运营部

运营部包含确定销售品类、目标市场及销售平台，对产品进行品牌策划与知识产权保护，对产品的网络推广及营销活动的制定；跟进并管理团队的运营事务，管理团队协作等。

此外，财务部主要负责企业的财务管理，行政部主要负责企业的行政管理、人才培养和团队建设等。

二、跨境电子商务岗位技能

跨境电子商务属于一种交叉性学科，既有国际贸易的特点，又有电子商务的特点。跨境电子商务人才，指具备一定外语能力、电子商务技能和外贸业务知识，了解海外客户网络购物的消费理念和文化，掌握跨境电子商务平台的营销技巧，从事跨境贸易和电子商务的复合型人才。

（一）国际贸易基本技能

跨境电子商务是不同国家和地区的交易者通过电子商务平台达成交易，即传统国际贸易的电子化和网络化。从根本业务属性上来说，它仍是国际贸易的范畴，所以国际贸易的基本技能依然是跨境电子商务人才必须具备的业务能力。这些业务能力包括：能熟练运用外语与客户进行沟通洽谈；能回复相关业务来往信函；能进行国际贸易流程的跟进：物流、保险、报关、报检、结算；能熟悉国际贸易中所涉及的法律、条约和惯例等。

（二）电子商务基本技能

跨境电子商务利用的是互联网搭建的网络平台进行业务往来，从业务媒介手段来说它属于电子商务的范畴，所以跨境电子人才又必须具备电子商务基本技能。这些基本技能包括：熟悉电子商务平台运营模式，能进行产品发布上架、店铺装修、客户服务与管理、店铺营销活动设置、网络推广、订单处理等。

（三）外语沟通基本技能

与国内电子商务相比，跨境电子商务的复杂性、困难性主要体现在其交易对象来自世界各地的客户，有着不同的风俗、文化和语言，消费习惯也有所不同，这就要求我们能够具有对企业及产品信息的外语描述能力，可以向国外客户介绍产品，引导客户下单，妥善处理纠纷，解决客户的相关问题等。

（四）市场营销技能

跨境电子商务人才应该具有市场营销的基本技能，可以通过数据分析、市场调研、客户需求分析等，运用国际网络营销知识，制定网络营销策略，策划有吸引力的网络营销活动，具有一定的营销推广能力。

（五）计算机网络应用能力

跨境电子商务的媒介是计算机和网络平台，这要求我们的从业者在基本的计算机操作技能外，还要更深入地掌握和运用好这些媒介和平台，熟悉办公软件及系统操作，灵活使用网页设计开发软件、图片编辑美化软件、数据统计分析软件等。

三、跨境电子商务职业素养

素养是指人的个性特征，包括能力、气质、性格、体质、习惯等因素而形成的个性特征。综合素养是指外在的文化知识与社会规范内化为一体的心理结构而形成的身心品质，包括人文素养和专业素养。现代社会是经济和科技高度发达的社会，大大突破了行业的分界，表现出多元化和一体化的特征。综合素养能够直接反映出员工自身的工作能力和质量，综合素养高的员工是企业的需要，更是社会发展的需要。根据跨境电子商务工作岗位的特点和工作任务的性质，跨境电子商务人才的综合素养可分为以下几个方面。

（一）意识

1. 风险意识

跨境电子商务的客人来自世界各地，有着不同的语言和风俗，具有复杂性和不可控性，存在很多风险，如产品质量、资金支付、网络安全、交易主体信用等风险。跨境电子商务人才要防范好风险，善于发现问题，学会思辨和处理问题，迎接一个又一个的挑战。要保障产品质量，避免因未达到质量标准的产品而导致客户投诉甚至诉讼，给店铺带来恶劣影响。

2. 法律意识

很多跨境电子商务卖家缺少专利、商标意识，销售的产品可能涉及假冒、侵权等问题，结果受到国外的侵权警告，遭遇巨额索赔，更严重的是账户受到限制，账户资金被冻结。因此，在产品交易前，卖家要注意进行专利、商标注册、品牌授权的查询，以防造成侵权。还要熟悉我国有关跨境电子商务的法律法规，如《反洗钱法》《商标法》《专利法》《著作权法》《产品质量法》《消费者权益保护法》《海关法》《进出口商品检验法》等，利用法律保护自身权益。

3. 竞争意识

国际市场上卖家之间的竞争异常激烈，有的唯低价是举，甚至恶性竞争。我国卖家要充分积极依托互联网技术与电子商务的发展，积极了解国家对跨境电子商务的支持政策，积极学习使用新技术，提高贸易效率，降低交易成本，提高竞争力。

（二）思维

思维就是基于互联网技术变革商业关系、优化跨境电子商务业务流程，为不同贸易主体创造商业价值，表现为商业模式创新、业务流程创新、业务能力创新、用户体验创新等，如运营思维、数据思维、差异化思维、创新思维、试错思维等。

它是一种新的商业逻辑思维，应用跨境电子商务专业知识创造性地解决业务中的问题，支持日常业务活动，包括交易、服务、沟通和协作等。通过业务分析、商业模式设计，运用在线技术和营销策略进行创新，是贸易手段、网络技术、经营模式的变革。

它利用大数据分析和了解客户，清楚地知道客户有哪些、忠诚客户有哪些、最有价值的客户有哪些，他们之前搜索过哪些产品，购买过哪些产品。企业借助大数据可重新设计开发客户需要的产品，整合原有资源优势，进一步拓展产品类目，进行品牌运营，提升渠道效率，使各个商业领域得到融合发展，达到高效的商务运作。它以核心产品或服务为导向，充分利用跨境电子商务的信息流、资金流和物流，重新构建资源配置模式，降低经营成本，提高用户体验。

例如，企业可自建物流仓储体系，重构产品配送模式，提高运营效率；开展活动分享、数据分析、会员营销、社交互动、精准营销、SEO优化关键词排名，利用CPM、CPC等方式进行推广，利用主要产品的流量带动其他产品的销售，获得利润。

（三）职业人格

职业人格是个人在真实的职业情境中，按照行业准则、规范、标准、要求，承担并胜任企业岗位各种工作角色的需要而具备的基本品德、资格及心理面貌，是价值取向、理想情操、行为方式在某个人职业活动过程中的综合体现。健康的职业人格表现为乐观、自信、主观满意、自我决策等。职业人格对个人的职业行为会产生重要的影响，它决定了一个人的生活与工作的方式，是用人单位考察员工的思想、情感和行为的综合标准。

跨境电子商务人才的职业人格在岗位上体现出较强的创造力，充满乐观的态度，对跨境电子商务行业有良好的认同感。在激烈的同行竞争中，个人能够表现出较强的心理承受能力，在未来的职业活动中表现出积极向上的行为方式和精神面貌。跨境电子商务的工作不是一个人的工作，而是要靠一个优秀团队共同努力，强调团队合作精神，处理好与上司和同事的关系，营造和谐的工作环境。跨境电子商务业务较为碎片化和分散化，这要求从业者有足够的耐心和细心、善于灵活应变。具有跨境电子商务职业人格的员工会更加在意在专业能力与专业目标方面的进展，懂得有选择性地获取新知识，获得专业素养的积累和提升。认同职业角色，工作积极进取，善于化解工作压力，对工作的满意度高。具有健全人格和高尚品德、诚实守信，富有社会责任感。工作中求真务实，无论做任何事情，都要把事情做扎实，懂得扬长避短，做出一番事业。

跨境电子商务人才不仅要有精湛的职业技能，还要具备良好的职业素养。因此，学生在学习专业知识的过程中，要接受素质文化教育，获得综合素养，成为适应新时代社会发展需要的高素质人才。

拓展阅读　　　　　知识与技能训练

学习单元二

跨境电子商务平台介绍

【学习目标】

【知识目标】

了解主要的跨境电子商务平台。

熟悉以 Shopify 为代表的跨境电子商务独立站平台。

了解以 TikTok 为代表的社交媒体跨境电子商务平台。

【技能目标】

熟知各主要跨境电子商务平台的特点。

理解各跨境电子商务独立站平台的各自优势。

明白社交媒体跨境电子商务平台较之其他形式电商平台的优势。

【素质目标】

培养勤奋创新精神。

【思维导图】

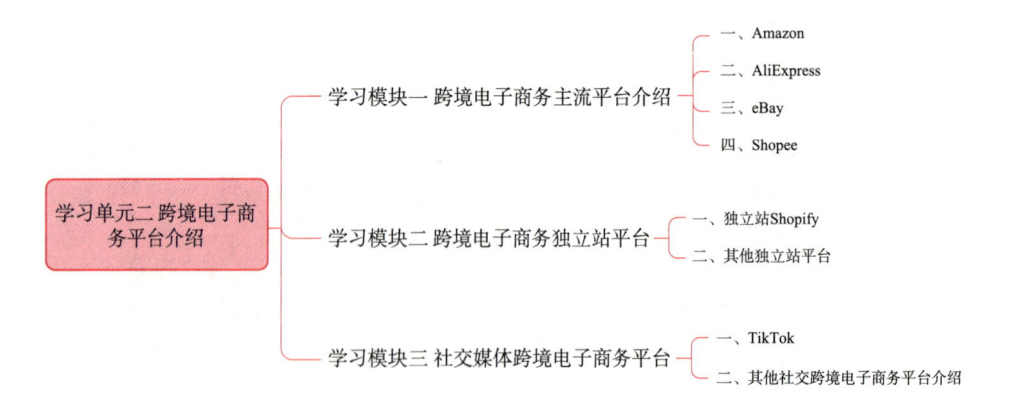

学习单元二 跨境电子商务平台介绍
- 学习模块一 跨境电子商务主流平台介绍
  - 一、Amazon
  - 二、AliExpress
  - 三、eBay
  - 四、Shopee
- 学习模块二 跨境电子商务独立站平台
  - 一、独立站Shopify
  - 二、其他独立站平台
- 学习模块三 社交媒体跨境电子商务平台
  - 一、TikTok
  - 二、其他社交跨境电子商务平台介绍

学习模块一　跨境电子商务主流平台介绍

一、Amazon

(一) 平台简介

亚马逊公司（Amazon，简称亚马逊；NASDAQ：AMZN），是美国最大的一家网络电子商务公司，位于华盛顿州的西雅图，是网络上最早开始经营电子商务的公司之一。

在亚马逊的发展史上，共经历了以下三次转变：

1. 第一次转变：成为"地球上最大的书店"（1994—1997 年）

1994 年夏天，从金融服务公司 D. E. Shaw 辞职出来的贝佐斯决定创立一家网上书店。贝佐斯认为，书籍是最常见的商品，标准化程度高；而且美国书籍市场规模大，十分适合创业。经过大约一年的准备，亚马逊网站于 1995 年 7 月正式上线。为了和线下图书巨头 Barnes & Noble、Borders 竞争，贝佐斯把亚马逊定位成"地球上最大的书店"（Earth's biggest bookstore）。为实现此目标，亚马逊采取了大规模扩张策略，以巨额亏损换取营业规模。经过快跑，亚马逊从网站上线到公司上市仅用了不到两年时间。1997 年 5 月，Barnes & Noble 开展线上购物时，亚马逊已经在图书网络零售上建立了巨大优势。此后亚马逊和 Barnes & Noble 经过几次交锋，亚马逊最终完全确立了自己是最大书店的地位。

2. 第二次转变：成为最大的综合网络零售商（1997—2001 年）

贝佐斯认为，和实体店相比，网络零售很重要的一个优势在于能给消费者提供更为丰富的商品选择，因此扩充网站品类，打造综合电商以形成规模效益成为亚马逊的战略考虑。1997 年 5 月亚马逊上市，尚未完全在图书网络零售市场中树立绝对优势地位的亚马逊就开始布局商品品类扩张。经过前期的供应和市场宣传，1998 年 6 月亚马逊的音乐商店正式上线。仅一个季度亚马逊音乐商店的销售额就已经超过了 CDNOW，成为最大的网上音乐产品零售商。此后，亚马逊通过品类扩张和国际扩张，到 2000 年，亚马逊的宣传口号已经改为"最大的网络零售商"（the Internet's No. 1 retailer）。

3. 第三次转变：成为"最以客户为中心的企业"（2001 年至今）

2001 年开始，除了宣传自己是最大的网络零售商外，亚马逊同时把"最以客户为中心的公司"（the world's most customer-centric company）确立为努力的目标。此后，打造以客户为中心的服务型企业成为亚马逊的发展方向。为此，亚马逊从 2001 年开始大规模推广第三方开放平台（Marketplace）、2002 年推出网络服务（AWS）、2005 年推出 Prime 服务、2007 年开始向第三方卖家提供外包物流服务 Fulfillment by Amazon（FBA）、2010 年推出 KDP 的前身自助数字出版平台 Digital Text Platform（DTP）。亚马逊逐步推出这些服务，使其超越网络零售商的范畴，成为一家综合服务提供商。

但是始终不变的是亚马逊飞轮理论。

亚马逊的飞轮理论是创始人最核心的理论，也是亚马逊这么多年来没有更改过的规则。

飞轮理论是指，一个公司的各个业务模块之间，会有机地相互推动，就像咬合的齿轮一样互相带动。一开始从静止到转动需要花比较大的力气，但每一圈的努力都不会白费，一旦转动起来，齿轮就会转得越来越快。而亚马逊飞轮理论的起点就是客户体验，并以客户体验为出发点的一个良性循环，如图2-1所示。

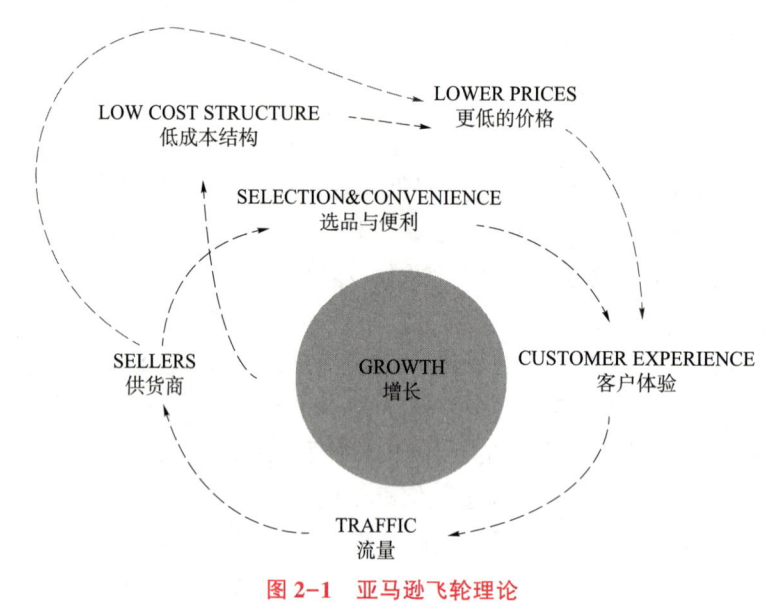

图 2-1　亚马逊飞轮理论

在飞轮理论中，选品与便利和更低的价格最终都是指向了客户体验，这也符合亚马逊的定位最以客户为中心的企业。

（二）平台特点

与其他平台不同的是，亚马逊平台具有以下特点：

1. 全球性站点

要想在亚马逊上开店卖东西，必须先注册卖家账户。亚马逊的卖家账户是按照站点来注册的，注册好一个站点的账户，则可在这个站点进行销售，但如果要到别的站点销售产品，就必须注册对应站点的账户。如商家一开始的目标市场是美国，则可以开设美国站点；若后期想要销售商品至法国，则需要开设欧洲站点。

同时需要注意的是，在申请账户的时候，如果这个站点对应的是一个区域，那么开通一个账户就可以在这个区域的多个站点进行销售。例如，开通美国站点的账户后，就可以同时在加拿大和墨西哥进行销售，一套开店材料就可以成功注册美国、加拿大和墨西哥这3个站点并通过一个账户进行管理和销售。同样，开通英国站点的账户后，就可以在英国、德国、法国、意大利、西班牙、荷兰、瑞典、波兰这8个站点进行销售。

目前亚马逊已经针对中国卖家开放了美国、加拿大、墨西哥、英国、德国、法国、意大利、西班牙、荷兰、瑞典、波兰、日本、澳大利亚、印度、阿联酋、沙特阿拉伯、新加坡等17个站点。

Amazon不同站点如表2-1所示。

表 2-1　Amazon 不同站点

区域	国家
北美站点	美国、加拿大、墨西哥
欧洲站点	英国、法国、德国、意大利、西班牙、荷兰、瑞典、波兰
其他站点	日本、印度、新加坡、澳大利亚、沙特阿拉伯、阿联酋

2. 高转化 Prime 会员体系

Prime 会员是美国亚马逊推出的会员体系的名称，全球各个国家亚马逊站点都沿用这个名称指示为会员体系。

目前亚马逊各个国家站点的 Prime 会员账号基本不共享，除了欧洲几个国家亚马逊可以使用美亚账号登录以外，账号的 Prime 会员资格是不同步的。中国亚马逊（也就是亚马逊海外购）的 Prime 会员资格需要有独立的中国亚马逊账户，同时需要申请开通才可以获得。

亚马逊 Prime 会员具有业务型功能属性，能够直接带来经济价值。除此之外，Prime 会员体系最核心的价值在于对业务的串连能力，它作为一条主线，有效连接了亚马逊生态内的多元化业务。

3. 独特的 Listing 跟卖

在亚马逊上架的产品，每个产品就会有一个对应的 Listing 页面。亚马逊 Listing 意味着一个产品的介绍页面，只要你创建了 Listing 之后亚马逊就会自动生成一个对应的 Listing ID 和 ASIN，里面可能包含有不同的变种（尺寸、颜色、型号等）。而一个 Listing 页面的基本组成部分包括 10 个部分，分别是：产品图片、产品标题、产品价格、产品的配送方式和配送费用、五行卖点、产品 Q&A、产品信息、消费者问答、产品评论、其他产品广告等。通俗地说，Listing 就是产品介绍页面。

而 Listing 跟卖政策是 Amazon 独有的 Listing 机制，是亚马逊系统通过共享 Listing 的一种售卖方式。

亚马逊平台认为，同一款商品，其商品信息、图片等信息应该是相同的，为了给消费者更好的购物体验和更低的价格，把所有销售相同产品的页面合并成为一个 Listing，并且通过系统的计算，最终只展示最有利于消费者的卖家的产品（价格、店铺评论、配送方式、店铺绩效等多种维度）并给予购物车权限，即同品牌的同类型同款产品只能有一个 Listing。这种合并 Listing 的展示方式被称为跟卖。

比如 A 卖家创建了一个新的产品页，其他拥有同款的卖家看见后就可以进行跟卖如图 2-2 所示。这对新卖家来说是好机会，可以分享到别人的流量，但容易直接引发价格战，采取跟卖策略的卖家，也要非常小心不要侵权，因为一旦被投诉侵权会被平台处罚。

当多个卖家销售同一款商品时，平台会根据卖家提供服务的品质结合卖家的销售价格向消费者推荐更优的卖家；也会将该商品 Listing 的编辑权限开放给以往销售记录良好的卖家。

（三）入驻费用和佣金

亚马逊全球开店有两种销售计划，专业销售计划（Professional）和个人销售计划（Individual）。需要强调的是，专业和个人销售计划并不等同于公司和个人，不论公司还是个人身

图 2-2 Amazon Listing 中的跟卖

份，都可以开立这两种计划。

而这两种计划的收费标准如下：

专业销售计划费用=月租金+销售佣金，每月租金为 39.99 美元［目前，入驻新加坡、中东（阿联酋、沙特）及印度 4 大新兴站点，可享限时免月租活动。］，销售佣金根据站点和类目有所区别。

个人销售计划费用=按件收费+销售佣金，个人销售计划下，商家每销售一件产品需要向亚马逊支付 0.99 美元，销售佣金也根据站点和类目有所区别。

二、AliExpress

（一）平台简介

全球速卖通（AliExpress）是阿里巴巴旗下的面向国际市场打造的跨境电子商务平台，于 2010 年正式创立，是中国最大的跨境零售电商平台，被广大卖家称为国际版淘宝。目前已经开通了 18 个语种的站点，覆盖全球 200 多个国家和地区。

速卖通平台业务的模式主要是 B2C 模式，其业务 65% 的客户是个人，全球速卖通商家面向海外买家客户，通过支付宝国际账户进行担保交易，并使用国际物流渠道运输发货，是全球第三大英文在线购物网站。速卖通市场的侧重点在于新兴市场，特别是俄罗斯和巴西。

同属于阿里巴巴旗下跨境电子商务平台，速卖通和阿里巴巴国际站之间的区别有以下几点。

1. 性质不同

速卖通主要交易性质为 B2C，通常主要是为帮助中小企业接触终端批发零售商，小批量多批次快速销售，其速度快、周期短。阿里巴巴国际站主要交易模式为 B2B，主要面向全球进出口贸易，交易一般需要按照合同要求制定，订货货期时间长，且发货一般需大型出口。

2. 客户不同

速卖通主要面向国外小商贩或最终消费者，其交易周期较短。阿里巴巴国际站主要是比较大的客户，买家大多为国外采购商，相对来说，国际站的交易周期比较久。

3. 经营主体不同

速卖通主要以批发零售为主，供应商除了大企业也可有外贸公司或小微型企业；而阿里巴巴国际站的供应商即卖家大多以外贸企业或者有外销业务的工厂为主。

4. 平台盈利模式不同

国际站是以向用户收取会员费为主：阿里巴巴平台会向注册的会员收取年费，不收取交易的佣金。诚信通会员的年费为 2 800 元/年，而 gold supplier 的年费为 5 万元。年费是阿里巴巴网站基本的收入。

速卖通商家则根据经营的类目不同，缴纳不同的类目保证金，大部分经营类目的保证金为 10 000 元，少部分类目保证金为 3 万~5 万元不等。此外，速卖通平台还会根据订单成交金额收取佣金。

5. 产品类型不同

由于速卖通 B2C 的特性，平台更适合体积较小、附加值较高的产品，比如首饰、数码产品、电脑硬件、手机及配件、服饰、化妆品、工艺品、体育与旅游用品等相关产品。

阿里巴巴国际站产品上没太多限制。

6. 运输方式不同

速卖通上产品数额较小，一般以空运、国际快递为主。阿里巴巴国际站货物运输由买卖双方商议决定，一般以海运为主。

通过以上的讲解大家应该对阿里国际站和速卖通有了更清晰的认知。总的来说，速卖通的平台属性和对标人群更适合中小型企业。

（二）平台特点

1. 店铺类型

速卖通平台上，店铺分为三种类型，即官方店、专卖店以及专营店，不同的类型要求也有所不同。

官方店是指商家以自有品牌或由权利人独占性授权（仅商标为 R 标且非中文商标）入驻速卖通开设的店铺；专卖店是商家以自有品牌（商标为 R 或 TM 状态且非中文商标），或者持他人品牌授权文件在速卖通开设的店铺；而专营店是经营一个或一个以上他人或自有品牌（商标为 R 或 TM 状态）商品的店铺。

不同的店铺需要提交的材料以及享受的权益也有所不同。

2. 金银牌卖家

速卖通始终致力于帮助优质的中国商家出海，拓展海外市场，实现货通全球。为实现商家高质量成长，速卖通在 2022 年全面升级金银牌体系，以给优质商家更确定的成长通路和权益扶持。平台围绕新金银牌优质商家定义"库存有保障、履约服务好、品质有保障、成交标杆、运营意愿强的商家"，制定新的金银牌考核标准，配套新的资源扶持政策。

根据考核标准的不同，平台商家有 3 种层级，分别为：金牌商家、银牌商家、普通商家。

AliExpress 后台金银牌规则展示页面如图 2-3 所示。

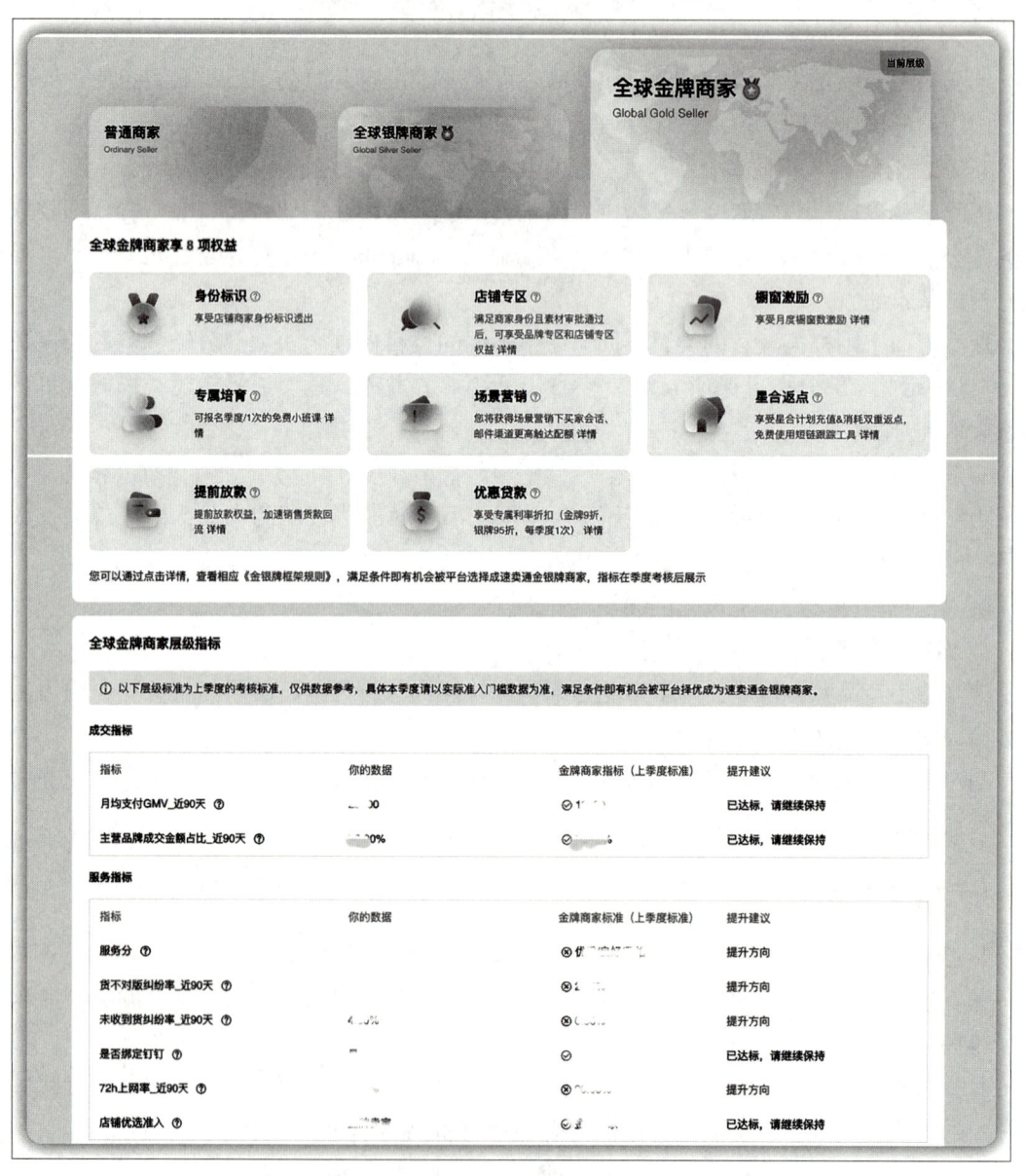

图 2-3　AliExpress 后台金银牌规则展示页面

3. 72 小时上网率

提升 72 小时上网率是速卖通 2022 年度的重点服务提升方向之一。

上网率是指买家在订单付款后，卖家及时发货并提供有效的物流追踪信息。72 小时上网率就是指商家在买家下单后，72 小时内发货且同时有物流信息上网。保持良好的上网率可提高用户的购物体验并增强信任感，大幅减少店铺纠纷，提升卖家服务分。

目前，速卖通平台对上网率的时间考核维度分别为小于等于 24 小时、48 小时、72 小时和 5 天，其计算公式如图 2-4 所示。

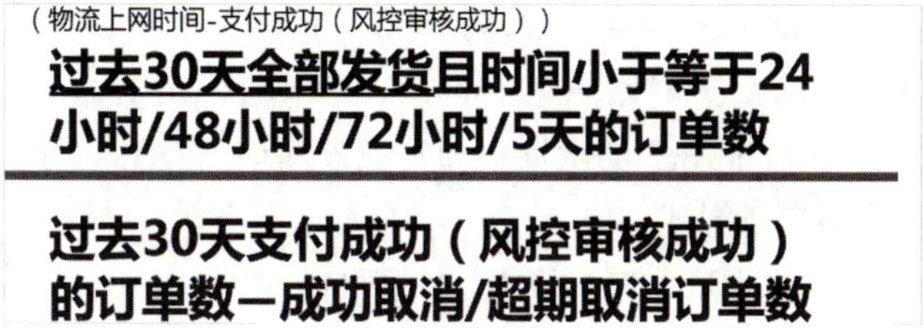

$$\frac{\text{过去30天全部发货且（物流上网时间-支付成功（风控审核成功））时间小于等于24小时/48小时/72小时/5天的订单数}}{\text{过去30天支付成功（风控审核成功）的订单数 — 成功取消/超期取消订单数}}$$

图 2-4 速卖通上网率的时间考核计算公式

分子：过去 30 天全部发货且［物流上网时间-支付成功（风控审核成功）］时间小于等于 24 小时/48 小时/72 小时/5 天的订单数。

分母：过去 30 天支付成功（风控审核成功）的订单数-成功取消或超期取消订单数。

上网率的考核时间统一按照美西时间计算，同时考虑物流上网时间反馈延迟的情况，平台会统一预留 7 天时间。比如：1 月 8 日的数据，统计的就是 1 月 1 日倒推 30 天的数据。

当前，符合 72 小时上网率指标将被应用于搜索排序、金银牌准入、合单报名、营销报名等多种场景。

（三）入驻费用和佣金

1. 店铺费用

速卖通平台不收取入驻费用，但是需要冻结一定数额的保证金。保证金按店铺入驻的经营大类冻结，目前一个店铺只能选择一个经营范围（即一个经营大类），保证金也就收取该经营大类的费用。只有一种情况，经营范围是 9 和 10，这两个经营范围下是可以在同一个经营范围里选择多个经营大类的，那么保证金就按高的那个收取，整店仅收取一次。举例说明：如果卖家想要经营范围 10，那么商家可以选择这个经营范围 10 里的大类电子烟、3C 数码、手机，可以选择多项，保证金收取最高的 3 万元。但是也不能去选择除经营范围 10 以外的其他大类，比如不可以申请家用电器类目。

2. 佣金

在交易完成后，平台会根据卖家订单成交总金额（包含产品金额和运费）收取交易佣金（即交易手续费）。其中产品的交易佣金按照该产品所属类目的佣金比例收取，运费的交易佣金目前是按照 5% 比例收取。

不同类目的交易佣金费用有所不同，但大部分类目的佣金比例为 5%～8%，如服装类目的佣金费用为 8%，而消费电子类目的佣金费用为 5%。

三、eBay

(一) 平台简介

eBay 于 1995 年 9 月 4 日由 Pierre Omidyar 创立。当时 Omidyar 的女友酷爱 Pez 糖果盒，却为找不到同道中人交流而苦恼。于是 Omidyar 建立起一个拍卖网站，希望能帮助女友和全美的 Pez 糖果盒爱好者交流，这就是 eBay，其开创了 C2C 模式的先河。

杰夫·史科尔（Jeff Skoll）在 1996 年被聘为该公司首任总裁及全职员工。1997 年 9 月，该公司正式更名为 eBay。起初该网站属于 Omidyar 的顾问公司 Echo Bay Technology Group。Omidyar 曾经尝试注册一个 Echo Bay 的网址，却发现该网址已被 Echo Bay 矿业注册了，所以他将 Echo Bay 改成他的第二备案即 eBay。

1997 年，Omidyar 开始为 eBay 物色 CEO，看中哈佛 MBA 出身，并先后在宝洁、迪士尼担任过副总裁的梅格·惠特曼。最初，惠特曼由于从未听说过 eBay 而拒绝加盟，后被职业猎头贝尼尔说服而同意加盟。惠特曼把 eBay 带向今天的辉煌。目前，eBay 已成为全球最大的网络交易平台之一。

eBay 在全球的服务站点包括在美国的主站点和奥地利、澳大利亚、比利时、巴西、加拿大、中国、法国、德国、中国香港、印度、爱尔兰、意大利、韩国、马来西亚、墨西哥、荷兰、新西兰、菲律宾、波兰、新加坡、西班牙、瑞典、瑞士、中国台湾、英国和阿根廷的 26 个全球站点。eBay 总部设在美国加利福尼亚州，目前拥有 4 000 名员工，在英国、德国、韩国、澳大利亚、中国和日本等地都设有分公司。

eBay 在历史上的发展一共经历了以下四个阶段。

1. 第一阶段（1995—2000 年）：飞速成长，成就巅峰

1995—2000 年，在传统的交易方式存在信息不对称、效率较低等问题下，eBay 开创 C2C 交易模式，利用互联网技术为买卖双方提供安全便利的电商交易平台，通过品类和业务拓展积累了庞大的客户群，飞速成长为电商巨头。

2. 第二阶段（2001—2010 年）：由强变弱，走向衰落

2001—2010 年，eBay 在高速增长后开始固步自封，在网拍市场日渐饱和、过度扩张、亚马逊等竞争对手崛起，以及搜索和社交网站兴起的背景下，漠视市场环境变化和竞争带来的挑战，逐渐步入衰落期。

3. 第三阶段（2011—2016 年）：战略转型，回血复苏

2011—2016 年，eBay 展开以下四大战略转型：

（1）大力推进移动平台业务发展，开发移动支付产品。

（2）发力 PayPal 支付业务，将 PayPal 业务从线上延伸至线下。

（3）由线上向线下渗透，帮助商户上传店内库存情况至 eBay 平台。

（4）收购 GSI Commerce，完成商业模式转型，从拍卖零售市场转型为兼具渠道和服务的综合互联网技术平台。

4. 第四阶段（2016 年至今）：走向迷茫，未来堪忧

2016 年至今，eBay 拆分支付业务后营收腰斩，强劲增长的引擎消失。业务架构经历多次剥离和调整后，重心回归到线上交易平台，但交易平台营收增速趋稳，增长动力不足。电商产业链日益完善，而 eBay 欠缺物流体系、IT 系统等基础设施，在与亚马逊的竞争中逐渐落伍，前景迷茫。

（二）平台特点

1. 销售方式多样化

在 eBay 上，为卖家提供了三种刊登物品的方式：拍卖方式、一口价方式、拍卖+一口价综合方式，卖家可以根据自己的需求和实际情况来选择物品刊登方式。

（1）拍卖方式。

拍卖（Auction），顾名思义就是通过竞拍的方式进行销售，价高者得，卖家设置商品的起拍价格和在线时间，对商品进行拍卖，商品下线时出价最高的买家就是该商品的中标者，商品即可以中标价格卖出。即在一定时间内将商品销售给最高出价者。

不过采取这种方式销售物品需要根据自己设定的起拍价缴纳一定比例的刊登费，此外根据物品最后的成交价格还需缴纳一定比率的成交费。

（2）一口价方式。

一口价方式就是以定价的方式来刊登物品，这种销售方式能够方便买家非常快捷地购得商品。

（3）拍卖+一口价综合方式。

卖家在销售商品时选择拍卖方式，设置最低起拍价的同时，再根据自己对物品价值的评判设置一个满意的保底价，也就是一口价，即以拍卖形式中加入立即购买的价格，两者并存。购买者可以选择出价或立即购买商品。

情况 a：如果购买者选择立即购买，就可以直接以一口价立即购买商品。

情况 b：如果有人先对商品进行报价了，立即买的价格和功能就会消失，而你的商品会以正常的形式拍卖。

这种"拍卖+一口价"的方式能够同时综合拍卖方式和一口价方式的所有优势，能让买家根据自身需要和情况灵活地选择购买方式，也能为卖家带来更多的商机。

2. 流量分配规则

在 eBay 上，新上架的 Listing，不论是拍卖还是固定价，eBay 会给予卖家额外 48 小时的曝光。对一个新手卖家，平台还会给予额外的流量以及相应的扶持政策，让新手卖家更快地打造商店爆款。在特殊站点，eBay 会给予新手卖家免刊登费的商品上传数量，以让卖家在平台更加活跃。

3. 卖家账号评级政策

卖家评级是 eBay 平台对卖家账号的打分，打分的目的是让买家能在非面对面沟通时建立一个初步的卖家印象。

以美国站为例，一般将卖家的账号分为三个等级："Top rated seller" "Above standard" "Below standard"。三者解释分别如下：

Top rated seller：表示是 eBay 上最畅销的卖家之一，提供卓越的客户服务质量，同时满足顶级卖家级别的最低销售要求。

Above standard：达到了平台对卖家的最低标准，并很好地服务了消费者。

Below standard：未达到平台对客户服务质量的一项或多项最低要求。

不同等级享受的福利不同，如果商家是 Below standard，不仅不能使用某一些功能，同时，还会发现成交费会额外增加 6%。

（三）入驻费用和佣金

eBay 平台的费用组成通常由以下几个方面组成（以 eBay 美国站为例）。

1. 店铺订用费

当商家开设 eBay 店铺时，可以选择店铺套餐：入门店铺、普通店铺、精品店铺、超级店铺或企业店铺。首次订用时，商家可以选择每月或每年自动续订。无论选择哪一个选项，平台都将按月收取订用费，如表 2-2 所示。

表 2-2　eBay 店铺订用费　　　　　　　　　　　　　　　单位：美元

店铺类型	每月店铺订用费	
	每月续订	每年续订
入门	7.95	4.95
普通	27.95	21.95
精品	74.95	59.65
超级	349.95	299.95
企业	目前不可用	2 999.95

2. 刊登费

eBay 卖家刊登 Listing 必须缴纳刊登费，不过卖家每月可以获得一定的免费刊登额度（不同类型卖家免费额度不同），一般每月会有最多 250 个免费刊登条数，如订用了 eBay 店铺则会有更多的免费刊登条数。超出了免费刊登条数后，商家需要支付 Listing 刊登费，以美国站点为例，费用从 0.05 到 0.30 美元不等，具体费用按照是否订阅店铺以及店铺等级而有差别，如表 2-3 所示。

表 2-3　不同店铺免费刊登的额度以及费用

店铺类型	每月分配的零刊登费物品刊登配额/超出配额后每个物品刊登的刊登费	
	拍卖式刊登	定价式刊登
入门	250/0.30 美元	
普通	所选类别 250/0.25 美元	1 000 所有类别/0.25 美元 10 000 部分类别/0.25 美元
精品	所选类别 500/0.15 美元	10 000 所有类别/0.10 美元 50 000 部分类别/0.10 美元
超级	所选类别 1 000/0.10 美元	25 000 所有类别/0.05 美元 75 000 部分类别/0.05 美元

续表

店铺类型	每月分配的零刊登费物品刊登配额/超出配额后每个物品刊登的刊登费	
	拍卖式刊登	定价式刊登
企业	所选类别 2 500/0.10 美元	100 000 所有类别/0.05 美元 100 000 部分类别/0.05 美元
所有店铺类型	以下商业和工业类别的刊登费是 20 美元： 重型设备部件和附件 > 重型设备 印刷和平面艺术 > 商业印刷机 餐饮和食品服务 > 食品卡车、拖车和购物车	
	适合乐器和装备 > 吉他和贝斯类别且在该类别进行的所有物品刊登均不适用刊登费	
	适合以下类别并在以下类别进行的物品刊登，且起标价达到或超过 150 美元均不适用刊登费： 服饰、鞋类和配饰 > 男士 > 男鞋 > 运动鞋 服饰、鞋类和配饰 > 女士 > 女鞋 > 运动鞋	

3. 成交费

当商品售出时，eBay 会收取一次收取成交费（Final Value Fees，FVF）。此费用按销售总额的百分比计算，加上每笔订单一个固定费用，以美国站点为例这个每笔订单的固定费用为 0.30 美元。

销售总额包括物品价格、任何处理费、买家选择的运送服务费、销售税以及任何其他适用的费用。如果商家提供 1 日达或跨国运送服务以及更便宜的运送服务或包邮服务（例如国内运送），则根据提供的最便宜的国内运送选项计算销售总额。如果商家只提供 1 日达或跨国运送服务，但没有更便宜的选项（例如国内运送），则根据买家选择的服务计算销售总额，如图 2-5 所示。

成交费 FVF = 销售额 × 成交费率 + 每笔订单固定费用

图 2-5　eBay 成交费计算方式

eBay 成交费用及费用计算示例

四、Shopee

Shopee 是东南亚及中国台湾地区的电商平台，自 2015 年在新加坡成立以来，Shopee 业务范围辐射新加坡、马来西亚、菲律宾、泰国、越南、巴西等 10 余个市场，拥有众多商品种类，包括电子消费品、家居、美容保健、母婴、服饰及健身器材等。

2016 年，Shopee 进入中国，并于深圳设立总部，全面开启中国跨境业务，为中国跨境卖家打造一站式跨境解决方案，提供流量、物流、孵化、语言、支付和 ERP 支持。

商家首次入驻 Shopee，只能选择开通一个站点。目前可以选择作为首站的有：中国台湾、马来西亚、菲律宾和巴西四个站点，其他站点可在对接到 Shopee 官方孵化客户经理后进行申请。

（一）本土化策略

Shopee 的核心策略是专注移动端，因地制宜深耕本土。Shopee 绝大部分高层都在东南亚生活了数十年，对东南亚市场的了解非常深厚，同时对员工进行本土人才招聘和培养，在当地达成了良性的人才培养梯队。Shopee 依据每个市场特性制定本土化方案，以迎合当地消费者需求。比如，Shopee 在印度尼西亚和马来西亚市场发起斋月大促活动，推广引流，两大市场迎来一年一度的流量高峰。

（二）移动端优先

Shopee 从移动端切入，仅限移动设备，具有高度社交性，推出简洁干净、易于使用的交互页面，使消费者顺畅使用 APP 每个功能，实现在 30 秒内完成选择并购买商品，契合目标市场高度移动化的特性，持续优化网购体验。平台数据显示，95% 的 Shopee 订单由移动端完成。

在这里，卖家会特别关注商店的声誉并积累粉丝，这为购买者带来了极好的购物体验。

（三）社交明星引流

以社交作为切入点，Shopee 结合本地元素、流量明星、互动游戏、社交网络等方式，获取高黏性用户。Shopee 在 APP 中推出直播功能，商家可在 APP 中通过直播向潜在消费者推介商品，同时各市场会邀请本土知名的社交明星强势引流。

（四）SLS 物流服务

SLS 即 Shopee 平台自建物流，该物流系统实际上是中转仓的模式。卖家在接到订单后，将商品打包，贴上商品后台中的条形码单子，就近发往 Shopee 的四大转运仓。在中国，这四个转运仓分别位于上海、深圳、泉州和义乌。之后，由 Shopee 平台承接后续商品的出关、入境、配送等事宜。卖家只需要将商品发往中转仓库，后续就不用多费心了。另外，中间产生的物流相关费用都由平台来垫付。

SLS 平台利用空运、海运或陆运，有效地提高了物流的时效性，同时降低了卖家的物流成本，商品的平均配送费用低于市场价格的 30%，最快可以实现商品在 3 天就送到东南亚地区。目前，Shopee 平台的 SLS 物流服务已经遍布东南亚地区 7 大不同站点，能够有效地提高商品的运输效率，通过协调和运营东南亚地区超过 20 个不同地区机场的 200 多条航线和 800 多个航班组成了跨境电子商务的物流网络，顺利地开拓了东南亚地区的线上销售市场。此外，Shopee 平台的 SLS 物流在一些地区和国家还可以免费提供送货上门的服务。

Lazada 平台　　　　　　**Lazada 拼多多跨境 Temu**

学习模块二　跨境电子商务独立站平台

一、独立站 Shopify

（一）平台介绍

Shopify 成立于 2006 年，最初创始人只是想开发一个网站，出售自己的滑雪板。后来才慢慢变成一个服务商，目前已经超过 100 万家电子商务网站使用 Shopify 程序，商品交易总额达到几百亿美元。

Shopify 是一站式 SaaS（Software as a Service，通过网络提供软件服务）模式的电子商务服务平台，为电子商务卖家提供搭建网店的技术和模板，管理全渠道的营销、售卖、支付、物流等服务。Shopify 相当于一个独立的电子商务网站，允许上架商品，里面自带有 PayPal、信用卡等多种收款方式，后台有各种付费、免费的应用提供选择，主题也分为付费和免费的，完全可以打造一个功能很强大的独立电子商务网站。简单来说，Shopify 就是一个独立站建站工具，它可以帮助商家快速搭建一个专业的跨境电子商务独立站，而商家需要的就是一台可以上网的电脑，登录 Shopify 网站注册一个账户，然后完成基本设置，就可以拥有一个属于商家自己的网站了。

举例来说，商家如果需要开发一个属于自己的独立网站，则要准备好购买一个服务器并进行配置架构，同时对网站进行搭建、视觉设计、开发功能，还要防止黑客入侵等众多准备工作。但是在 Shopify 上，一切都是准备好的，商家只需选择一个网站模板然后上架产品就可以进入销售。

Shopify 的发展历程可以用一句话概括：围绕建站服务扩展业务边界，构建电子商务领域 SaaS 服务生态系统。Shopify 开独立站流量主要是从 Facebook 或 Google 等社交平台中获取，通过广告引流到店铺，并且能直接获取客户邮箱和联系方式，有利于打造品牌，进行邮件营销增加用户黏性，客户复购也会直接在独立站进行，完成客户沉淀。

所以在掌握了高效的广告投放方式后，更多的平台卖家也开始同时加入独立站运营当中，像现在很多成熟的品牌已经正在将重心转移到 Shopify 建站上来，毕竟在形成稳定客户群体之后，再次进行营销的成本将会极低，也更容易促成回购，也能将更多的精力放到新客户的开发上，实现稳定盈利。

（二）Shopify 的优势

1. 易于上手

拥有一个在线业务渠道当然是一种很好的增加销售的方式，但对于不太懂技术的人而言，这可能会是一个挑战。Shopify 为在线零售商提供全套服务，包括支付、营销、运输和客户参与工具，使其更容易向小商户开设网上商店，商家完全不需要任何 html、CSS 等代码基础，只需要在 Shopify 注册一个账户，上传产品、搭配店铺模板，然后进行简单的物流收款设置便可以进行店铺推广了。此外，Shopify 还提供了足够的教程和扩展文档，让卖家熟悉该平台。

2. 安全可靠性高

Shopify 是基于 SaaS（软件即服务）模式的建站平台，这意味着 Shopify 的技术团队可以全天候监控网络以防止任何黑客攻击。同时，Shopify 全站采用 SSL 安全协议，保证传输数据的安全性，不需要用户额外付费。Shopify 支付安全性已通过 PCI DSS 的认证，从而能够更好地保护信用卡持卡人的资料安全。

3. 多种 Shopify 主题可选

一个成功的网站的一个很好的策略就是在实现其功能化的同时，尽可能地美观。Shopify 官方提供超过 60 个精美专业的模板及主题，而且移动端全部采用自适应，完美兼容各种移动设备，可以让商家的独立站看起来更专业、精美，提升访客点击率，使访客留下来浏览更多的页面，获得更多的访问时长和更多的订单。

Shopify 提供了服装、珠宝、家具、艺术品等的主题，有免费、付费、一次性付款永久使用几种。值得一提的是，Shopify 邀请的都是最专业的程序员为 Shopify 创建主题，这些主题由 Shopify 官方进行质量审核，因此它们能与 Shopify 完美兼容。

4. 功能齐全的 APP 市场

Shopify 上的 APP 不仅可以让商户建立一个网上商店并处理付款，还可为商户提供有用的工具，帮助商户成功开展业务的其他重要方面。比如 APP 可以帮助商户完成产品发布、产品库存管理、邮件营销、SNS 营销、再营销、高级分析报告、SEO、订单管理等方面的工作，Shopify App Store 里面有超过 1 000 种不同应用供商户选择，这些 APP 有很大一部分可以帮助商户提升效率以及实现自动化。

5. 免费试用

Shopify 为新手卖家提供 14 天免费试用期，在此期间新手卖家快速搭建好自己的店铺，然后在免费试用结束前提交信用卡信息缴纳每月 29 美元的月租即可，卖家不用再额外购买或租用服务器，也不用找专门人员来维护服务器，省心又省力。

（三）Shopify 的费用

Shopify 包含以下几种费用：

1. 月租费

Shopify 的月租费指的是用来维持网站运营的基本费用，相当于租金。对于刚注册的新手卖家来说，Shopify 会提供 14 天的免费试用期。在免费试用期过后，如果卖家还希望继续在 Shopify 进行开店，就需要支付月租费。

目前 Shopify 共有三个版本，每个版本支持的功能也略有不同，卖家可以根据自己的实际情况进行选择。

大多数卖家都会选择 Shopify 基础版，后续如果有需要升级计划，也可以随时进行变更。

2. 第三方交易手续费

第三方交易手续费是当卖家使用第三方支付服务提供商来收取客户付款时为每次交易支付的费用。该交易手续费包括 Shopify 与外部支付服务提供商集成的费用，并且费用因卖家选择的套餐而异。

Shopify 拥有自己的支付服务提供商 Shopify Payments，它直接与卖家的结账服务集成在一起。如果卖家使用 Shopify Payments，就不用支付这个费用。Shopify 不同版本的月租费及功能如图 2-6 所示。

	Shopify 基础版 创建网店所需的一切基础功能	Shopify 进阶版 扩大网店所需的一切功能	Shopify 高级版 规模化网店所需的高级功能
每月价格	USD $ **20** /月	USD $ **49** /月	USD $ **299** /月
功能特色			
网上商店 包括电子商务网站和博客	✓	✓	✓
无限量产品上架	✓	✓	✓
员工账号	2	5	15
24 小时客服支持	✓	✓	✓
销售渠道 包括第三方平台和社交媒体（具体渠道因不同地区有所不同）	✓	✓	✓
手动创建订单	✓	✓	✓
折扣码	✓	✓	✓
免费 SSL 证书	✓	✓	✓
恢复购物车清空	✓	✓	✓
礼品卡	−	✓	✓
专业报告	−	✓	✓
高级报告生成器	−	−	✓
第三方运费显示 结款时显示计算后的运费（通过您的账号或第三方应用）	−	−	✓
客户细分 将客户筛选并分组为数百个细分。	✓	✓	✓
营销自动化 使用模板化或自定义工作流程发送自动电子邮件。	✓	✓	✓
不限联系人数量	✓	✓	✓

图 2-6　Shopify 不同版本的月租费及功能

3. 信用卡手续费

如果卖家选择接受客户使用信用卡（如 Visa 和 MasterCard）作为店铺的付款方式，Shopify 会向商家收取信用卡手续费。卖家无须向信用卡支付服务提供商支付任何费用。由于在线付款与当面付款的安全性和风险不同，因此，这些费用会因在线付款或通过 Shopify POS

付款而有所不同。

4. Shopify 的 APP 费用

APP 费用并不是每个 Shopify 卖家都需要支付的。如果卖家需要安装 Shopify APP 来扩展网上店铺功能，则需要支付此费用。

Shopify APP 分为两种：免费和付费款。Shopify APP 有 14 天的试用期，通常付费 APP 基本上都是按月收费的。

像常见的评论插件 Loox Reviews、即时聊天 APP–Tidio Live Chat、邮件营销工具 MailChimp、催促客户赶紧下单工具 Countdown Cart 等，安装试用结束后就得付月租，卸载后就不用付费。

5. Shopify 主题费用

Shopify 官方一共推出了 10 款免费主题和 60 多款付费主题。其中，Shopify 付费主题价格区间为 140~180 美元。需要注意的是，付费主题只要一经购买，即可终身使用，包括享有 Shopify 官方的售后服务。如果卖家觉得 Shopify 所提供的免费主题不符合自己店铺的整体风格且付费主题价格较高，可以在第三方市场下载主题，价格相对更低一些。

二、其他独立站平台

（一）BigCommerce

BigCommerce 是一个基于 SaaS 的专业英文外贸电子商务独立站建站平台，允许商家在线开店，拓展新的销售渠道。通过这个平台，商家可以在上面销售商品。该公司成立于 2009 年，总部位于美国得克萨斯州。简单来说，BigCommerce 和 Shopify 一样，都是基于 SaaS 的专业英文外贸电子商务独立站建站平台，两个都是国外最多人使用的电子商务平台，BigCommerce 来自澳大利亚，Shopify 来自加拿大。

BigCommerce 能够支持和创建大型在线商店。与 Shopify 相比，它提供了大量功能，例如付款方式和更多可能的产品变体。

BigCommerce 的优势在于采用了 SaaS 技术，也就是说 BigCommerce 已经帮用户配置好了建站所需的服务器以及电子商务程序，并且会帮用户处理好服务器以及电子商务程序的日常维护管理工作。因此，BigCommerce 具有很高的用户友好度，普通用户无须学习任何代码知识，只需要注册一个 BigCommerce 账户，并进行简单的账户基本设置，选择一个免费或者付费的 Theme 对网站进行装修，然后绑定自己的 PayPal 收款账户，就可以创建完成一个专业外贸电子商务独立站进行产品的销售了。

BigCommerce 具有以下功能：

1. 建站功能

BigCommerce 内置的建站功能质量很高，并且可以减少对第三方 APP 的依赖，商家无须为建站所需的一切附加功能支付任何额外费用。

2. 产品类型

BigCommerce 是目前市面上少有的允许商家无须使用 APP 即可进行实体产品、数字产品和服务销售的独立站平台。所有这些销售类型已经内置在建站编辑器中。

3. 付款方式

与其他一些独立站平台不同，BigCommerce不会将商家锁定在其自己的支付网关中，商家可以自行选择服务商，并且不会收取额外的费用或交易费用。

4. APP

BigCommerce应用商店中有600多种APP可供选择。虽然与Shopify相比，BigCommerce能够提供的APP可能比较有限，但其实是因为它已经将许多功能内置在了建站工具中，而无须再额外使用过多的APP。商家还可以降低成本，不必每月为第三方附加组件支付套餐费。

5. 主题

BigCommerce有100多个主题可供选择，其中包括7个免费主题和100多个付费主题，价格范围从145美元至235美元不等。

（二）Magento

Magento（麦进斗）是一套专业开源的电子商务系统，采用PHP进行开发，使用Zend Framework框架。Magento设计得非常灵活，具有模块化架构体系和功能。其面向企业级应用，可处理各方面的需求，以及建设一个多种用途和适用面的电子商务网站，包括购物、航运、产品评论等；充分利用开源的特性，提供代码库的开发，非常规范、标准，易于与第三方应用系统无缝集成。在欧美与中国都已被广泛使用，其电子商务功能强大、客制化程度高，能满足商家与消费者的各种需求，尤其适用于中、大型企业。知名品牌Nike、Olympus等都是使用Magento平台。

Magento支持多种语言、多个商铺平台统一管理，具有丰富的模块化架构体系以及丰富的拓展功能。它专业的开源性，使其在第三方系统集成方面有着极为良好的表现。

Magento的优势有以下几点：

1. 开放式资源

Magento社群版为开放式资源，提供免费下载、使用与修正。如果拥有足够的Magento知识，可以自己架设、管理网站，以及通过Magento Connect安装套件，新增更多客制化功能。

2. 专为电子商务设计

Magento为专业的电子商务平台，提供各种客制化功能与电子商务解决方案。可以通过自行开发网站来达到客制化需求。

3. 强大的扩充性

Magento是拓展电子商务事业的最佳平台，具有高度灵活性，能根据业务需求进行修改、追加新功能等。全球爱好者与企业已经开发出了数千种可供Magento使用的特殊功能插件，安装后可随时开启与关闭。

4. 为商家赚取更多收益

根据Forrester顾问公司研究调查，从其他平台转至Magento的电子商务，平均提高了17.3%的收益；其中，20%是自主性地改用Magento平台。同时，Magento没有任何的平台佣金，服务器、源代码、数据库都归企业主所有。

5. 高度灵活性

Magento是开源的，代码完全掌握在自己手中，开放式资源让使用者可以自由开发所需的网站功能，前台、后台都能应用自如，为商家创建丰富的、可以根据需求个性化定制网站的一切内容，包括购物流程、页面内容、自定义买家秀、评论等，并提供消费者良好、流畅的购物平台，改善使用者体验。

（三）WooCommerce

WooCommerce 是一个免费的 WordPress［使用 PHP 语言开发的博客平台，用户可以在支持 PHP 和 MySQL 数据库的服务器上架设属于自己的网站。也可以把 WordPress 当作一个内容管理系统（CMS）来使用。］插件，可以通过 WordPress 网站出售产品和服务。这个插件是由 WordPress 的企业部门 Automattic 设计和开发的，因此在使用时会发现和 WordPress 匹配兼容性非常高。WooCommerce 主要用于销售产品和服务，既可以让用户出售数字和实体产品，也可以管理库存、物流、付款和税收。

WooCommerce 特色功能有以下几点：

1. 操作简单

安装 WooCommerce 就像在网站上添加其他 WordPress 插件一样简单，既可以从 WordPress 插件目录下载，也可以通过网站的管理后台进行安装。

安装完成后，WooCommerce 的设置也非常简单。即使用户不会写程序，通过内置的安装向导，只需几分钟就可以完成商店的初始设置，包括付款物流、税收等，其他信息可以在网站后台继续修改。

2. 高度可拓展性

WooCommerce 和 WordPress 系统一样是开源系统，所有人都能够自行增加功能，也可以自行开发符合自己网站的新功能，包括主题、插件、扩展，甚至编辑代码，可以轻松地为网站添加上新的功能，例如在线客服、Facebook 登录、组合商品等，充分增加电子商务网站的功能性及实用性，让用户可以 100% 完全地掌控整个网站的购物流程，包括修改网站外观、结账流程、收款/运送方式、开立电子发票等。

3. 安全性高

WooCommerce 非常安全，除了它是开源系统之外，WooCommerce 是由 Automattic 所维护的。Automattic 公司以 WordPress.com 和 Jetpack 闻名，因此不用担心其安全性与功能性。网站安全性也是相当重要的一点，在线购物容易招来诈骗，要使消费者相信你的网站是安全的，就要使用安全的购物网站系统。

4. 强大的电子商务功能

此处简单介绍 WooCommerce 网站一部分电子商务方面的功能。

① 出售用户喜欢的任何产品：实体、数字等，不限类别。

② 添加无限的产品和图像。

③ 向任何产品添加类别、标签和属性（包括尺寸、颜色），以便进行查找。

④ 在产品页面上显示评分和评论，包括设置标签。

⑤ 自定义位置、货币、语言和度量单位。

⑥ 按照最新、评级、价格、属性对产品进行排序。

⑦ 在任何页面上嵌入产品和结账。

⑧ 自动检测客户地址所属的地理位置，以简化物流和税务计算。

⑨ 选择期望的付款方式：PayPal、Stripe、信用卡、银行转账、支票、货到付款。

⑩ 支持一键退款，简化消费者的订单管理等。

学习模块三　社交媒体跨境电子商务平台

SHEIN 介绍

一、TikTok

（一）TikTok 简介

TikTok 是字节跳动旗下一款针对海外用户的短视频社交平台，也是一款可在智能手机上浏览的短视频社交应用程式，由中国字节跳动公司所创办营运，用户在 TikTok 上可录制 15 秒至 3 分钟或者更长时间的视频，也能上传视频、照片等，也被国内的玩家称为海外版抖音。TikTok 在 2017 年 5 月推出来后，经过短短几年的发展，就数次霸榜全球下载排行，2021 年 TikTok 下载量已经超过 Facebook 和 WhatsApp，排行第一。如今，TikTok 全球已经突破 25 亿次下载，月活用户超过 8.5 亿。目前已经覆盖 150 多个国家，支持超过 75 种语言，是国内出海产品中，极其少见的可以席卷欧美主流区域的内容平台，迅速成了能与 INS、YouTube 一争高下的现象级产品。

（二）平台特征

1. 短视频赛道

TikTok 的视频呈现四个特点：无包装、全竖屏、信息流和时间短。

现在都市生活节奏快，碎片化的时间较多，长时间细致阅读和娱乐很难实现，而 15 秒钟的短视频更加符合当下的娱乐方式，它不会占用太多时间，又能够让人得到短暂的娱乐放松。15 秒~1 分钟的短视频，动作、表情和音乐需要极致浓缩，恰好能让内容创作者和消费者之间，很好地产生共振，评论、点赞的互动率都会比较高。拥有很好的互动留存率，也就有了很好的口碑和关系链传播。

同时，由于传统视频的生产与传播成本较高，无论从设备器材还是团队建设上都需要花费很大的财力和人力，而短视频则大大降低了生产传播的门槛，只需要一部手机就可以完成拍摄、制作，实现即拍即传、随时分享。

所以这也算是短视频赛道固有的优势。

2. meme 文化

meme（译为"模因""迷因"等，但通常被直接称为 meme）为理查德·道金斯在 1976 年《自私的基因》一书中所创造，意为一个物种的进化是为了提升其整体适应度——将自己的基因尽可能多地传给整个群体（而不是个别的个体）。演变到今天，meme 是指在同一个文化氛围中，人与人之间传播的思想、行为或者风格。而在青年群体中，meme 指的是一种模仿行为。

在 TikTok 中我们可以看到大量的模仿类内容，常见的包括同一个音乐、同一个动作、同一个特效、同一个角色或同一个台词。这是 TikTok 在内容领域的一大特色，正是这种模仿，使得一些话题和事件蹿红全网，成就了很多内容创作者，也为 TikTok 带来了很多新的用户。

3. 用户体验

简单的交互是抖音在体验上胜出非常核心的一点。这些简化的交互主要体现在全屏视频去掉了 Hover 态，点击即暂停；右滑切换用户主页，左滑回到视频详情等，这些设计大大提高了产品本身的易用性。再加上全 Dark 模式的沉浸式体验，让用户在使用产品时能够更加专注于短视频的内容质量，可能在用户刷着一个又一个短视频的时候，时间就这样不知不觉地溜走了。

此外，趣味十足的优质内容也是用户愿意使用抖音这个视频平台的关键。而平台自带的丰富的背景音乐和一些特效的选择，能让普通用户制作出个性化、动感十足的短视频，能让用户获得创造的愉悦感，也能让更多的人认同。

4. 算法

抖音独创的流量分发机制是它成功的一个关键原因。在抖音的内部有着许多大大小小的流量池，每一个新的视频都会把你放入最小的流量池，在这个流量池里，看这个视频的完播率、点赞数、转发量、评论量，根据这些数据看你是否有资格进入下一个流量池，给你更多的播放量。因此，你的内容越被人喜爱，获得曝光和流量的概率也就越大。

同时，TikTok 的算法让每个人的 for you 页面推荐的视频都是不一样的，而且它不会重复推荐已经看过的视频。用户每次打开 TikTok 都是自己喜欢的新鲜的内容，就算用户的兴趣爱好改变了，平台又会给用户推荐新爱好的视频。

与 Facebook、Instagram 那些"以好友动态为中心"的社群软件不同，TikTok 的运行规则是完全"以自己为中心"，用户除了不用看到自己不喜欢的人和事物之外，还能在接连不断的 15 秒影片中探索到未知的惊喜，而这完全贴合"Z 世代"注意力时间短和自我意识极强的特性。

总之，通过用户的行为，平台会根据喜好给用户推荐。因此，用户会一直不断地刷下去，从而忘记了时间。社交平台的目标之一就是让用户停留更长时间，TikTok 现在用户平均使用 APP 的时长为 46 分钟。

（三）TikTok 推广策略

字节跳动的总裁张一鸣在多个场合都提到"全球化"的战略思想，宣称"海外用户"要超过 50%。TikTok 上线之后，就迅速在 150 多个国家和地区铺开，在世界各地都开办了办事处。全球化意味着"大摊子"，只有公司有足够大的决心、公司创始人有足够大的魄力，各种资源才能迅速到位，快速铺开，争取时间占领当地的市场份额。

1. 收购竞品

TikTok 于 2017 年 8 月诞生，3 个月后，字节跳动便收购了同类竞品 Musical.ly。Musical.ly 是一款音乐类短视频社区应用，是近年来深受全球青少年用户喜爱的短视频社交APP，于2014年4月上线；用户通过将自己拍摄的视频，配上乐库的音乐，从而快速地创建时长15秒的MV，或选择自己喜欢的热门打榜歌曲，通过对口型以及肢体动作来制作音乐视频。Musical.ly全球日活跃用户数超过2 000万，其中北美活跃用户超过600万。

2017年11月10日，今日头条以10亿美元收购北美音乐短视频社交平台Musical.ly。

2018年8月1日，北京字节跳动科技公司宣布将关闭自己在2017年12月以近10亿美元收购的流行Musical.ly视频应用，并将用户转移到抖音海外版TikTok上面。

Musical.ly将年轻的用户和成熟的内容灌入TikTok，缩短了TikTok的冷启动周期。

2. 社交渠道覆盖

TikTok的大多数用户是年轻用户，全球66%的用户年龄在30岁以下。所有TikTok用户中有41%的年龄介于16~24岁之间。在美国，该应用每月活跃用户中，16~24岁的用户占比60%。也就是说，TikTok抓住了最重要的Z世代人群。掌握了年轻人，也就掌握了通往未来的钥匙。

3. 深耕本地化运营

TikTok的产品和抖音几乎一模一样，但是运营却选择的是本地化运营，原因有以下几点。

（1）明星大V有地域属性。

在各个国家，明星大V都对年轻人有非常强的号召力。作为一款用户群体是年轻人的社交娱乐性质的APP，在冷启动阶段或日常运营期间，明星大V的参与和入驻可以带来大量的关注和用户量。

但是大部分明星大V都是有地域属性的，所以需要针对不同的地方做不同的运营，邀请不同的明星大V来参与和入驻。

（2）各国的政策不一样。

政策的监管是内容型产品的头号大敌。各国国家对未成年的保护政策、对用户隐私的保护政策、对色情恶搞的包容程度都是有所区别的。针对各个国家的具体情况，制定具体的运营策略，才不会触犯到一些国家的法规和政策，才能安全地生存下来。

（3）各国的审核策略需要不一样。

和政策相比，各地的风俗人情也不一样。只有深耕本地，才能了解这些，通过内容审核和活动运营，引导用户，营造良好的社区氛围。

4. 选择重点市场

虽然产品覆盖了150多个国家和地区，但并不是全部国家和地区都是重点运营，TikTok把重点运营国家放在了日本、印度、美国。这三个国家的共性是：都是人口大国，有比较多的年轻人口。但这三个国家情况也有区别。

日本是发达国家，ARPU值（每用户平均收入）比较高，而且二次元和宅文化比较繁荣，很适合短视频的传播和发展，在TikTok看来是比较优质的市场。

印度的互联网发展非常快，又比较喜欢载歌载舞。在内容创作和内容消费上都比较强劲。从印度的下载量占全球下载量的30%就可以看出来。

美国的ARPU值比较高，文化比较多元开放，也很适合短视频内容的创作和消费。

5. 重金推广

2018 年，TikTok 在美国的广告支出为 10 亿美元；2019 年，TikTok 在美国的广告支出为 2018 年的 4 倍。而美国的下载量居全球第三，达 1.65 亿次，占比 8.2%，可以看到，巨大的广告支出也带来了比较丰厚的投资回报。

同时，TikTok 在推广目标上专注 Z 世代（1995—2005 年出生的人）群体；2019 年，TikTok 把 80% 的广告支出都投入 Snapchat。而差不多一半的 15～25 岁的美国互联网用户都在使用 Snapchat。

TikTok 投入高昂的广告费用就是为了精准引流这些 Z 世代的年轻人。

与视频网站有选单自选节目不同，TikTok 使用演算法学习用户行为，进行自动内容推送，不过用户登录之后，也可以依据自己的喜好搜寻相关感兴趣的影音频道订阅。同样地，也可以在上面分享生活并获得收益，但要注意隐私与服装仪容。

二、其他社交跨境电子商务平台介绍

（一）Facebook

Facebook，目前是全世界最大的社交平台，于 2004 年 2 月 4 日上线，创始人为马克·扎克伯格。一开始，Facebook 主要作为哈佛大学学生交流的平台，出人意料的是，应用开通后便在学院内大为轰动。扎克伯格乘胜追击，2005 年 Facebook 正式面向大众，并以势不可挡之势席卷全球，如今更是覆盖全球 189 个国家。

Facebook 的用户量非常之大，拥有 30 多亿的用户，每一天有将近 18 个亿的活跃用户。这意味着 Facebook 是全球最大的社交媒体网络，拥有非常庞大的活跃用户量。Facebook 不仅是高效的流量来源与高效的互动平台，同时也是高效的品牌宣传渠道和高效的营销工具。目前国内众多平台出海，在进行海外推广时，Facebook 平台仍是首选。

Facebook 是一个社交平台，用户除了文字消息之外，还可发送图片、视频、文档、贴图和声音等媒体消息给其他用户，以及通过集成的地图功能分享用户所在的位置。人们可以在 Facebook 上通过社群功能与亲友保持联系，发现新鲜资讯，分享生活故事，帮助人们与亲友保持联系，并与拥有共同兴趣的社群建立联结等。

2021 年 10 月 29 日，创始人马克·扎克伯格表示 Facebook 平台的品牌将部分更名为 Meta，公司将聚焦于建立元宇宙（Metaverse），即聚焦于虚拟现实，进军元宇宙领域，即借助 VR 和 AR 技术及设备，吸引用户在这个 3D 的虚拟世界中，建立一种类似于现实生活一样可以进行人际互动，能满足工作、交流和娱乐的空间。简单来说，就是把现实世界的一切映射到虚拟世界中。

（二）Instagram

Instagram 是仅次于 Facebook 的第二大传统社交网络，同时也是 Meta 旗下第四个继 Facebook、WhatsApp 及 Messenger 超过 10 亿月活跃用户的子公司。

Instagram 成立于 2010 年 10 月，其名称取自即时（Instant）与电报（Telegram）的结合，

灵感来自即时成像相机，认为人与人之间的照片分享"就像用电线传递电报消息"。它可以让用户用智能手机拍下照片后再将不同的滤镜效果添加到照片上，然后分享 Facebook、Twitter、Tumblr 及 Flickr 等社交网络服务上。

2012 年 4 月，Meta 宣布收购 Instagram。

Instagram 其最大的特点就是，特有的图片优势，用户中有 51%是女性。基于用户的年轻化，Instagram 也是品牌互动的好工具。Instagram 的互动率是 Facebook 的 10 倍。60%的用户喜欢在 Instagram 上找到新产品，所以 Instagram 非常适合新产品。

此外，由于 Instagram（图文+短视频）明显的视觉取向，它有自己的时尚风格。它是明星和大网红的首选社交平台，也是美容、服装、时尚等时尚产品的推广天堂。Instagram 很容易创造热门风格，引发流行趋势。因此，在 Instagram 与网红合作时，对推广产品的质量、时尚度的要求更高。

（三）Twitter

2006 年，博客技术先驱 blogger 创始人埃文·威廉姆斯（Evan Williams）创建的新兴公司 Obvious 推出了 Twitter 服务。在最初阶段，这项服务只是用于向好友的手机发送文本信息。2006 年年底，Obvious 对服务进行了升级，用户无须输入自己的手机号码，而可以通过即时信息服务和个性化 Twitter 网站接收和发送信息。

Twitter（推特）是一家美国社交网络及微博客服务的公司，致力于服务公众对话。Twitter 可以让用户更新不超过 140 个字符的消息（除中文、日文和韩语外已提高上限至 280 个字符），这些消息也被称作推文（Tweet）。Twitter 被形容为"互联网的短信服务"，其最大的特点就是字数限制和信息短小，正好符合现代人的阅读习惯。

Twitter 与 Facebook 的不同之处在于，Facebook 的本质是关系，相当于国内以前的人人网；Twitter 的本质是传播，与国内的微博比较相似。Twitter 的关注方式是单向的，即"我想关注你，与你无关"；而 Facebook 则需要通过好友验证，即"想看我得先经过我同意"。人们在 Twitter 关注的人，大多数情况下可能是陌生人，通过某个共同兴趣而进行关注。

（四）BeReal

BeReal 于 2020 年在法国推出，于 2022 年在海外以火箭般的速度蹿红，深受年轻 Z 世代的喜爱，近期下载量在各国荣登榜首，一度超越 Instagram 与 TikTok。

有别于 Instagram 刻意营造的精致美，BeReal 的产品理念是鼓励用户做真实的自己，分享一些不加滤镜、没有美颜的日常照片。BeReal 鼓励用户拍摄并分享未经编辑的照片，并且在应用内不提供照片编辑和滤镜等选项，其上也没有广告。

BeReal 的核心玩法是每天会在随机时间向用户发送消息，提醒用户进行拍照分享，接到通知后的 2 分钟内，用户需要通过 BeReal 的应用拍摄一张照片并上传。BeReal 的独特拍摄机制是同时调用前后摄像头，这样一张照片里就会同时出现你的自拍，以及你所处的环境或正在进行的事情。超时后，本次发布就会失败。即便用户在两分钟内修改了照片或者删除后重发，也会在最终发布的照片中留下记录，且别人能看到作者是否重拍了照片以及重拍次数。

  BeReal 更偏向于熟人之间的分享，相较于 Instagram 的定位是更为亲密、隐私的社交行为。这种定位上的差异化给用户带来了新鲜感，但软件的核心玩法其实还是依赖于熟人之间的互动，也可以带动用户和朋友之间的自然传播和推荐，对快速增长的帮助很大。

  同时，BeReal 的爆火也引起了其他各大社交平台的争相模仿，不少产品都开始借鉴 BeReal 的功能。Instagram、Snapchat、TikTok 等已经将 BeReal 功能融入各自 APP 里。

拓展阅读　　知识与技能训练

学习单元三

跨境电子商务选品分析

【学习目标】

【知识目标】

了解不同国际市场的环境与特点。

熟悉跨境电子商务选品的原则与逻辑。

知道不同平台各自的选品方法。

【技能目标】

能够针对不同国际市场的特点采取不同的策略。

掌握常用的跨境电子商务选品方法。

学会使用第三方选品网站与工具。

【素质目标】

学习创新精神,推进技术革新和产业升级。

【思维导图】

学习单元三 跨境电子商务选品分析
- 学习模块一 选品思维和策略
  - 一、国际市场需求分析
  - 二、跨境电子商务选品的原则与逻辑
  - 三、跨境电子商务的选品方法
  - 四、第三方选品网站与工具
- 学习模块二 不同平台的选品方法
  - 一、亚马逊平台选品方法
  - 二、AliExpress平台选品工具
  - 三、eBay平台选品工具

学习模块一　选品思维和策略

一、国际市场需求分析

按照消费者所处的地理位置、自然环境来细分市场，对研究国家市场非常重要。比如，根据国家、地区、城市规模、气候、人口密度、地形地貌等方面的差异将整体市场分为不同的小市场。地理变量之所以能够作为市场细分的依据，是因为处在不同地理环境下的消费者对同一类产品往往有不同的需求与偏好，因此卖家采取的选品思维和策略也会不同。

（一）北美市场的环境与特点

北美区域市场是指包括美国、加拿大以及墨西哥的自由贸易区市场。1992年，美国、加拿大、墨西哥三国签署《北美自由贸易协定》，1994年正式生效，北美自由贸易区正式成立，并成为世界上最大的区域经济集团之一。虽然墨西哥在地理位置上属于拉丁美洲，但是在《北美自由贸易协定》中，属于北美自由贸易区，因此将墨西哥放在北美市场进行探讨。

北美（Northern America）是世界上经济最发达的地区之一，是世界15个大区之一。北美最主要的两个国家美国和加拿大均为发达国家，其人类发展指数较高，经济一体化水平也很高，是世界最大的进口市场，而且非常开放，一般的进口产品均可以进入，如果考虑到其规模，它无疑是世界上商业机会最多的。同时，它又是最具挑战性的市场：市场容量大，竞争激烈，客户关系管理和商业信用程度高。

1. 市场容量大

从人口概况来看，美国是北美人口第一大国，人口突破3亿，是第二人口大国加拿大的8倍。从区域互联网普及情况来看，截至2021年3月31日，北美地区互联网渗透率最高，达到93.9%，网民有3亿之多。其次为欧洲地区，互联网渗透率为88.2%。

强大的制造业和消费力，基本上使任何商品在北美地区都能找到相应的市场。同时，因为资本主义的充分发展，美国的贫富差别较大，有高、中、低不同的消费群体和不同层面的消费市场，而且有相当可观的消费群，对不同档次的产品均有极大的需求。

2. 市场门槛高

北美的市场经济已经发展到了十分成熟的水平。在政府方面，从决定中央银行的利率到保护知识产权的法律，联邦政府都通过制定有关详细的经济法规政策对整个社会的经济活动进行宏观规范管理调控；在企业一层，同行业间的普遍信息沟通交流也使得企业的经营管理活动更规范、更透明。

因此，北美的市场竞争也是十分激烈，产品供应基本处于饱和状态。从制造到消费，大家对自己在市场中的角色、权利、义务、责任都有比较明确和清楚的认识。在许多领域，来自欧美的老牌跨国公司的产品还是主导了市场。对后来人来说，开发这一市场的过程其实也就是从别人手上攻城略地的过程。

3. 客户关系管理和商业信用程度高

同时，激烈的市场竞争则使得企业必须不断提高产品与服务的质量和水平。完善高效的客户及售后服务已成为当今北美市场营销中的一个重要组成部分。该地区对产品的质量要求高、季节性非常强，价格的竞争力非常强，由于市场竞争激烈以及对产品质量的严格管理，因此进入北美市场的产品质量必须注意，顾客在商店对所购的商品不满意，在规定时间内可以到商店自由退还，也许这种退还制度和美国消费者市场的激烈竞争，使商家特别重视产品的质量。

（二）欧洲市场的环境与特点

欧洲是资本主义经济发展最早的一个大洲，工业生产水平和农业机械化程度均较高。生产总值在世界各洲中居首位，其中工业生产总值占的比重很大。大多数国家粮食自给不足。西欧工业发展程度较高的国家主要为德国、法国、英国，其次为比利时、荷兰和瑞士等。德国、法国和英国的工业生产在世界工业生产中均居前列。由于经济发展步伐不一致，欧洲各地的电子商务市场情况也不一样。按照自然地理来划分，欧洲分为西欧、东欧、南欧、北欧和中欧。

整体上看，欧洲不同国家的关税、语言、风土导致了不同国家的电子商务发展程度很不一样，综合比较欧洲市场有以下特点：

1. 电子商务基础设施程度不一

从世界银行发布的全球各国物流基础设施指数看，欧洲各国发展情况不一，西欧国家的基础建设相对较好；北欧、中欧和东欧都较差；比如在俄罗斯，由于物流配送系统比较差，最受欢迎的配送方式是取货点。由于地理位置恰好处在欧洲大陆中间地带，且物流基础设施水平较高，比利时成为诸多跨境电子商务玩家在欧洲设立本地仓的选择。

2. 各国用户习惯不同，众口难调

欧洲的电子商务用户有自己独特的习惯，在语言、消费行为、政治情况及营商环境等均存在差异。他们"既不排斥低价商品，又对品质有一定要求"。这也导致了欧洲用户经常被认为"挑剔、难以满足"。比如说，法国人天性浪漫、重视休闲，时间观念不强，但是对商品的质量要求十分严格。

3. 电子商务渗透率高

欧洲是全球电子商务体系发展最为完备的地区之一，自 2015 年以来一直保持着高速增长的态势。目前，欧洲是世界第三大电子商务市场，年线上营业收入超过 4 120 亿美元。欧洲市场内部包含各种多样化的经济体，电子商务发展机遇巨大，且拥有不少蓝海市场。

近日，欧盟统计局（Eurostat）对 2022 年 12 个月进行的一项调查显示，欧盟地区的电子商务渗透率及在网上购物的互联网用户平均比例达到了 72%，其中荷兰的这一比例位居欧洲第一，有 91% 的互联网用户已在该地区通过互联网购买或订购了商品或服务。

截至 2021 年 12 月 31 日，欧洲总上网用户数达到 727 848 547 人，互联网覆盖率为 87.7%，为全球互联网覆盖程度最高的地区。据欧洲电子商务协会（Ecommerce Europe）数据显示，2020 年欧洲线上消费总金额达到了 2 690 亿欧元，共有 2.93 亿欧洲人进行了线上购物，其中有超过 2.2 亿人参与了跨境购物。2019 年，欧洲电子商务的销售额增长率为 14.2%，2020 年受疫情影响依然达到了 12.7%。自 2015 年以来，欧洲电子商务销售额的年增长率均实现了超过两位数（10%以上）的增长。

4. 市场容量大，种类多样

作为全球最开放的市场之一，欧洲市场容量大且接纳性强，不仅有英、德、法等世界上成熟的电子商务市场，也包括了塞尔维亚、克罗地亚和北马其顿等新兴市场。由于电子商务基础设施、消费者购物习惯以及文化和语言的差异，欧洲各个国家显示了不同的电子商务增长率和不同水平的电子商务活动。

根据 Finaria 提供的数据，2021 年欧洲电子商务市场的收入达 4 650 亿美元，比疫情爆发前高出 30%。到 2025 年，欧洲电子商务领域的价值将达到近 5 700 亿美元。其中，时尚、电子和媒体将在2021年创造一半的收入，时尚的市场规模将达到1 435亿美元。到2025年，这一数字预计将达到1 765亿美元。其次，电子和媒体领域预计2023年的收入将达到1 035亿美元。

（三）东南亚市场的环境与特点

东南亚（Southeast Asia，SEA）位于亚洲东南部，包括中南半岛和马来群岛两大部分。东南亚地区共有11个国家：缅甸、泰国、柬埔寨、老挝、越南、菲律宾、马来西亚、新加坡、文莱、印度尼西亚、东帝汶，面积约457万平方千米。

对于东南亚的电子商务市场来说，当下可以说是黄金进场时期。许多国家和地区已经拥有乐观的互联网普及率，并成为易懂和社交媒体的前沿用户。

电子商务被认为是东南亚数字经济增长的最大动力，2017—2022年五年间，该地区电子商务GMV从109亿美元跃升至1 310亿美元，增长潜力巨大。然而，在电子商务市场极速增长的背后，我们还应看到，受基础设施落后、供应链不完善等因素拖累，东南亚整体电子商务渗透率还处于较低水平，与中国等成熟市场相比仍有较大差距。以印度尼西亚为代表的东南亚国家仍有很大的发展空间。

一般来说，东南亚国家由东南亚联盟十国组成。这十个国家中，人口较多，经济相对比较发达的有6个国家，它们分别是印度尼西亚、马来西亚、新加坡、泰国、越南和菲律宾。

整体看，东南亚呈现出整体人口基数大、区域经济发展不平衡、互联网渗透率高但基础设施相对落后、前景广阔等特点。

1. 人口基数大

2022年，主要东南亚国家人口达6亿多，其中印度尼西亚占2.7亿，是东南亚第一大国；人口结构也相对年轻，48%的人口在30岁以下。

2. 区域经济发展不平衡

从经济发展水平看，东南亚国家发展并不平衡，总量上，印度尼西亚人口多，经济体量大，是唯一一个GDP超过万亿美元的国家。从人均GDP看，东南亚国家可分为3个梯度，包括新加坡、马来西亚等发达市场，人均GDP超过1万美元；泰国、印度尼西亚两个中等发展市场，人均GDP在3 500~10 000美元之间；还有越南、菲律宾两个相对欠发达市场，人均GDP低于3 500美元。此外，不同国家之间的语言文化也有较大差异。

3. 互联网渗透率高但基础设施相对落后

从网络发展水平看，东南亚与中国类似，智能手机渗透率快速提升，当前主要国家的移动互联网渗透率均在50%以上，但网络的基础设施条件并不好，多数国家的网速慢于中国。

4. 前景广阔

疫情催化下，东南亚市场实物电子商务规模快速从2016年的180亿美元增长至2021年的882亿美元，5年CAGR达37%。从市场看，印度尼西亚是东南亚最大的电子商务市场，贡献42%的电子商务交易额，电子商务渗透率也由2012年的2.2%提升到2021年的28%。

东南亚用户与中国用户电子商务行为类似，用户能接受白牌商品。根据TMO调研数据，除新加坡外，东南亚多数国家消费能力弱，用户追求性价比，对白牌商品接受度高，因此在Shopee早期，铺货模式也能跑通。从设备端上看，东南亚与中国一样，跳过了PC时代进入了手机时代，手机是用户在电子商务下单的主要途径。

（四）拉丁美洲市场的环境与特点

拉丁美洲，简称拉美，是美洲的一部分，狭义上包括了以拉丁语族语言为官方语言的美洲国家和地区；广义上包括了美国以南的全部美洲国家与地区。拉丁美洲人口基数大，经济相对发达。从人口看，拉美人口总计 6.48 亿，与东南亚市场体量相当，其中巴西人口 2.1 亿，是世界人口第五大国。拉美市场正处于人口红利期。拉丁美洲现总人口有 6.5 亿人，互联网覆盖率为 56%，网购人群超过 2 亿人次，社交媒体平均渗透率为 64%。

拉美市场电子商务增速非常快。据相关数据统计，拉美市场销售额年增长率为 36%，可以说是全球增速最快的电子商务市场之一。拉美市场的整体线上零售体系已经非常成熟，线上零售占据拉美市场整体零售的 5%。而中国的线上零售占整体零售的数据是 23%，韩国是 18.4%，美国是 10%，德国则是 8.5%。对比中、韩、美、德这些成熟电子商务的数据，拉美市场潜力巨大。

1. 发展迅速，潜力巨大

拉美市场本身具备优秀的市场规模和容量，加上拉美自然资源丰富、地大物博，但经济水平较低，拉美国家基本都是发展中国家，且国与国之间、国家内部各个阶级之间贫富差距较大，工业生产力有限，因而为了满足国内人们的需要，保证人民生活水平，维持社会稳定，许多国家非常依赖商品进口。

早年电子商务发展慢、渗透率不高，疫情驱动下，电子商务市场快速增长。受疫情驱动，拉美电子商务市场由 2018 年的 410 亿美元，快速增长至 2021 年的 974 亿美元。

2. 物流时效性差

物流是阻碍拉美电子商务市场发展的核心痛点。从基础设施上看，拉美地区基础设施建设发展不成熟，物流配送的时效性较差，即使是完成了清关手续，一些偏远地区也需要 5 到 7 天才能妥投。而就算是城市里的很多地方，由于地址系统仍然不完善，配送人员很难找到准确的地址，最后一公里物流配送的难度高。此外，从管理上，以墨西哥、巴西、阿根廷为代表的拉美国家政府官僚主义问题突出，管理水平较低，在政策、手续的制定和执行方面阻碍了各地间货物的流转。因此，大部分拉丁美洲国家的物流指数，不仅低于中国和美国，甚至低于多数东南亚国家。

而清关还有可能会耗费更长时间，由于各国海关政策不同，清关时间也有很大差异。比如在电子商务更为发达的智利，有的货物到港当天就可以完成清关。2019 年，在巴西和阿根廷，货物的清关时间甚至可能超过一个月。

3. 支付问题成痛点

拉美一半以上人口没有银行账户，信用卡普及率仅为 15%。这一方面是由于拉美地区电信基础设施不完善；另一方面，消费者对新的技术缺乏信任感，用户担心银行信息和支付数据泄露，甚至认为银行无法确保自身财产安全，因此很少进行线上支付。

而消费者在网购时，如果无法找到可以信赖的支付方式，很可能会放弃购物。据不完全统计，即便是在电子商务相对发达的智利，有 40% 的在线购物最终未完成付款结算，这一比例在拉美其他国家更高。

由于担心网购资金安全，很多拉美客户希望能够以货到付款的方式完成购物，这无疑会拉长卖家的回款周期，对卖家的资金周转提出了更高的要求。

（五）俄罗斯市场的环境与特点

俄罗斯，亦称俄罗斯联邦、俄国，首都莫斯科，国土横跨欧亚大陆，与 14 个国家接壤，总面积1 709.82万平方千米。俄罗斯国土覆盖整个亚洲北部和东欧大部，横跨11个时区，为世界上国土面积最大的国家。

截至2022年9月，俄罗斯总人口为1.46亿，在世界上排名第九，共有194个民族，以俄罗斯族为主，大多信奉东正教，官方语言为俄语。

俄罗斯作为跨境电子商务的新兴市场，发展速度快，市场潜力大，中俄两国经济结构具有互补性，两国接壤且关系紧密。

俄罗斯现有的产业结构为跨境电子商务市场提供了发展空间。由于历史与国家政策原因，俄罗斯经济一直以军工产业与能源产业为支柱，重生产轻流通，将服务产业视作非生产领域，忽略了第三产业，形成了能源与军事工业发达、第三产业滞后的产业结构，如能源部对俄罗斯经济增长贡献率要远高于消费品与投资品。以生活用品、服装类、家用电器类、食品类为主的消费需求是俄罗斯居民选择跨境电子商务的主要目的。这些产品都是俄罗斯所欠缺的或者是发展水平较低的。俄罗斯现有的产业结构无法满足国内居民的消费需求，商品供应的丰富性与价格都不具竞争力，刺激了俄罗斯居民进行跨境网络购物。

俄罗斯跨境电子商务发展现状如下：

1. 市场广，潜力大

作为全球第十大经济体，俄罗斯经济不容忽视。俄语是全球使用人数最多的语言之一，居全球第六位。受地域特点、经济疲软、国内通货膨胀等因素影响，越来越多俄罗斯居民选择网上购物以及跨境网络购物。无论空间、人口及经济规模，还是网民规模、跨境网络购物及国家政策等方面，俄罗斯跨境电子商务市场潜力是巨大的，值得重视与关注。

根据Data Insight的数据显示，2020年，俄罗斯电子商务市场规模达330亿美元左右，高于疫情发生前的预测值290亿美元。2019—2020年，俄罗斯电子商务市场规模有44%的增长，新增购物人次超1 000万。Data Insight的最新预测表明，俄罗斯电子商务市场规模将进一步增长。

2. 电子商务高速发展

俄罗斯网民数量逐年攀升，推动着跨境电子商务市场的发展。据Yandex与GFK的研究资料，跨境网络购物的消费群体多集中在20~29岁。该年龄段消费群体表现最活跃，文化水平较高，易于接受新事物，对跨境在线购物与支付了解较深。移动网络与移动支付在俄罗斯市场初露端倪，虽然现有的接受度不高，但发展潜力巨大。

虽然俄罗斯跨境电子商务发展较快，但是整体水平仍相对偏低，尤其是本土跨境电子商务平台的规模与影响力，仍旧偏低。《东西数字新闻》中的《俄罗斯电子商务报告》显示：俄罗斯电子商务行业主要由规模较小的平台企业构成，发展不成体系。在现有的近40 000家平台或网站中，年营业额超过10万美元规模的不足20家，全球性电子商务平台进入俄罗斯市场后，通过本地化运作，已经占据了俄罗斯跨境电子商务市场。

电子商务的持续快速发展、80%的互联网渗透率、智能手机的普及率和使用率的增加（66%）以及物流配送的升级改善，使得俄罗斯电子商务市场成为值得跨境卖家关注的市场之一。

3. 移动互联网与社交网络飞速发展

移动化是近几年电子商务的发展趋势，也是俄罗斯跨境电子商务发展的重要推力。移动技术的应用与推广，打破了互联网线上与线下的界限，拉近了商家与消费者的距离，削弱了购物的时空限制，能够做到随时随地进行跨境购物与体验。

俄罗斯互联网用户更偏好社交网络。社交网络在俄罗斯市场普及率极高，远超过全球其他互联网用户大国。社交网络具备文字、图片、音频、视频等传播功能，社交网络推动着用户的沟通与交流，形成了一个圈子范围内的相互交流、相互沟通、相互参与的互动平台。在跨境电子商务交易中，俄罗斯网民更热衷于通过社交网络查询信息、讨论购物体验、寻求参考意见等。Yandex 资料显示，俄罗斯社交网络普及率高达 42%，月人均访问社交网络约 9.8 小时，居全球首位。最流行的社交网站为 VK，注册用户超过 1.2 亿。

4. 物流问题突出

在俄罗斯市场，物流经历了灰色模式阶段、国际邮政小包阶段、多种物流模式阶段。在俄罗斯跨境电子商务发展过程中，国际邮政扮演着极其重要的角色。受益于低价格、网点多、覆盖广等特点，邮政成为主流物流模式，如俄罗斯邮政、中国邮政等万国邮政系统。

除国际邮政小包外，国际快递也是俄罗斯跨境电子商务的重要跨境物流模式，如 DHL、UPS 等国际性快递公司。俄罗斯海关与商检方面的弊端在全球范围都很突出，清关手续及流程烦琐、关税混乱、税率复杂、规定苛刻、管理混乱、腐败滋生等，导致清关时间久、费用高、货物扣押与丢失频繁发生。所以专业从事物流代理业务的企业不断涌现，并在俄罗斯跨境物流中扮演重要角色。国内物流与配送市场大，需求增长快，市场参与者主要有 DHL、TNT、UPS、FedEx 等国际化大型快递企业，也有俄罗斯本土的 Pony Express、俄罗斯特快专业邮政、Ulmart 自有物流，还有中俄国际、俄速通、SPSR 等国外物流企业。

在俄罗斯跨境电子商务需求剧增的背景下，立足于俄罗斯广阔的国土以及与诸多国家接壤等特点，海外仓与边境仓等跨境物流模式在俄罗斯市场较为流行，这是解决俄罗斯跨境物流难题行之有效的物流模式。

（六）中东市场的环境与特点

中东（Middle East）是一个地理区域，和西亚大致重叠，并包含部分北非地区，但不包含外高加索地区，也是非洲与欧亚大陆的亚洲区。中东这个词是以欧洲为参考坐标，意指欧洲以东，并介于远东和近东之间的地区。具体是指地中海东部与南部区域，从地中海东部到波斯湾的大片地区，国际上并没有一个统一的标准定义，一般来说包括埃及、伊朗、伊拉克、以色列、约旦、卡塔尔、沙特阿拉伯等国家。

作为高速发展的市场，中东市场有以下特点：

1. 消费者富裕且市场需求大

中东人富裕且购物需求大，阿联酋和沙特两个国家，由于石油产业发达，人均 GDP 分别高达 4 万美元和 2 万美元。受地理环境影响，中东缺乏石油以外的产业，尤其是轻工制造业不发达，极少生产消费品，产品匮乏导致中东人民日常消费品强烈依赖进口，市场的消费需求大，随时随地线上购物消费比传统的线下消费更便捷。强大的需求和薄弱的供给，是中东地区的一大特点。

同时，地理环境促进了中东电子商务发展，中东地区高温大风，外出购物只能选择商品有限的商场。此外，受当地文化因素影响，女人们出门购物并不便利，因此，电子商务成了购物的重要渠道。

根据 BMI 研究报告，中东目前是世界上增长最快的电子商务市场之一，过去几年中东电子商务整体增长率都超过了20%。2022年，中东电子商务市场规模有望达到500亿美元。

2. 庞大的年轻消费群体

中东电子商务市场的强劲增长，离不开年轻消费群体。中东地区年龄在15~29岁之间的民众超过28%。全球平均年龄为28岁，而阿拉伯国家平均年龄为22岁，是世界上最年轻的地区之一，在阿联酋和沙特阿拉伯，35岁人口都占人群的一半以上，换句话说，这两个地区正在由一代熟悉网络的人所主导。

中东的年轻一代消费者对互联网购物这类新兴购物方式更容易接受，喜欢利用社交媒体寻找新产品，分享他们喜欢的东西，购买产品。Facebook、YouTube、Instagram、Snapchat等都是该地区年轻人热衷的社交网站。

除阿联酋外，海湾六国和北非三国人口的年龄中位数都小于中国。其中，阿曼、科威特、埃及和摩洛哥的年龄中位数都在30岁以下。这是一片年轻的土地，对跨境电子商务而言，发展的优势不言而喻。

3. 互联网渗透率高

由于受宗教文化影响，沙特人民线下活动有所受限，所以上网时长在全球排名中也比较靠前，大约在日均7小时。

中东地区的数字化普及程度正在不断提高，中东地区智能手机普及率很高，且依旧呈逐年递增的趋势。就拿沙特阿拉伯来说，智能手机普及率已高达96%，为电子商务市场的蓬勃发展打下厚实的基础。

针对沙特的成年人进行统计，智能手机渗透率已经达到96%左右，其中安卓系统用户占74.64%左右，IOS用户占24.77%左右。

4. 政策福利好

近年来，中东地区各政府寻求通过投资及立法变革支持经济发展。如对2022年卡塔尔世界杯等世界级盛事进行大力投资。为了减少国家经济对石油的依赖，还有数字阿曼战略、迪拜商业城计划等，这些政策将极大地促进中东地区经济增长向数字经济转型，为中东地区的电子商务提供了极好的发展机会。

不同国家市场分析

二、跨境电子商务选品的原则与逻辑

在跨境电子商务领域有一句话：七分靠选品，三分靠运营。选对商品并赶在一波潮流趋势的前头，可能收获颇丰；看到市场爆款后跟风销售，可能订单量不错但是利润稀薄。选品不应依据个人喜好，也不能仅看数据报告，选错商品的后果是库存积压，资金浪费。

选品不是按部就班的工作，而是应该建立在对商品了解和对目标市场需求了解的基础上，做出综合判断。熟练运用这些基本方法后，要结合自己的运营经验总结适合自己的选品方法。

（一）跨境电子商务的选品原则

选品应该是合乎逻辑的，这就需要一定的选品原则和相关的方法。

1. 产品的筛选

只有对产品感兴趣，才能投入更多的时间去了解产品的功能、特点、用途和质量，也才能投入更多的精力去研究产品的优势、价值和用途。充分了解产品是做好选品工作的前提。

很多新手卖家在一开始的时候就采用铺货模式，一直忙碌地上架货品，从不停止发布新品，却很难打造爆款，全靠碰运气。只有充分了解产品的优势，对产品做好深挖精神，专注在一个行业打造自己的绝对优势，构建自己产品的护城河，做到了对产品的专精筛选，才能拥有制胜的法宝。

同时，在筛选产品的同时，也对产品的质量提出原则上的要求。

优质的商品是每个跨境电子商务平台都在强调与追求的，高品质的商品可以让卖家获得更高的评价、制定更高的售价以及更高的利润空间。在跨境电子商务交易过程中，对消费者而言，获得高质量的产品是非常必要的。高质量的商品能够增加消费者高水平的体验感，从主观层面上吸引消费者，提升消费者对产品及品牌的认可度、忠诚度，在跨境电子商务长期可持续发展中，其长尾效应是非常重要的，也赋予商品被认可的积极意义。

2. 市场的需求

市场经济发展背景下，为了能够促使使用价值和价值实现有效的交换，实现市场经济活动的有效运行，需要切实贯彻落实需求导向原则。

众所周知，只有有市场需求的产品才能给我们带来销售；而跨境电子商务面向的是全球的消费者，全球各个地区消费者的生活方式、需求与喜好、文化的特点都不一样，同样的一件产品不可能适合所有地区的消费者，这个时候就需要去辨别不同市场的消费者对产品的具体需求。

市场需求不足的产品不能给我们带来满意的订单，有的类目虽然竞争不激烈，但是买家需求也少，即使在市场中成为绝对的"老大"，也不足以支撑运营成本。大类目虽然竞争激烈，但是因为有庞大的市场容量，新手卖家也很容易分得一杯羹。

尽可能地做到差异化选品，紧紧抓住市场需求是跨境电子商务实现高水平发展的关键，是我们避开竞争最有效的手段，对跨境电子商务发展起着非常重要的作用。

3. 适中的价格，合理的利润

价格适中不仅仅是指同类型产品、同款产品下的价格适中，也是指在选品时，不要选择价格太高或者价格太低的商品。因为如果价格太高，消费的群体数量有限，没有消费者数量的支撑，打造爆款不易。同时，如果一款商品的价格高，成本也会很高，对卖家的备货和运营资金也是非常大的考验；而价格太低的商品，如 0.99 美元包邮，即使销量大，但是利润也不会多高，往往事倍功半。

同时，合理的利润是维持店铺运营的核心关键，没有利润，再好的销量到头来也是"竹篮打水一场空"，只有合理的利润才是店铺运营腾飞的起点。

（二）跨境电子商务的选品逻辑

在选品过程中，我们把选品逻辑总结为六个要素：品类泛、类目专、产品精、坚持、重复和数据分析。

1. 品类泛

对跨境电子商务卖家来说，选品的第一步是要有大范围、多类目的选品思维。在选品前期，卖家不应该局限于某个单一类目，只有经历了广泛的选品历练，才能够帮卖家更快地熟悉平台上不同类目产品的不同销售状况，基于对多个类目下无数个产品的接触和了解，才更容易发掘出自己感兴趣的、有市场潜力的类目和产品。然后，以此为基础，发展的速度才会快。如果在前期的选品中就把自己局限于某个单一类目，经历很多挫折之后才发现原来有更好的、更易于运营的类目和产品，其失落感也一定是很强烈的，而关键是自己已经错过了很多时间和机会。所以，在前期的选品中，卖家一定要广泛涉猎，熟悉尽可能多的类目和产品。

2. 类目专

基于第一阶段的广泛了解，通过多个类目的对比分析之后，卖家就会发现自己感兴趣的、有资源优势且销量和利润都不错的类目。在此情况下，选品方向基本确定，卖家就需要往专的方面努力了。当前的市场竞争激烈，信息几乎对所有人透明，作为卖家，如果对自己所销售的产品不熟悉、不专业，仅仅靠大杂货、泛了解的状态是很难有所作为的。要想在激烈的竞争中比竞争对手更强、要想获取更多的市场份额，就先打造自己在产品专业知识上的深度和高度。只有具备了比竞争对手更高的专业度，只有对类目和产品挖得更深，才能具备一招制胜的可能性。从这个意义上，专注的精神在运营中非常重要。

3. 产品精

随着卖家对自己所经营类目的专业知识的增加，对产品的理解越来越深刻。在此基础上，卖家在选品上要做到精挑细选、反复甄选。按照二八定律，往往20%的产品会带来80%的利润。作为卖家，一定要尽可能地挖掘出那20%销量大、利润率高的产品，而要想挖掘出来，离开对行业、类目和产品的精通，是实现不了的。在精品筛选过程中，专业度和专注力就成了很好的助力。对产品的专业度和精通程度也决定着你在一个行业可能达到的高度。

4. 坚持

在运营中，选品是一个长期的过程，贯穿于运营的始终，卖家不能抱有一劳永逸的心态。今天的热销产品不意味着明天依然可以卖得好，今年的爆款到了明年销量可能戛然而止。所以，卖家要把选品作为日常运营中的常规性工作来做，在拥有热卖爆款的同时，不要忘了开发符合明天趋势的新品。在选品上，卖家要居安思危，每天的坚持必不可少，长期的坚持才会让你对市场越来越熟悉，选品越来越有经验，而时间和经验的沉淀都会演变为运营中的优势。

5. 重复

坚持的过程就是一个重复和反复练习的过程。重复着最基本的动作，很多人会渐渐厌倦，失去了激情和斗志，这也就是为什么经常会出现一些卖家凭一款产品引爆市场成为明星之后，很快又沉寂下去消失在茫茫人海中的原因。为了保持运营业绩的长期稳定，卖家一定要能够坚守对基本工作的持久热情和激情。选品工作单调，做多了可能觉得无趣，但只要能够长期坚持、反复甄选，一定会有新发现，认知也会达到新高度。卖油翁可以油穿钱孔而不沾壁，为什么呢？唯手熟耳！重复的练是关键。

6. 数据分析

在选品初期，很多卖家选品也许是凭感觉和当下的直观感受。随着运营的推进，发展到一定阶段后，当你已经修炼到拥有了像手熟的卖油翁那样的功力，此时你具备了足够高的专业度，对行业也足够熟悉。在此情况下，你可能会对几乎所有产品都有所了解，在产品的选择取舍上，单纯依赖自我的认知则可能让你错失机会。为了克服认知偏见造成的错失良品的情况出现，对一个运营熟练的卖家来说，在选品上可以基于经验的同时，用数据分析做辅助。很多的数据选品工具，都可以实现基于平台从多维度抓取流量数据、竞品数据和平台销售数据等信息供我们参考和使用，相对于个人认知的不全面而言，多个维度的数据结合可以让我们对产品和市场的认知更客观全面，也更容易抓住被自己忽视的潜在爆款产品。

在跨境电子商务的选品中，如果卖家能够坚持以上六个要素，并且在日常运营中长期实践，一定可以筛选出适合自己销售的，可以带来高曝光、高流量、高销量的产品，运营之路将不再难。

三、跨境电子商务的选品方法

（一）类目深挖选品法

对大部分卖家来说，选择一个热销的产品比较容易，但是长期保持自己的竞争优势却比较难。很多商家凭借某个爆款商品获得了利润，或者通过爆款带动了店铺销量。但是，随着产品的生命周期的结束，业绩就开始下滑，又因为没有新的爆款跟上，或者店铺没有做好可持续发展，整个店铺的运营节奏就乱了。

跨境卖家在运营中长期保持竞争优势，最好能深耕专注于一个类目，进行深挖，让自己成为这个类目的专家。这个也和我们前面所说的选品逻辑中要注重"品类泛、类目专、产品精"是相通的。当商家对一个类目越来越熟悉，专业度上的积累会体现在对产品品质、用户需求和市场瞭望的精准把握上。同时，专注于一个类目还有利于整合和优化供应链资源，从而构筑起自己所在行业类目的壁垒，在竞争中更具优势。

类目深挖法要求商家选择自己感兴趣的类目，产品要有一定的市场容量，不一定是一个庞大的市场，但是需要一定的消费者数量能够支撑起产品的销量，商家可以在切实满足一部分人的需求过程中，逐步成长、积累和沉淀。基于自己的兴趣点，卖家会更愿意深入类目学习、研究、优化和改善，当卖家打造出自己的产品优势，也就自然而然地具备了在市场上的竞争优势。

类目深挖法适合打造"小而美，专而精"的店铺，卖家如果能够坚守"1厘米宽，100千米深"的理念，深耕垂直细分类目，足以成长为一个独具优势的王者。

商家如果想通过类目深挖法打造自己在某一类目的优势，则必须在选品和评估的过程中关注产品的上游，即产品的原产地或者产业带。只有掌握源头资源，在供应链上有优势，商家才有可能获得更多的成本优势以及渠道优势，掌握更精良的工艺，使改进升级更加便利。

以下我们简要介绍国内的产业带。

1. 服装服饰类

女装主要是广东省广州市、浙江省杭州市、广东虎门、广东深圳等地，男装主要是浙江宁波、福建泉州石狮等地，衬衫主要是广东普宁、浙江义乌大陈镇等，服装产业带涉及品类太多，每个细分品类都有优势产地。

广东：位于广东省的汕头市、佛山市、普宁市和中山市，均是T恤、睡衣、衬衫、袜子的原产带。其优势就是价格便宜，款式新潮。

杭州：杭州服装产业是较早深耕电子商务的行业之一，多年来，杭州跨境电子商务创新依托长三角先进的数字经济基础设施和人才集聚优势走在全国前列。近几年在杭州跨境电子商务综试区政策支持下，杭州服装产业加快与数字化结合，通过转型跨境电子商务开拓海外市场；依托杭州新经济优势，调整和优化出口商品结构，通过科技创新开发自主品牌。针对服装品类用户关注细节的特点，一些成熟企业开始回归并专注产品本质。

石狮：石狮位于福建省东南沿海，泉州市南部，以服装闻名于世，是中国纺织服装生产基地和集散地，经过20多年精心培育，已形成了一条以服装加工生产为核心的纺织服装产业链，涵盖纺织、漂染、成衣加工、辅料、市场营销等各个领域，产业集群优势明显。

宁波：100多年前，发源于奉化江畔的宁波"红帮裁缝"，凭着一把剪刀、一把尺子，做出了中国第一套西装与第一套中山装，并成功开设第一家西服店、第一家西服工艺学校，写下第一部西服理论专著。

2. 箱包类

白沟：河北保定市的白沟箱包产业起源于20世纪70年代；经过40多年的发展，已形成一条集研发设计、原辅料供应、生产加工、展览展销等多环节于一体的箱包产业链，成为辐射周边10个县（市），从业人员超过150万人的区域特色产业集群。

河北保定白沟新城被誉为中国箱包之都，年产箱包8亿多只，产品销往130多个国家和地区。近年来，白沟新城采取设立专项资金、引进顶尖创意设计机构等方式，使白沟箱包与最新设计理念接轨，助力当地企业品牌化、国际化，推动箱包产业高质量发展。

平湖：如今的平湖早已是中国三大箱包生产基地之一，拥有中国旅行箱包之都、国家外贸转型示范基地等称号；当地现有箱包企业400多家，年产各类箱包3.2亿件；产品种类从手提包、袋发展到各类皮包、拉杆箱、化妆品箱等上百个品种；可以说平湖箱包早已具备登上世界舞台的实力。

广东：位于广东省的广州花都区、番禺区和深圳市，是中国最大的箱包产业带。因毗邻香港，信息快，所以产品款式新、品种全。另外，箱包产业带附近的原辅材料市场规模非常大，为其发展提供了先天优势。

狮岭：狮岭的皮革皮具业从当初散、小的农村手工加工业，发展到今日的皮革皮具专业镇、中国皮具之都，积极承接来自欧美皮革皮具制造业在全球范围内大转移，拉开了招商引资、发展外向型经济的序幕。进入21世纪后，狮岭坚持产业强镇，通过构建技术创新体系和扶持企业创造自有品牌等多项措施，大力推动皮具产业升级和产品换代，逐步引导企业完成从简单生产到贴牌生产到自主研发的转变，实现"狮岭加工—狮岭制造—狮岭创造"的跨越。

3. 鞋类

晋江：晋江的制鞋业从20世纪80年代初开始发展，经历了从无到有、从小到大、从家庭手工作坊向现代规模企业发展的过程，现已实现了企业规模化、产品品牌化、生产标准化、销售国际化、管理现代化。鞋产业链从低端到高端完整延伸，产业链旁侧企业的系统配套，支撑着晋江鞋业产业集群的整体竞争力。晋江鞋业，从皮革制造、成鞋生产到鞋机制造，从鞋的配件、鞋楦、鞋底、鞋跟、鞋衬、轻泡、炼胶、吹塑到纸盒、包装盒等都由专业厂家生产，形成了社会化分工、自主完整配套的一条龙生产协作群体。

惠东：制鞋业是惠东的"草根经济"，更是惠东经济发展的基础产业。从1982年到2019

年，惠东制鞋业经历了从弱到强的发展过程，在推动稳增长、调结构、稳就业、富一方、惠民生等方面发挥了不可替代的主要作用。

从 20 世纪 80 年代初开始，广东省惠东县鞋业制造走过了 40 多年的历史，经历了从无到有、从小到大、从家庭作坊生产到机械化流水线生产的发展历程。

温州：位于浙江省温州市的皮革制品产业带，占有中国十大"中国真皮鞋王"的半壁江山。世界著名的皮鞋品牌康奈、奥康、红蜻蜓、丹比奴等均出于此地。另外，该地的皮革制品产业链发展较为完整。

4. 渔具类

威海：1981 年，国内第一支玻璃钢渔竿在威海诞生，开启了威海的渔具产业化之旅。发展到今天，威海市已拥有 4 000 多家渔具生产及贸易型企业，年产值超过 100 亿元人民币。全球 80% 的钓具产自中国，中国市场的一半以上是威海制造。

自 20 世纪 80 年代以来，威海钓具产业历经 30 多年的产业历练，逐步发展成为威海的一张工业名片，打造了竿、轮、环、饵齐全，集生产研发销售、会展贸易、体育赛事等为一体的完整产业链条，钓具产品产量和出口量居全国之首，是中国最大的钓鱼竿出口基地和全球重要的钓具用品生产加工基地。

固安：固安县是全国知名的渔具生产集散地，历史悠久。截至 2006 年年底，全县从事渔具生产及配套的各类企业达 358 家，规模企业 158 家，拥有深加工生产线 320 条，产品涉及 60 大类 8 000 多个品种，年产各类渔具产品 8 亿件。

产品畅销全国各地，并远销到日本、美国、奥地利、英国等 20 多个国家和地区，渔具年销售收入突破亿元。据中国钓具协会统计，固安县渔漂产销量占全国市场的 80% 以上，是中国最大的渔漂生产基地。

5. 美妆类

鹿邑：现在，鹿邑县的尾毛出口总量占到全国化妆刷原毛出口的 80%，年产羊毛 3 000 多吨，尼龙毛 9 000 多吨，成为全国最大的化妆刷生产基地。同时，鹿邑县积极协同质监局制定化妆刷产品地方行业标准，并力促使其上升为国家标准，提高企业核心竞争力和行业话语权，力争真正把鹿邑打造成"世界毛都"和"中国最大的化妆刷之乡"。鹿邑代工的化妆刷，贴上耳熟能详的国际标签后，漂洋过海抵达法国、美国、日本、韩国、欧盟、中东等 20 多个国家和地区的高端化妆品柜台，服务着全球的爱美人士。

白云区：广州市白云区是全国化妆品产业主要聚集地之一，辖内有持证化妆品生产企业 1 367 家，约占全国三分之一、全省二分之一的份额，化妆品经营企业 4 200 余家，化妆品专业批发市场 6 个。另有化妆品原料供应商近 3 000 家，包材印刷厂 600 余家。多年积累已拥有非常完备的化妆品产业链，生产、销售、原料包材、半成品加工、展览、设计、研发、包装、物流、培训等一应俱全，形成了良好的产业生态圈。

6. 假发产业带

许昌：在河南许昌，假发这门生意养活了 20 多万人，全球每 10 顶假发中至少有 6 顶来自许昌。这是许昌作为河南十大特色跨境电子商务产业带的底气所在。许昌已经成为全世界最大的发制品集散地和出口基地。

如今的许昌，凭借数十万从业人员、5 000 多家假发作坊让中国成为全球最大假发生产国和输出国。对于许昌的假发生产有一个数字——1/3，许昌的三分之一人口皆在从事假发行业，可想而知人员之多、工厂遍布之广、所生产的数量之多。

7. 灯具产业带

中山：古镇灯饰享誉国内外，成为中山产业集群化发展最具影响力的代表之一。这里汇集了3.8万家灯饰及配件企业，年销售额超千亿元，占据国内灯饰市场份额的七成。

据悉，中山市将大力推动古镇灯饰等传统产业转型升级；大力发展外贸新业态，加快外贸平台建设步伐，全力推进涵括灯饰产业等多元化的跨境电子商务综合试验区建设；大力打造区域品牌，强化知识产权保护，以古镇灯饰作为中山商标品牌建设的样本，加大商标品牌体系培育建设。

余姚：2002年，余姚市梁弄镇被授予中国灯具之乡。从20世纪80年代诞生第一家灯具厂开始，到2004年年底已发展到380家，并在全国开设灯具部1 400余家。梁弄镇灯具行业从业从商人员超过9 000人，通过梁弄人生产、销售、贸易的灯具去年已达到8.6亿元，占全国市场覆盖率的40%左右。

近年来，余姚LED照明企业紧紧抓住产业发展契机，不断技术创新，主动转型升级，形成独特的竞争优势，已成为LED照明出口颇具规模的承载地。

8. 小商品类

浙江义乌作为全球最大的小商品集散中心的义乌，其目前最大的市场是义乌国际商贸城，市场目前拥有43个行业、1 900个大类、170万种商品，几乎囊括了工艺品、饰品、小五金、日用百货、雨具、电子电器、玩具、化妆品、文体、袜业、副食品、钟表、线带、针棉、纺织品、领带、服装等所有日用工业品。其中，饰品和玩具等产销量占全国市场三分之一。同时，因为义乌小商品市场的发达，形成了以义乌为中心联接绍兴、台州、丽水等地的小商品产业带，促进了市场产业簇群式发展。

（二）优秀店铺学习法

对于跨境电子商务卖家来说，每个卖家都争相采取更好的方法，以更多维度评估一个产品和市场。相对小卖家有限的能力和实力，大卖家因为资金、资源、信息、流程和人才等优势，注定会比中小卖家可以更好地把握产品和市场。同时，有些小卖家在选品过程中因为缺少方向和资源，同时还缺少经验和认知，于是东一榔头西一棒子地盲目选择，看似做了很多工作，却没有什么成效，都是无用功。

对于没有选品方向的卖家，不妨对自己的选品简而化之。首先确定一个可以学习和效仿的榜样店铺。对于目标店铺，店铺内的产品不要太多，适量即可，产品需要是比较大众的刚需产品，店铺里有多个产品销量很好，预估后了解店铺的销售利润也是可以的。一旦选定了这样的目标店铺，我们就可以暂时忘记其他店铺和产品，对目标店铺里所有在售的商品进行逐个深度分析。此时，目标店铺里的每个产品都是我们的选品方向，每个产品都要用心研究，找到有效资源，上架销售。

相对于中小卖家来说，行业大卖家在选品上会做更多维度的市场调研。除了立足于平台的分析外，大卖家还会借助外部数据对一个产品和市场做预判，然后才会决定是否要上架某个商品。如果我们能够观察到目标店铺，观察其产品上架与新品商家的信息，并对这些信息进行市场调研，在调研后灵活快速地跟进，就会发现自己的选品速度快了很多，店铺运营会更有效率。

一个优秀的店铺之所以优秀，必然有其在内的原因。所以，我们应该多观察学习优秀的店铺，在分析学习中发现别人的长处，然后尽可能地应用到自己的运营实践中。

　　对于目标店铺的观察与学习，可以帮助我们更好地理解卖家的选品逻辑和运营方法，便于我们更全面地思考一个产品打造成功的可能性，那么，我们该查看一个店铺里的哪些信息呢？

　　店铺评价是我们首先要关注的。根据当下平台的店铺反馈率，一个店铺最近30天的评价数量的4~5倍大概相当于其店铺当前的日均订单数量。通过这样核算，我们可以评估出一个店铺当前的销售状况。如果一个店铺评价反馈的数量较多，那么可以判断这个店铺当前的订单数量很多，订单量大的店铺自然是我们首先应该关注和学习的店铺。

　　进入店铺后，如果店铺内产品数量很多，庞而杂，那么该店铺大概率是杂货铺模式。过多的SKU会占用商家大量的资金与管理成本，此时可以考虑换一家目标店铺。

　　在筛选过程中，我们可能没办法找到一家完美符合自己目标的优秀店铺，或者发现了多家优秀店铺。此时，我们可以把多家店铺进行组合，分别从每家店铺的产品中精选出自己感兴趣且市场销售状态较好的产品，形成自己的产品群。

　　优秀店铺学习法的核心在于能够相信并接受目标店铺的好，在学习过程中，要认可目标店铺的比我们现有的认知更高，且有严密的选品逻辑。我们要做的就是发现其选品的逻辑，怎么样才能发现呢？唯有足够深入。怎么样才能足够深入呢？唯有真实销售。

　　任何一个优秀的店铺，其产品都必然经过了多轮的筛选和长期的市场检验，而我们对优秀店铺的全面模仿学习，意味着已经站在巨人的肩膀上前行，成功的概率自然也会大大增加。

　　当然，需要提醒的是，我们在这里提到的模仿学习是指同类型功能产品的复制和替代，而不是指对原来店铺一模一样的照抄。选品时，我们可以选择同款的产品，也可以选择同类型但经过更新升级的产品。作为卖家，我们应当记住并保持独立思考，竞争对手之所以卖得好，是因为市场对这个产品的功能存在需求，而我们要复制的，正是能够应对这些需求的产品而已。

　　当然，需要提醒的是，我这里说的学习不是指纯粹的一模一样地抄。这里的学习是指我们在市场调研中通过某个店铺发现一系列畅销的产品，我们认识到这些产品的市场容量，然后，我们返回对这一个个具体产品的调研，发掘出同类的相似的产品，这些产品和原店铺的产品不需要一模一样，只要它们面对的市场一样，面对的受众群体一样、类似，甚至是互补。说到底，我们复制的是需求，复制只是通过榜样店铺对消费者需求的挖掘而已。

（三）供应商新品推荐法

　　如果说卖家站在销售端可以知悉市场需求，那么供应商则是站在供应链的上游影响着市场的趋势。

　　"春江水暖鸭先知"，一家有实力的供给商往往能够更精准地把握市场方向，并从研发和生产端迅速切入。它通过自己对市场和趋势的理解，开发出更新换代的产品，再用这些产品激发和满足消费者的内在需求。

　　作为跨境电子商务卖家，在选品的过程中，要多和现有的供应商沟通，要多关注供应商端传递过来的信息。升级换代产品值得关注，而迎着市场需求研发出来的全新产品更值得关注，比如指尖陀螺等产品，都给最早开始销售的卖家们带来了丰厚的回报，而这些产品刚进入市场的一刹那，往往都是在供应商端进行的扩散。

对于卖家来说，必须要注意的一点是，虽然应当尽可能多地和供应商沟通以获取信息，但绝不是供应商推荐的所有商品都要照单全收，而是需要加入自己的甄别和筛选，自己要做好决定。供应商推荐一款商品，我们要第一时间在跨境电子商务平台上搜索，依据搜索结果评估其销量远景、利润、是否涉嫌侵权等，经过市场论证可行的商品，再纳入选品池。

另外，为了更高效地从供应商那里获得更多的商品的信息，日常在和供应商沟通时，要多询问诸如"当下卖得更好的商品是什么？""销量排名前5名的商品是什么？"的问题，从而迅速了解供应商热卖的商品，把这些商品和当前出售的商品做比对，将供应商的热卖商品在跨境电子商务平台上做调研论证，如果市场证明可行，就纳入自己的选品池。

因此，从一定意义上说，灵活运用好供应商端的信息反馈，我们同样可以抓住平台爆款商品突起的机遇，这正是供应商新品推荐法对卖家的主要作用。

（四）价格区间选品

选品的理想回到现实，有一个最重要的因素是任何卖家都不容回避的，那就是选品和资金之间的紧密关系。

再好的选品方向，没有资金支持，同样会让选品失去意义。所以，在选品中，卖家不得不考虑的是，自己的资金实力能够运作什么样价格区间的产品，对于仅有三五万元启动资金的小卖家和动辄几百万元投入的大玩家，他们必然会有截然不同的选品策略。

资金量小的卖家，适合选择单价稍低、体积小、重量轻、易发货的产品，这样的产品可以快速地发货补货，可以根据销售节奏做出快速的调整；而对资金量比较大的卖家，则不妨选择那些单价高、体积大、重量重、需要海运的产品，因为这些条件本身就是天然屏障，可以把相当一部分卖家挡在竞争之外。

单价较低的产品，竞争也比较激烈，而单价较高的产品，需要的资金量大、操作的难度较大，运营的风险也大，但是竞争热度会相对较小，卖家需要根据自己的实际状况，选择合适的价格区间进行选品和运营。

价格的高低并不是绝对的和一成不变的，小卖家在成长的过程中也会选择一些高价值的产品运作，而大玩家也可以选择一些低价值的产品销售。可能年销售额过亿的卖家，其产品的80%以上都是类似于0.99美元包邮的"鸡毛换糖"式的低单价产品，看似利润微薄，但因为销售足够大，集约化的运营同样能够实现不错的利润。与此同时，也有很小的卖家，一两个人的团队，可以用于运营的资金也少，但却坚守着产品单价不低于200美元的原则，虽然每天订单数量不多，但因为利润高所以也过得悠然自得且发展快速。

（五）社交媒体选品

经营任何一个跨境店铺的最终目的都是抓住终端客户、获取高转化率，除了运营自己的店铺来获取自然流量外，必要时我们往往还需要投放一定量的广告来获取站外流量。因此，我们要着重关注终端消费者的购物习惯。现在最大的市场信息聚集地就是在社交软件上，比如INS、Facebook等，在这些社交软件上卖家可以了解当下的时尚潮流，了解消费者的喜好，关注社交媒体热词。卖家要学会抓住机会，只有这样才会有更好的销量。

例如，从事饰品类的销售，可以在社交媒体上浏览到当前谈论最多的款式和品类，以最快的方式站在市场风口，如图3-1所示。

图 3-1 社交媒体 Instagram 上有关"Necklace"的帖子

在选品的最初阶段，卖家可以通过查看主流社交平台上的用户讨论量，来对商品的热度预判出大概情况。比如，在社交媒体 INS 上，通过搜索关键词 Necklace 便出现很多商品图片，然后点击详情进行对比，就可以初步找到一些用户关注度比较高的图片和选品灵感。通过筛选出讨论度较高，或者点赞数、评论数、转发数较高的视频图片帖子，作为选品依据或者参考。

再比如，在 Instagram 上搜索关键词 pet toys 时，也可以看到最近有关 pet 的热门帖子。然后可以通过查看点赞很高并且带有 pet 商品的用户热门讨论内容，找到人气商品和选品的灵感，如图 3-2 所示。

图 3-2 社交媒体 Instagram 上有关 pet 的帖子

此外，我们还可以关注专业电子商务达人或公众号，查看热门分享商品类目。

比如可以通过查看 YouTube 上的一些电子商务达人博客，随时关注他们分享了哪些比较热门的商品，能够引发选品灵感。比如视频博主会在自己的账号里面分享一些热销商品，国内的公众号也会定期分享一些利基好物①，这些都可以作为卖家们的选品灵感库。

处于当下的信息化时代，我们也要善于利用身边的大数据技术来帮助分析市场和用户、提升决策效率。当我们有了好的选品灵感后，可以通过市面上现有的一些数据分析平台，把握当前的热销商品趋势，进一步验证上述选品灵感库里的商品是否值得继续研究。

四、第三方选品网站与工具

（一）第三方选品网站

1. Pinterest

Pinterest 是世界上最大的图片社交分享网站，是一个以视觉方式发现创意点子的地方，比如食谱、家装等，网站允许用户创建和管理主题图片集合，例如事件、兴趣和爱好。用户可以把自己感兴趣的东西，用图钉钉在钉板（PinBoard）上，或归类收藏，或与朋友分享。

其功能与特点如下：

（1）强大的社交资源。

Pinterest 拥有巨大的用户与流量，其共享渠道远超其他类型的社交网站，从营销者的角度来看，这意味着在 Pinterest 上创建的高质量内容有机会传播给更多的人，从而最终增加曝光率并创造价值。

（2）快速收集灵感。

通过 Pinterest 的强大的推荐以及搜寻功能，用户可以更好地获取选品灵感。Pinterest 吸引各种原创的艺术家/设计师等的加入，并允许用户推广艺术、商品，这也是其他用户使用 Pinterest 的最常见原因之一。

（3）高效的受众分析。

Pinterest 上的受众分析可以让企业更好地了解自己产品的受众，同时还可以显示受众特征和受众的共同兴趣，使企业与用户进行更具策略性的沟通，Pinterest 的访问量和推荐信息可以帮助企业更好地估计即将对不同产品的需求，从而提高效率并减少损失。

（4）有效影响消费者。

Pinterest 不仅是社交媒体，也更像是一个功能强大的搜索引擎，无论供应商提供何种产品或服务，Pinterest 上都可以找到，用户可以通过平台上的海量图片轻松找到自己所想要购买的商品。同时，Pinterest 上的用户中绝大部分是高收入群体，相比较其他平台，Pinterest 的流量可能质量更高。

2. BuzzSumo

作为 Brandwatch 的子公司，BuzzSumo 的运作方式与其他工具略有不同，BuzzSumo 是一

---

① 利基好物：有利于人们生活的好产品或服务。

个在线互联网内容筛选收集工具，可以帮助用户筛选互联网中最流行的话题内容，还可以收集社会化媒体统计的内容数据，针对不同类型的内容进行过滤、排序等。因此，商家只需在搜索框中输入想要销售的产品关键词，就会搜索到当前社交网络中最流行的相关内容。

BuzzSumo 的主要功能如下：

（1）找内容。

卖家可以通过过滤日期、国家、语言、领域、内容类型、总数、发布商规模来筛选和进一步研究内容。

将关键词输入 BuzzSumo，可以查看互联网中围绕这个该主题下访问量最高的文章，通过参考这些被用户追捧的文章，可以找到潜在客户的兴趣所在，同时参考这些文章的写作方式，往往也是非常有用的参考。

（2）分析内容。

使用 BuzzSumo 可以对内容数据进行深入的分析，同时也可以分析技能对手的社交、外链和营销手段等。

（3）网红数据。

BuzzSumo 提供实时的网红数据，可以帮助卖家快速搜索任何主题、领域、地区的网红。此外，卖家还可以通过覆盖面、权限、影响力和参与度等过滤器来分析，找出影响者最常分享的主题和领域，并将其合理纳入内容策略中。

（4）跟踪互联网中提到我们品牌的内容。

输入关键词后，Monitoring 会不断检测提到这几个词的最新内容，并且进行提醒。

3. 谷歌趋势 Google Trends

谷歌趋势（Google Trends）是一款完全免费，并基于谷歌搜索数据而推出的一款分析工具。它通过分析谷歌搜索引擎每天数十亿的搜索数据，告诉用户某一关键词或者话题各个时期下在谷歌搜索引擎中展示的频率及其相关统计数据。

它的功能和特点如下：

（1）关键词趋势与历史数据。

通过 Google Trends，用户可以查看感兴趣的关键词的搜索趋势，以及查看特定关键词在过去几年内的搜索活跃度。同时，Google Trends 可以帮助用户了解特定关键词在不同地理位置的搜索活跃度，通过地图视图了解关键词的地理分布情况。

（2）比较功能。

通过 Google Trends，可以查看不同关键字下非常直观的对比数据，可以作为用户策略参考，还可以帮助用户了解特定关键词的相关查询，了解该关键词下的热门关键词，以及上一段时间内搜索频率增幅最大的相关查询。

（3）实时趋势。

Google Trends 可以实时显示全球最新的热搜字词以及相应的搜索量，展示最新报道和数据分析，通过实时趋势来了解当前最热门的话题。

（4）规划功能。

很多关键字具有周期性，通过 Google Trends 查看不同年度的搜寻排行榜，可以很好地预测流量高峰。

4. EcomHunt

EcomHunt 是一款非常适合跨境新人使用的爆款选品工具，它可以从数据维度查看到产品利润、产品分析、参与度、链接、Facebook 广告、产品视频、Facebook 定位和产品类型等，EcomHunt 通过人工选品，选品数据每日都会更新。

EcomHunt 的功能和特点如下：

（1）创新产品追踪。

通过 EcomHunt，用户可以实时跟踪最新的创新产品，易于发现和研究趋势产品，在竞争中保持领先优势。

（2）发现和研究趋势产品。

借助 EcomHunt 提供的数据，用户可以知道产品的销售量，以及如何最好地设置 Facebook 广告以获得更好的营销效果，协助用户对产品进行采购和销售，而且还可以帮助找到小众产品。

（3）分析产品竞争力。

EcomHunt 可以分析产品的来源、销售数量、潜在利润以及竞争对手，协助用户对产品进行关键财务和营销数据的分析。

（4）投放更有效、更有针对性的广告。

可以访问现有的 Facebook 广告和免费的产品视频，帮助用户效仿在社交媒体上有效的广告和有针对性的营销策略，用于在店铺中进行展示，以吸引潜在的买家。

总的来说，EcomHunt 是一个功能强大的电子商务研究工具，帮助商家和创业者快速发现最热门的产品，提高市场竞争力。

5. WinningDSer

WinningDSer 是一款专业化的选品工具，有着强大的数据分析能力，根据大量的广告数据分析和人工智能算法，从市场爆品、趋势品、新品、好评最多的品、受关注最多的品等多个维度向卖家推荐产品，方便卖家从不同的角度找到盈利产品。

WinningDSer 的功能与特点如下：

（1）大数据选品。

WinningDSer 的大数据选品有商品推荐、商品搜索、竞店分析等三大功能，商品推荐包括各类目下的趋势品、爆品、超级折扣等多个维度；多种搜索条件以及全面的搜索维度，让卖家获得更多的货源可能性，提高货源的准确率；商品分析包括 30 天销量、评论、收藏趋势数据等；以及主要销售的国家市场，卖家服务能力等数据。

（2）一键导入。

在不同界面看到的商品，包含商品推荐列表和搜索列表下的商品，都支持一键批量同步到 Shopify 店铺，同时支持制定价格规则以保护卖家的利润率，提高运营效率并节省时间。

（3）直观数据分析。

用户可以直观地跟踪、分析和显示关键绩效指标（KPI）、指标和关键数据点，以监控卖家的业务健康状况，支持多个店铺管理。

（4）智能推荐。

海量广告分析数据和先进的专业 AI 算法为卖家推荐热门产品，推荐用户关注的品类以及品类关键词，展示搜索趋势，挖掘潮流选品以及市场趋势。

（二）第三方选品数据分析网站

确定选品后，可以通过第三方选品数据分析网站进行进一步的分析，以便帮助做出更快更好的商业决策。一方面，专业工具覆盖的渠道多、数据量大、更新快，可以及时掌握市场需求及趋势；另一方面，使用工具能极大降低时间成本、提升选品准确性。

可以使用第三方工具来对竞争对手或市场进行监测，以获取最新的市场变动信息，例如，行业趋势、某产品的热度、产品定价趋势、网站访问量、竞争对手的广告、受众行为等信息。

1. SEMrush

SEMrush 是一款独立工具，可评估与平台相关的大量 SEO 数据并分析相关的竞争对手，是市场上非常实用的 SEO 工具之一，专门从事搜索引擎优化和搜索引擎营销服务的网站，营销人员可以借助这些工具和报告做以下事情：SEO、SMM、PPC、关键字研究、竞争研究、内容营销、公共关系、市场研究和活动管理等。

SEMrush 部分常用功能如下：

（1）域名概览。

SEMrush 的网站整体信息报告可以查看网站的 Authority Score（权威分数）、Organic Search Traiffic（网站自然流量）、Paid Search Traffic（付费流量）、Backlinks（反向链接）等。SEMrush 网站域名概览页面如图 3-3 所示。

① Authority Score：权威分数。这是 SEMrush 用于评估衡量域名在 Google 中的整体质量和对 SEO 的影响的专有指标，主要显示 Google 和访问者对网站的喜欢和信任程度。

② Organic Search Traiffic：网站自然搜索流量，即访问者自发通过搜索进入网站的流量，而不是通过广告或者其他付费流量进入网站，一般来说，网站更看重自然流量。

③ Paid search Traffic：付费流量，与自然流量相反，该数值显示了域名每月从各种广告中获得的流量。

④ Backlinks：反向链接也被称为入站链接或传入链接，它是指向某个域的其他网站的链接。

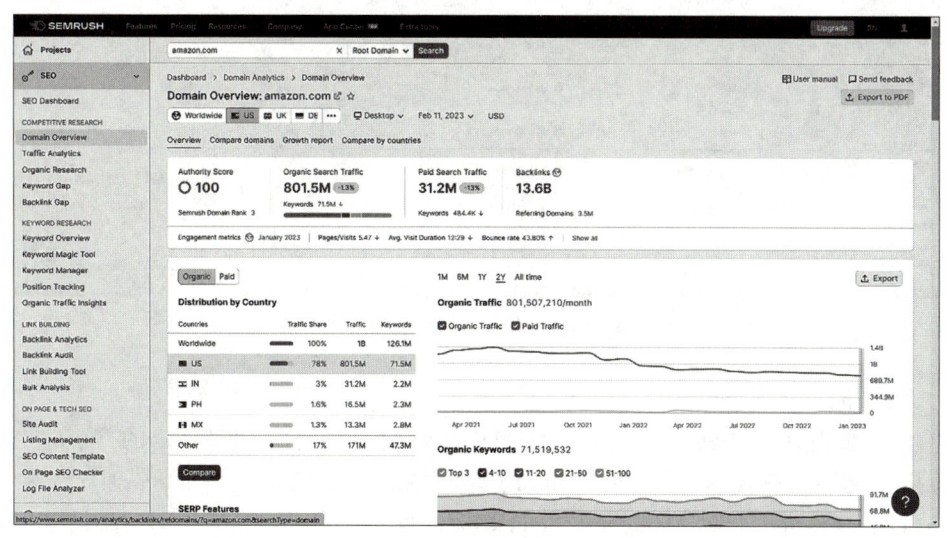

图 3-3　SEMrush 网站域名概览页面

(2)关键字竞争分析。

除了 SEMrush 网站整体信息报告，网站的关键字竞争分析也是在调研关键词常用的功能，可以根据不同国家进行不同分析。此外，SEMrush 也可以展示一些热门关键词变体，以及问题关键词和相关的关键词，可以通过单击每个列表下的查看所有关键词来查看所有关键词。SEMrush 网站关键词概览页面如图 3-4 所示。

① Keyword Difficulty：关键词难度，是指网站在 Google 搜索结果页面第一页上对所搜索的关键词进行排名的难度的估计。百分比越高，关键词的竞争力越高，搜索的关键词想排前面的难度自然也就越高。

② Global Volume：国家统计，即不同国家关键词搜索量的统计。国家排名越靠前，对该关键词的搜索量也就越高。

③ Trend：趋势，即网络搜索者在过去 12 个月内对给定关键词表现出多少兴趣。

④ SERP：Search Engine Results Page，即搜索引擎结果页面，在给定关键字的自然搜索结果中显示的页面或者链接（URL）数量。

⑤ CPC：Cost Per Click，即点击付费，这是全世界网络上利用广告推广产品或者服务最流行也是占比最多的一种付费方式，包括 Google Ads 以及 Facebook Ads。

⑥ Com.：Competitive Density，这应该 SEMrush 特有的一个指标，广告商在国家范围内为他们的广告竞标此关键词的密度。1.00 分表示竞争水平最高，0.00 分表示没有竞争。

⑦ PLA：Product Listing Ads，这个是 Google Shopping 的产品列表广告，主要是指在该关键字的搜索结果中的排行靠前的产品列表广告，如果你的网站上没有任何产品，它将显示 0。

⑧ Ads：即广告统计，主要是指在该关键字的搜索结果中的排行靠前的点击付费广告（CPC/PPC）。

图 3-4　SEMrush 网站关键词概览页面

(3)网站流量结构分析。

当有时需要对独立站网站流量进行精细化运营时，可以用 SEMrush 的 Traffic Analytics（流量分析）功能。SEMrush 会展示 Visits 访客预估指标，如 Unique Visitors 独立访客量、PV 值、Avg. Visit Duration 平均访问时长、Bounce Rate 跳出率等。SEMrush 网站流量分析页面如图 3-5 所示。

① Visits：网站的访问量，是一系列浏览器和网站的相互作用，从来到网站到离开，算一次统计。你访问一个网站，离开后，重新访问，访问量按2次算。

② Unique Visitors：独立访客量，在所统计的时间区间内，每个不同的访问者仅记录一次。一般按照天来统计UV，也就是一天内访问网站的不同访问者有多少。UV经常被广告发布者及广告商作为衡量网站访客量的重要参数。

③ Pages Visit：每次访问页面数，即页面浏览量或点击量，用户每次刷新即被计算一次。举例来说，用户访问网站，点开网站下8次页面，即算8个访问页面数。

④ Avg. Visit Duration：平均访问时长，是指在一定统计时间内，浏览网站的一个页面或整个网站时用户所逗留的总时间与该页面或整个网站的访问次数的比。

⑤ Bounce Rate：跳出率，是指在只访问了入口页面（例如网站首页）就离开的访问量与所产生总访问量的百分比。跳出率计算公式：跳出率=访问一个页面后离开网站的次数/总访问次数。

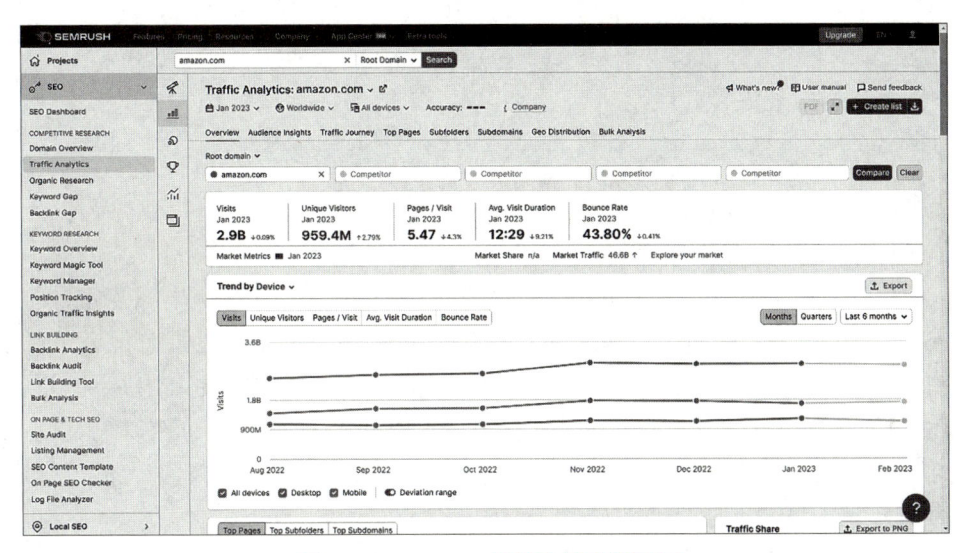

图 3-5　SEMrush 网站流量分析页面

（4）反向链接。

反向链接是指 A 站通过域名或者锚文本指向 B 站，从而使网站权重得到提升。它是一个网页对另一个网页的引用，也是用户对网页认可度的体现，一个网页反链数量越多，越受欢迎，根据搜索引擎投票机制，每个反链都相当于一个投票，投票数量越多，获得权重越高。

反向链接是 SEMrush 常用的一个功能。在面板的左侧菜单栏 Backlink Analytics 可以看到具体功能。SEMrush 反向链接分析页面如图 3-6 所示。

① 引荐域名：至少有一个链接指向所分析域名/URL 的引荐域名总数。只计算了 SEMrush 在过去几个月内看到的引荐域名。

② 反向链接：至少有一个链接指向所分析域名/URL 的引荐域名总数。只计算了 SEMrush 们在过去几个月内看到的引荐域名。

③ 每月访问量：至少有一个链接指向所分析域名/URL 的引荐域名总数。只计算了 SEMrush 在过去几个月内看到的引荐域名。

④ 关键词：通过谷歌排名前 100 个自然搜索结果是用户访问根域名的关键词数量。

⑤ 出站域名：所分析域名或 URL 指向的域名总数。只计算过去几个月内所分析域名指向的域名。

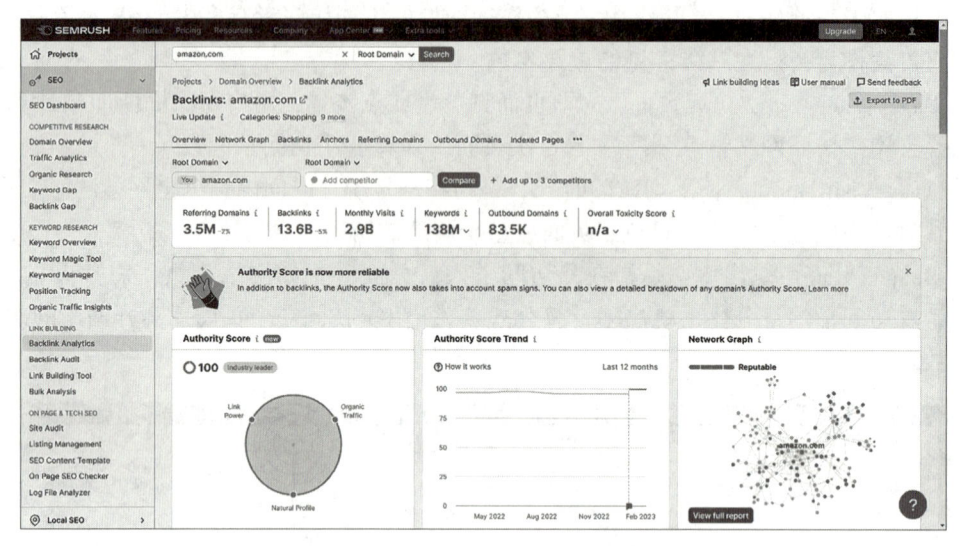

图 3-6 SEMrush 反向链接分析页面

2. Ahrefs

Ahrefs 相对于其他 SEO 工具，更为上手易用。Ahrefs 自带一个强大的站点审计工具，可以对卖家网站进行优化；另外，卖家还可以使用 Ahrefs 站点浏览器工具监视竞争对手的网站，解锁他们的热门关键字和内容，并了解他们在这些搜索词中排名更高的原因。

除此之外，Ahrefs 还具备关键字资源管理器，点击数据分析器，跟踪特定关键字的 SERP（搜索结果页），虽然没有 PPC 广告数据功能以及对社交媒体的监控，但是相比之下，却更为容易上手。

Ahrefs 常用功能如下：

（1）审核和优化网站。

输入对应的网站后，Ahrefs 会抓取在网站上找到的所有页面，然后提供整体的 SEO 运行状况评分，可视化图标中的关键数据，标记所有可能的 SEO 问题并提供有关如何解决它们的建议。

（2）分析竞争对手。

Ahrefs 的网站浏览器在一个界面中就结合了以下三种强大的 SEO 工具：

① 自然流量研究：了解竞争对手有哪些关键词有排名，哪些网页带来的搜索引擎流量最多，以及每个关键词给他们带来多少流量。

② 外链检查：了解哪些网站链接到竞争对手的网站，并衡量他们的外链配置的质量。

③ 付费流量研究：了解竞争对手是否在做付费搜索广告，以及他们在哪些渠道获得付费流量。

（3）关键词分析。

Ahrefs 拥有市场上最完整的关键字研究工具，关键词分析运行在世界上最大的第三方搜索查询数据库上，包含超过 70 亿个关键字，可以获取成千上万个关键词创意以及准确的搜索量数值，以及获取十个不同搜索引擎的关键字提示，包括 YouTube、亚马逊、必应、Yandex、百度等，可以使用各种过滤条件找到最佳关键词并确定其优先级等。Ahrefs 抓取日志页面如图 3-7 所示。Ahrefs 竞争对手自然流量分析页面如图 3-8 所示。Ahrefs 关键字分析页面如图 3-9 所示。

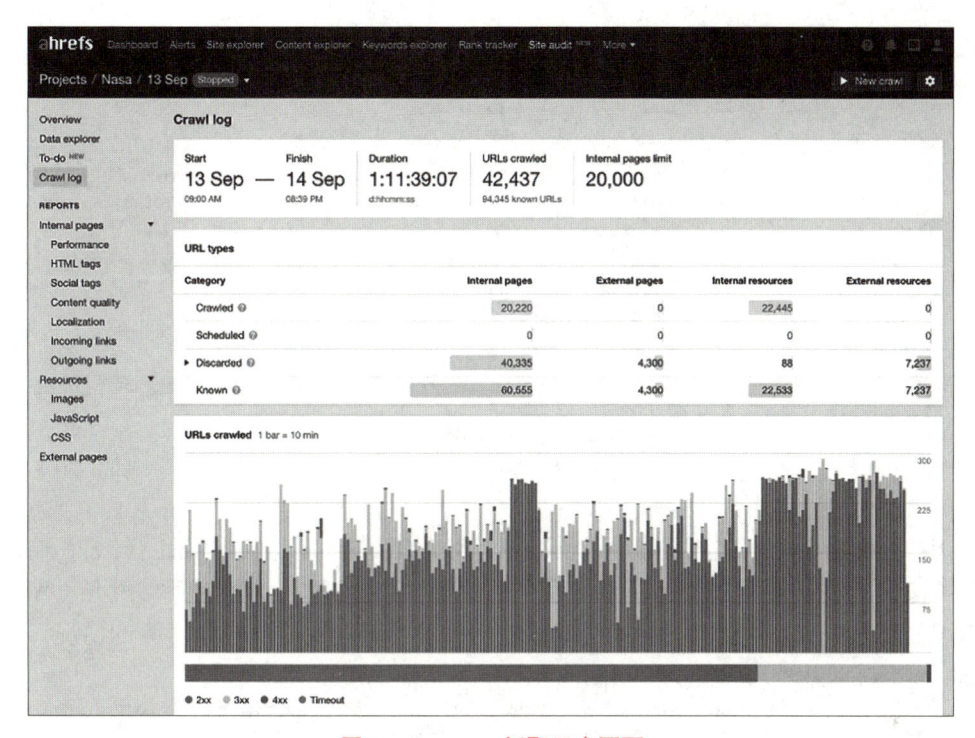

图 3-7　Ahrefs 抓取日志页面

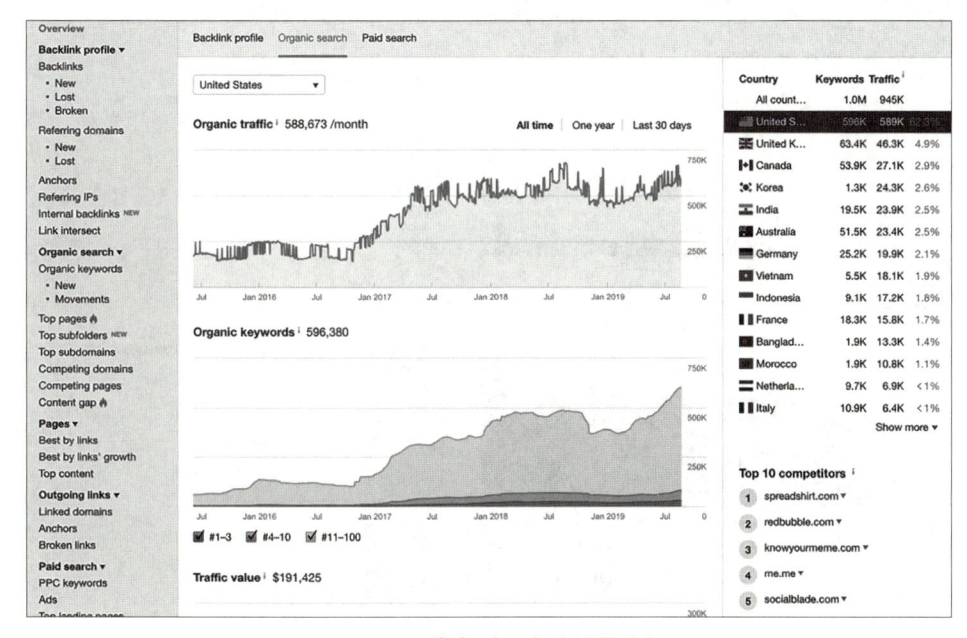

图 3-8　Ahrefs 竞争对手自然流量分析页面

图 3-9　Ahrefs 关键字分析页面

（4）排名监控。

利用排名监控，可以监测在 170 个国家/地区的桌面端和移动端 Google 排名，输入或导入一个关键词列表，为每个关键词添加多个国家/地区，并输入竞争对手的网址。Ahrefs 就可以开始监控数据，监测网站排位随时间变化的情况，并记录对照竞争对手的情况，定期发送更新。Ahrefs 网站排名分析页面如图 3-10 所示。

图 3-10　Ahrefs 网站排名分析页面

3. FindNiche

FindNiche 是速卖通和 Shopify 的定位分析工具。这能帮助卖家找到关于竞争者的全部信息，也能在卖家所在的领域内激发卖家的产品灵感，其威力在于大数据的选取。当卖家通过各种筛选条件发现潜在利基产品后，可以通过查看详细信息（例如订单量、售价、评论数量、评分等）了解该产品的详细信息，或者直接链接到速卖通供应商商店查看具体的评级和产品说明等。经过各种数据的分析，卖家基本上就可以确定该产品是否有潜力成为下一个爆款产品。

FindNiche 常用功能如下：

（1）速卖通。

速卖通包含速卖通选品、速卖通榜单、速卖通店铺、品类洞察等功能。FindNiche—速卖通选品页面如图 3-11 所示。

① 速卖通选品：可以通过产品所在类目、价格、订单增长、星级、星愿单等相关条件进行筛选，通过不同的筛选组合，可以过滤出满足不同要求的商品结果，再选择符合自己要求的潜在爆款。

② 速卖通榜单：榜单分为热销榜和增长榜。热销榜代表所有商品按订单或增长率数值排序。新品榜代表最新上架商品按订单或心愿单排序。通过分类筛选，可以进一步细化市场，提高效率。

③ 品类洞察：平台 AI 智能算法根据商品周订单量，并通过算法评估该商品之后会呈现增长趋势，推荐潜在的爆款，并通过分类筛选，缩小爆款区间，可更精确地找到自己品类的爆款。

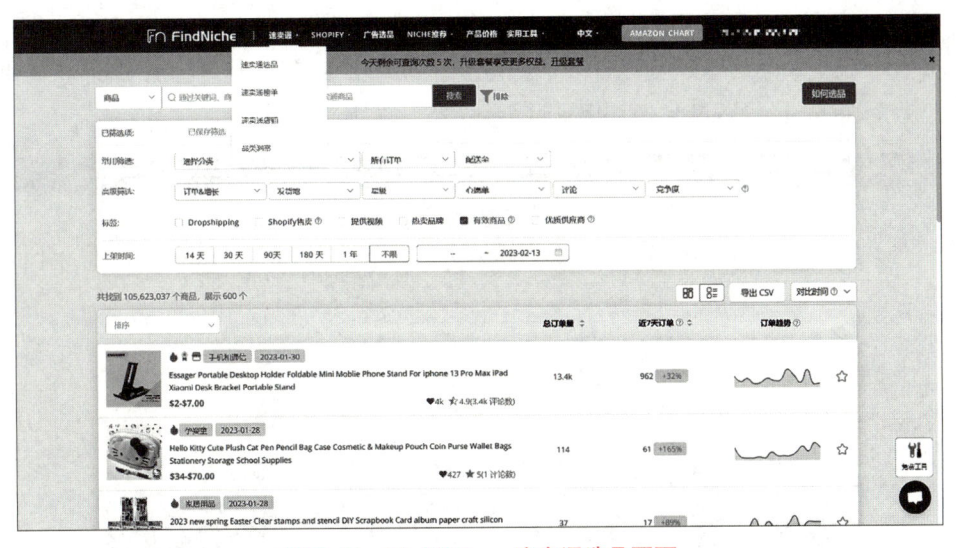

图 3-11　FindNiche—速卖通选品页面

（2）Shopify。

Shopify 包含 Shopify 选品和 Shopify 店铺榜。FindNiche—Shopify 选品页面如图 3-12 所示。

① Shopify 选品：通过关键词或链接搜索 Shopify 商品，并通过使用高级过滤器和搜索条件，可以轻松找到符合特定需求和喜好的产品。这部分可以快速识别和获取高需求或高潜力

的产品，节省时间和精力。

②Shopify 店铺榜：通过店铺关键词或相关 URL 链接，可以找到指定的 Shopify 店铺，并提供一些判断店铺好坏的指标，监控最新的网店分类，获取 Shopify 市场情报。

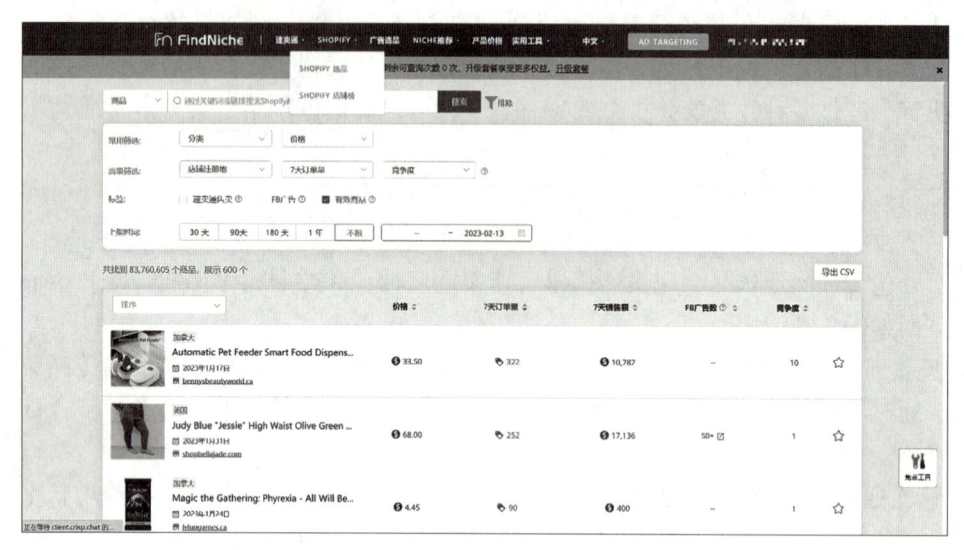

图 3-12　FindNiche— Shopify 选品页面

（3）广告选品。

独立站最重要的一个引流手段就是广告投放，通过查看在投的广告热度，可以判断现在市场最热门的商品是哪些，从而规划经营类目与广告投放策略，大大提高店铺销售额。FindNiche 广告选品模块抓取了涵盖 40 多个平台的广告数据，包括热门的 Shopify 和 WooCommerce 独立站平台。这些广告大都投放在主流的社交平台上，包括 Facebook 和 Instagram 等。FindNiche 广告选品页面如图 3-13 所示。

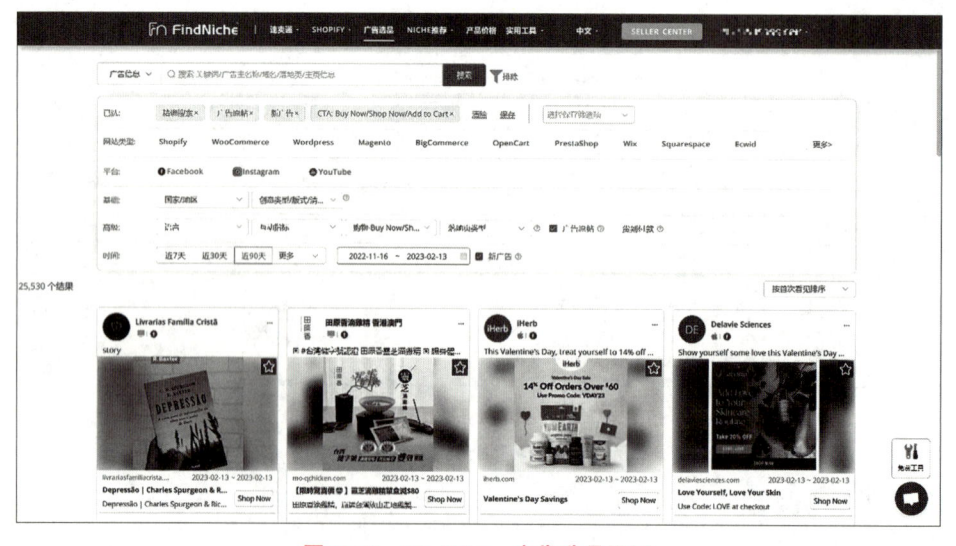

图 3-13　FindNiche 广告选品页面

学习模块二 不同平台的选品方法

一、亚马逊平台选品方法

站内选品无疑是亚马逊卖家采用得最多也最有效、最实用的选品方法，只有立足于平台，发掘出平台上当前热销的产品，才有可能让选品成功的概率倍增，降低卖家在运营中的试错成本。

1. Amazon Best Sellers（亚马逊畅销产品榜单）

（1）根据自身选定的产品，点开亚马逊平台上的该类目的产品，以 Dresses 下的细分类目 work Dresses 为例，选择任一商品进入，在该 Listing 下 Product details 板块，可以通过 Best Sellers Rank（BSR）排名栏查看商品所在类目最畅销的前 100 名的 Listings。Amazon 平台-某产品 Listing 页面下的 Best Sellers Rank 如图 3-14 所示。

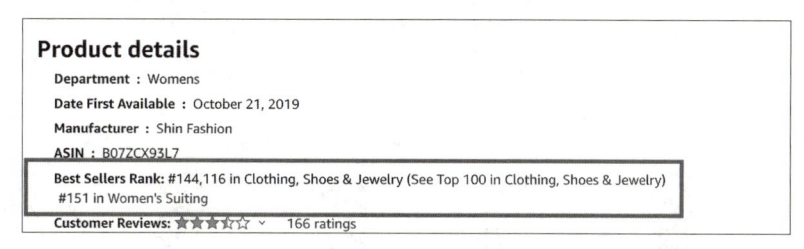

图 3-14 Amazon 平台-某产品 Listing 页面下的 Best Sellers Rank

（2）单击进入"Women's Suiting"，可以查看该类目的销量前 100 的商品。Amazon 平台-Women Suiting 类目下 Top 100 如图 3-15 所示。

图 3-15 Amazon 平台-Women Suiting 类目下 Top 100

根据目标类目 Top 100 Best Sellers 列表，可以看到该类目当前卖得最好的 100 条 Listings。

以市场为导向倒推到自己的资源和偏好，通过对这些 Listings 中所包含的产品进行分析，梳理产品价格、Listing 等信息，认真研究，并结合自己当前的资金、资源等要素做综合考虑，基本上可以评估出自己是否具有操盘运营这些平台热卖产品的可能性。

2. Amazon Hot New Releases（亚马逊热门新品榜单）

亚马逊会根据产品销量，每小时更新一次，仍旧可以根据产品类别进行搜索，了解当下或将来的热门产品。

（1）同样以服装为例，在 Amazon Hot New Releases 链接下，单击右侧的"Clothing, Shoes & Jewelry"。Amazon 平台-Clothing, Shoes & Jewelry 类目如图 3-16 所示。

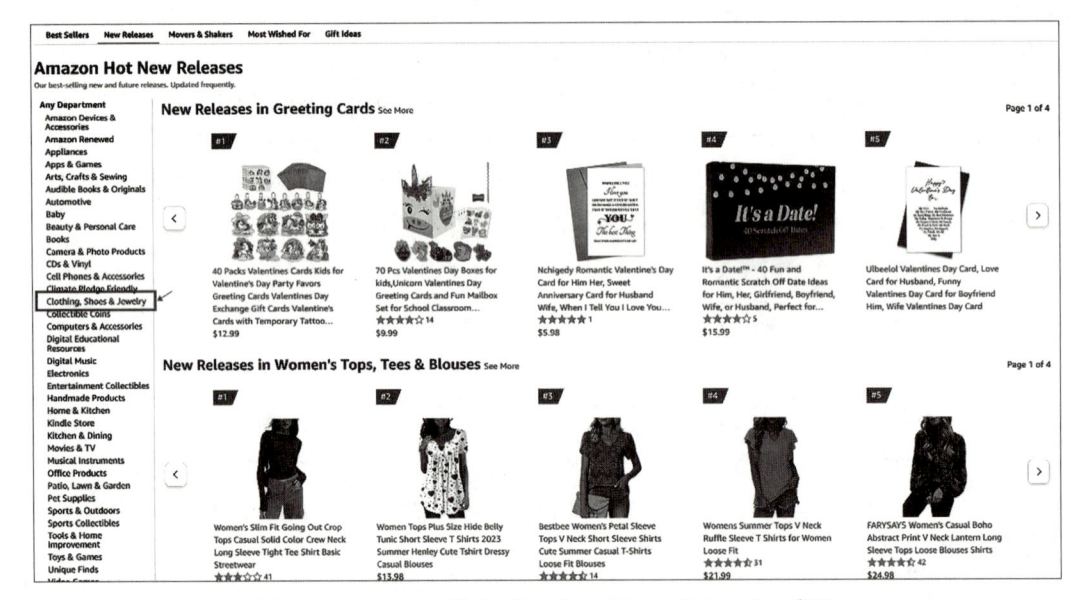

图 3-16　Amazon 平台-Clothing, Shoes & Jewelry 类目

（2）在"Clothing, Shoes & Jewelry"类目下，可以了解该类目当下的热门产品，对比自身拥有的资源与产品，对未来趋势做出预判。

3. Amazon Movers & Shakers（亚马逊销售飙升榜）

该榜单列出的是过去 24 小时内亚马逊平台销售额增长最快的产品，每小时更新一次，在这里可以发现最热门的产品。Amazon 平台-亚马逊销售飙升榜如图 3-17 所示。

4. Amazon Most Wished For（亚马逊愿望清单）

这里面列出的是最经常被买家添加到愿望清单的产品，每天更新一次，这个表单很好地展示了买家真正想要的产品。Amazon 平台-亚马逊愿望清单如图 3-18 所示。

二、AliExpress 平台选品工具

1. 通过热销产品选择爆款和潜力款

（1）在速卖通首页，输入相关产品的关键词，此处以关键词 toys for kids 为例进行搜索；也可以通过左侧的类目选择对应的细分类目进入。AliExpress 平台-关键词 toys for kids 搜索结果页如图 3-19 所示。

亚马逊选品工具简介

图 3-17　Amazon 平台-亚马逊销售飙升榜

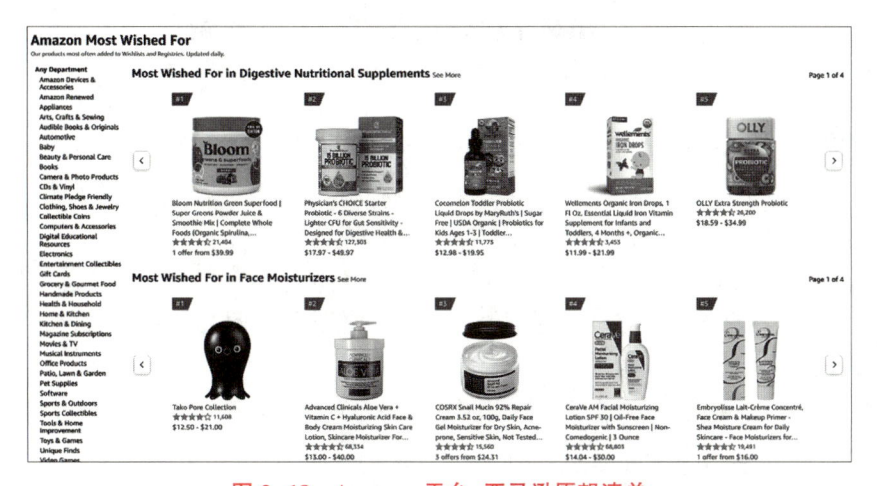

图 3-18　Amazon 平台-亚马逊愿望清单

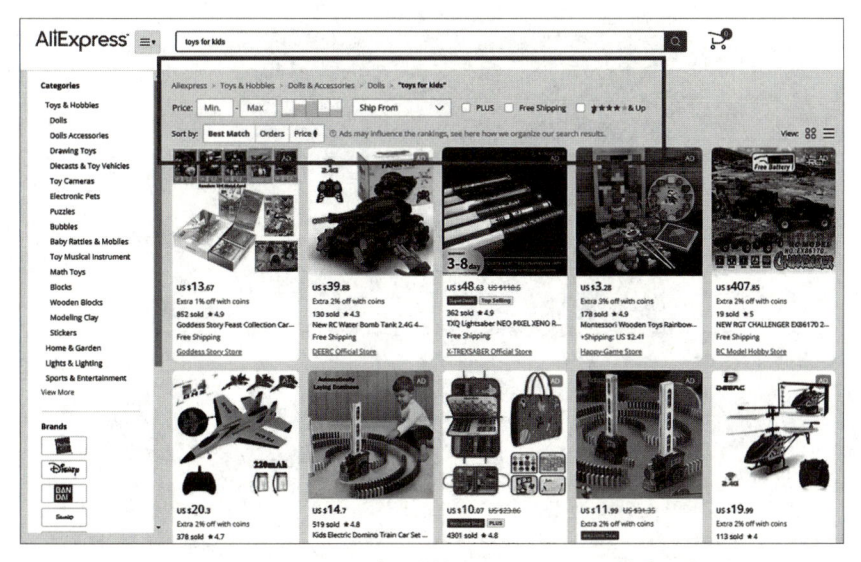

图 3-19　AliExpress 平台-关键词 toys for kids 搜索结果页

（2）在 toys for kids 关键词下，根据销量进行排序。AliExpress 平台-搜索结果页按销量进行排序如图 3-20 所示。

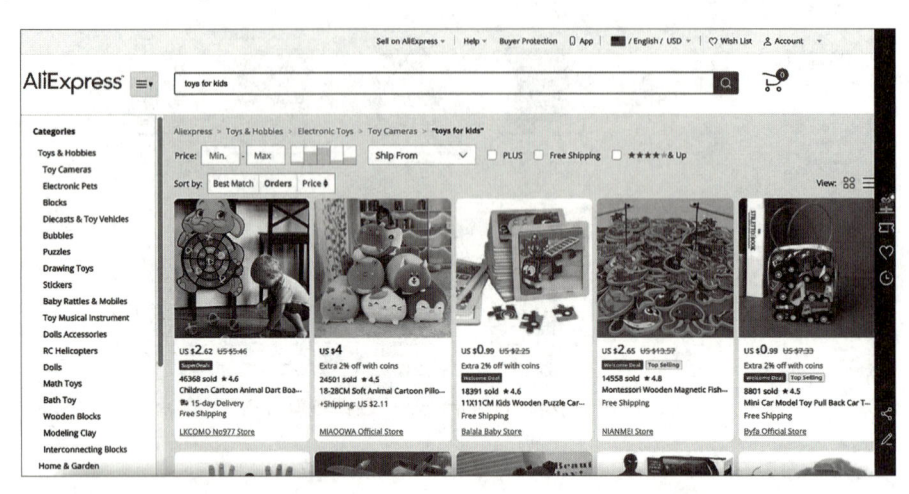

图 3-20　AliExpress 平台-搜索结果页按销量进行排序

（3）可以看到，在 toys for kids 关键词下，该类产品的销量最高的产品类型，通过对热销产品的价格、类目、产品型号等信息的整理，跟踪分析爆款产品的相关特性，从而进行选品。

2. 通过平台活动选品

速卖通对参加活动产品的评价及销量要求较高，通过参考此类平台活动产品特点，作为选品思路。

（1）进入 AliExpress 平台首页，选择"Super Deals"板块。AliExpress 首页-"Super Deals"板块如图 3-21 所示。

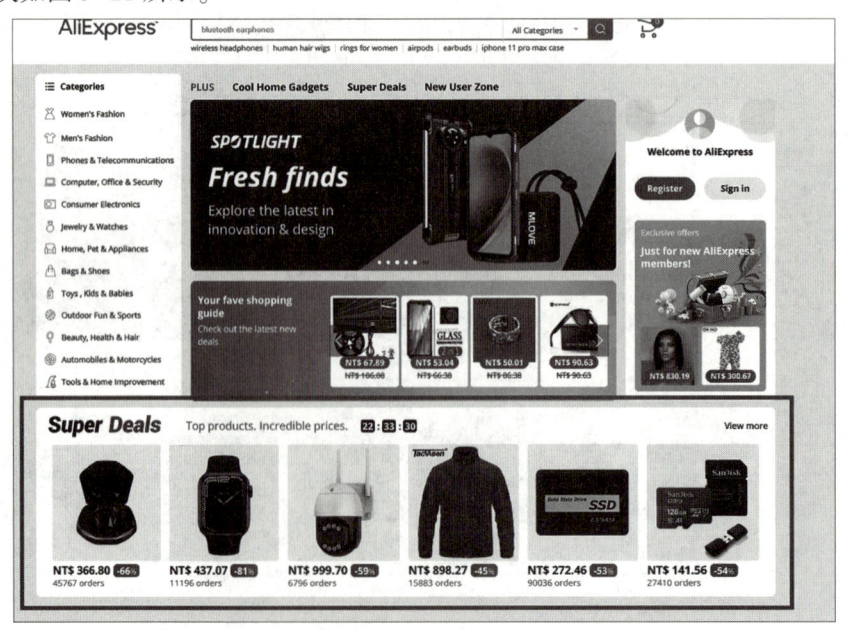

图 3-21　AliExpress 首页-"Super Deals"板块

（2）选择右上角的"View more"，进入"Super Deals"页面，选择适合的热销商品，对产品功能、价格等属性信息进行分析。AliExpress-"Super Deals"页面如图3-22所示。

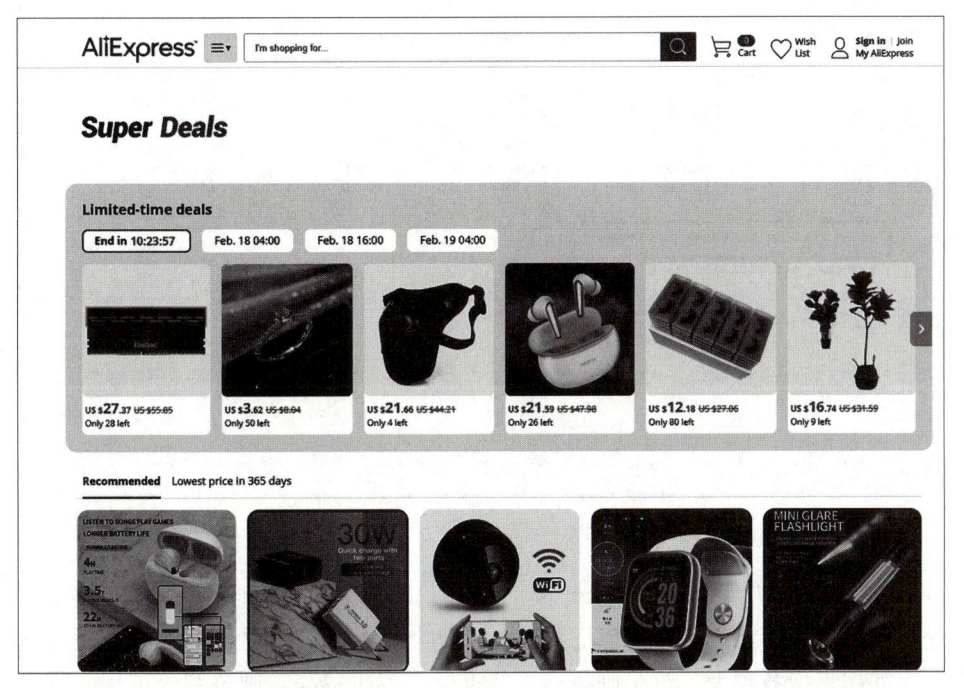

图3-22　AliExpress-"Super Deals"页面

3. 速卖通后台生意参谋-市场大盘选品

（1）进入速卖通后台，选择生意参谋-市场大盘。AliExpress-生意参谋-市场大盘页面如图3-23所示。

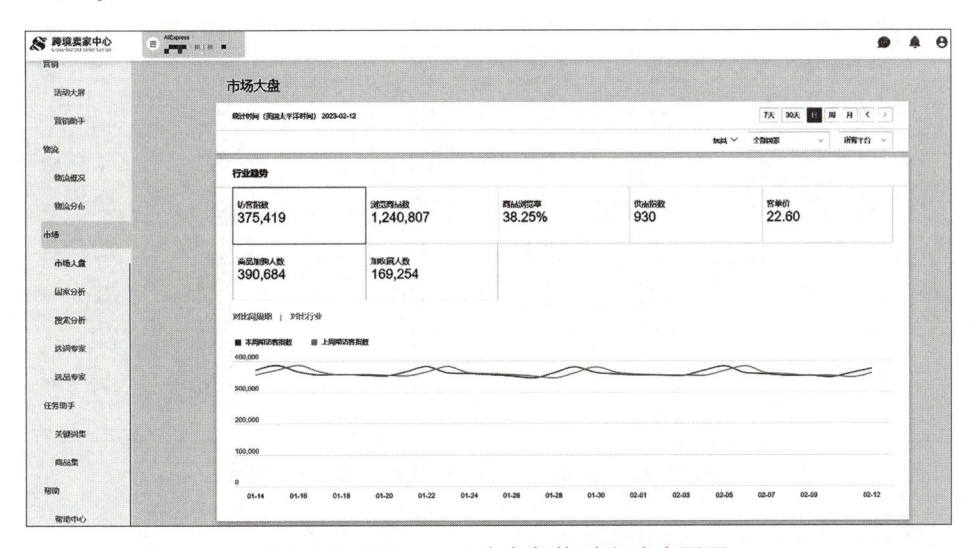

图3-23　AliExpress-生意参谋-市场大盘页面

（2）选择类目下的细分行业，可看到不同时间段的数据对比，或者不同细分行业的对比，从而选择合适的细分类目。AliExpress-生意参谋-市场大盘-对比行业如图3-24所示。

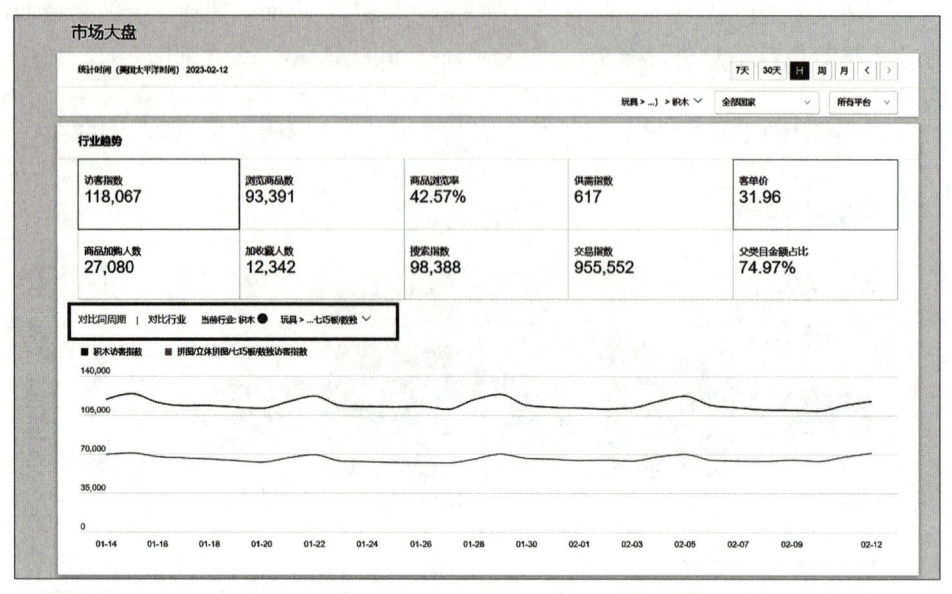

图 3-24 AliExpress-生意参谋-市场大盘-对比行业

（3）在市场大盘板块行业构成板块下，可以看到该类目下的细分行业，及其对应的搜索指数、交易指数、在线商家占比、供需指数、父类金额占比、客单价等信息。通过对相关数据的分析，如搜索指数越大，流量则越高；父类金额占比越高，则该细分市场的需求越大等信息进行选品。AliExpress-生意参谋-市场大盘-行业构成如图 3-25 所示。

图 3-25 AliExpress-生意参谋-市场大盘-行业构成

4. 速卖通后台生意参谋-国家分析选品

（1）进入速卖通后台-生意参谋-市场-国家分析。

在国家分析板块，可以通过不同国家的 GMV 与增速进行选品。国家分为高 GMV 高增速、高 GMV 低增速、低 GMV 高增速、低 GMV 低增速四类，可以优先选择高 GMV 高增速的国家，此类国家拥有更大的市场。AliExpress-生意参谋-市场-国家分析如图3-26所示。

图3-26　AliExpress-生意参谋-市场-国家分析

（2）单国家分析可以对不同国家的细分市场、买家属性、节假日做具体分析。AliExpress-生意参谋-市场-国家分析-单国家分析如图3-27所示。

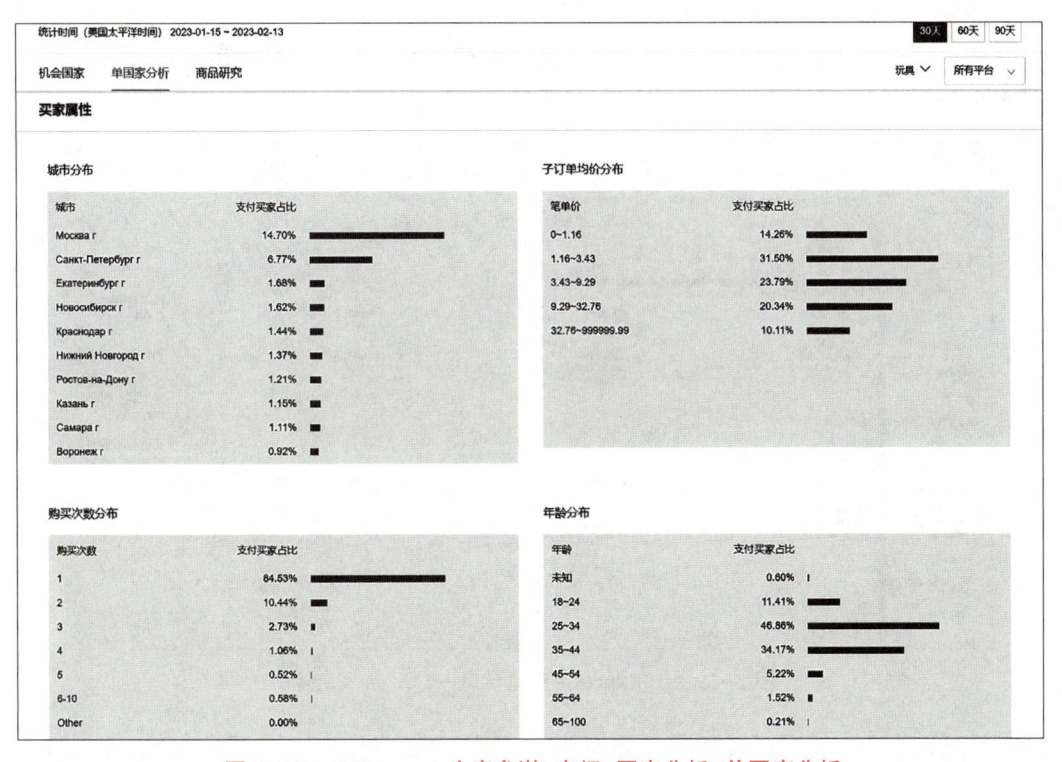

图3-27　AliExpress-生意参谋-市场-国家分析-单国家分析

（3）商品研究：通过不同国家的地区、性别、年龄、买家行为特征等信息，进一步确定选品的范围。AliExpress-生意参谋-市场-国家分析-商品研究如图3-28所示。

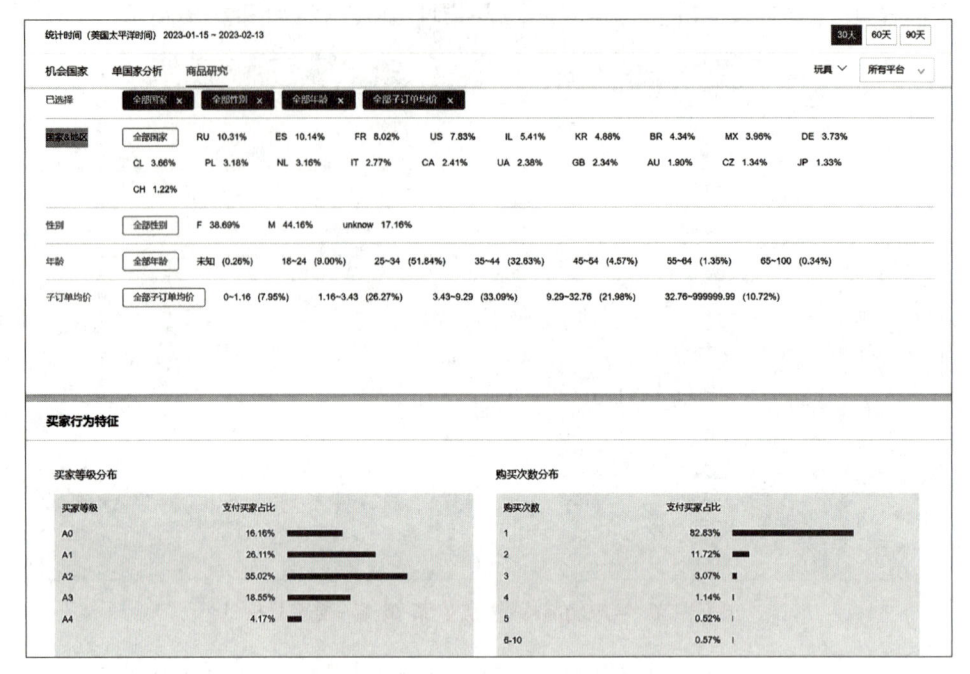

图 3-28　AliExpress-生意参谋-市场-国家分析-商品研究

5. 速卖通后台生意参谋-选词专家

（1）进入速卖通后台-生意参谋-市场-选词专家。AliExpress-生意参谋-市场-选词专家如图 3-29 所示。

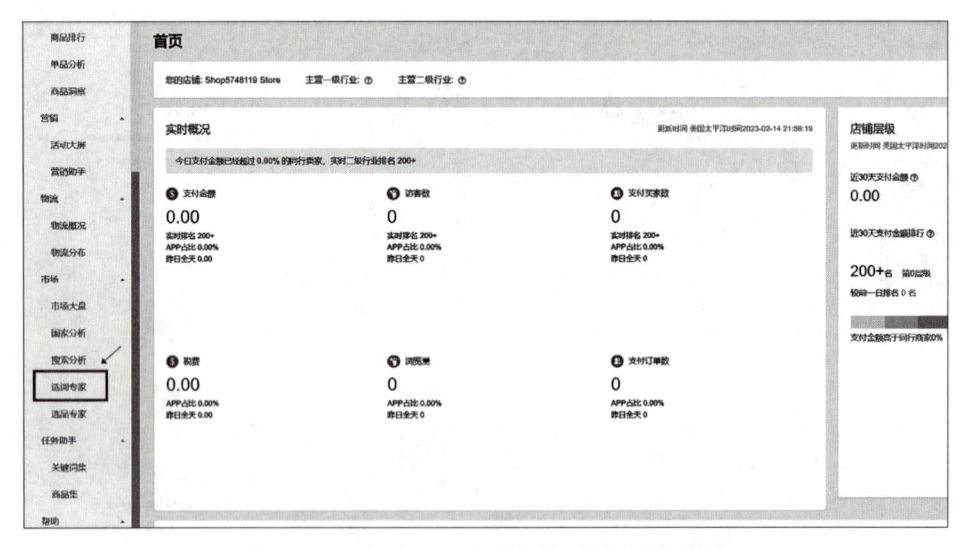

图 3-29　AliExpress-生意参谋-市场-选词专家

（2）选词专家下显示的关键词，分为"热搜词""飙升词"及"零少词"，可以查看行业类目下的对应关键词，及其搜索人气、搜索指数、点击率、成交转化率以及竞争指数，通过对行业热搜、飙升词的分析，挖掘行业类目下的潜在爆品。AliExpress-生意参谋-市场-选词专家-热搜词如图 3-30 所示。

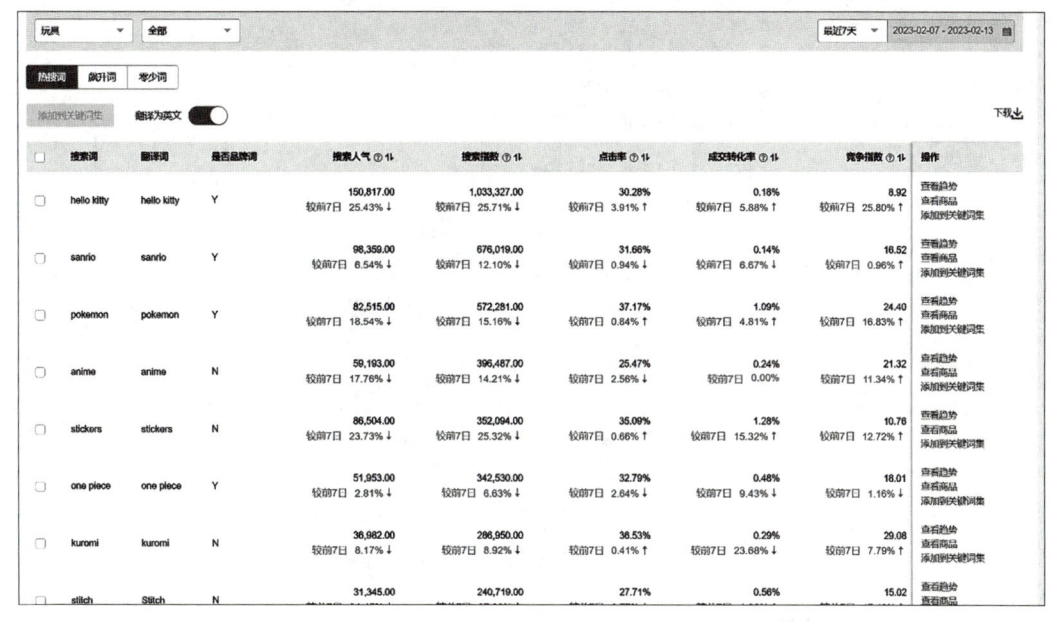

图 3-30　AliExpress-生意参谋-市场-选词专家-热搜词

6. 速卖通后台生意参谋-国家分析选品

（1）进入速卖通后台-生意参谋-市场-选品专家，可以查看指定类目下热销产品与热搜产品。AliExpress-生意参谋-市场-选品专家如图 3-31 所示。

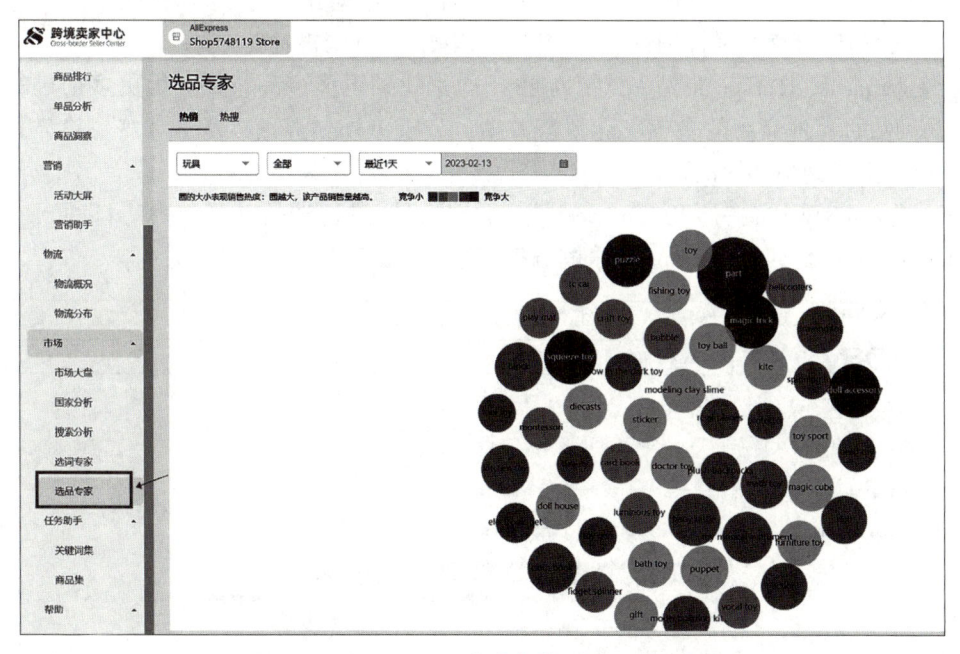

图 3-31　AliExpress-生意参谋-市场-选品专家

（2）选择目标销售的类目以及数据分析时间，通过圈的大小了解不同产品的销售热度，圈越大，该产品销售量越高。以玩具类目下 magic trick 为例，点击该关键词进入销量详细分析。AliExpress-生意参谋-市场-选品专家-热搜词如图 3-32 所示。

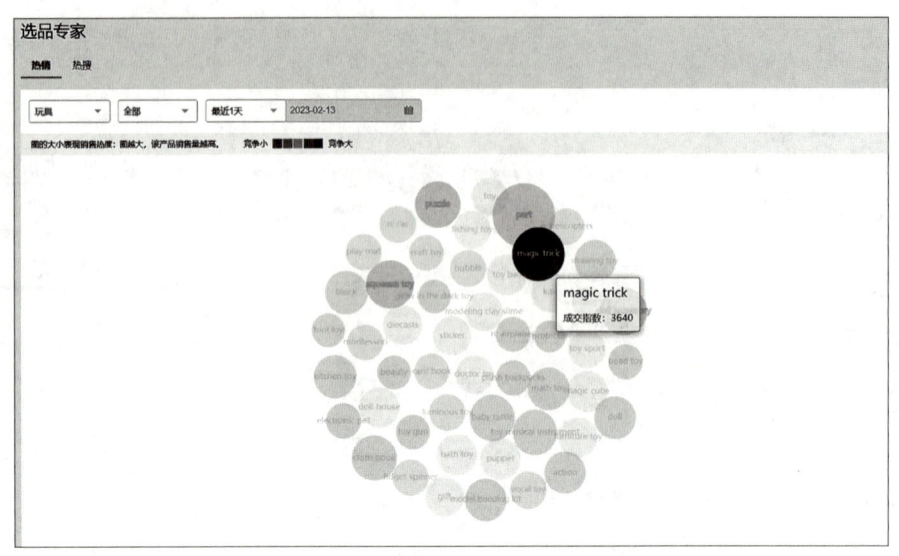

图 3-32　AliExpress-生意参谋-市场-选品专家-热搜词

根据关键词 TOP 热销属性，结合自身资源及产品，选择最具热销属性的商品，对产品进行升级或优化。圆圈面积越大，产品销售量越大。

三、eBay 平台选品工具

Terapeak 是 eBay 的平台调研软件，可以提供 eBay 的数据分析，可以看到一年内 eBay 的商家的销售商品详细数据，分析产品销售时机和销售时机与方式。

比如 Terapeak。Terapeak 是一款帮助 eBay 卖家找到更多产品，并产生更多销售的工具。其通过访问数百万件商品的多年实际销售数据，分析市场、类别、竞争、热门趋势和产品，以便在 eBay 上找到最畅销的商品。

（1）进入 eBay 后台-研究-Terapeak 采购分析订阅进行选品（需要商店订阅），选择立即订阅。eBay 后台-研究-Terapeak 采购分析-订阅如图 3-33 所示。

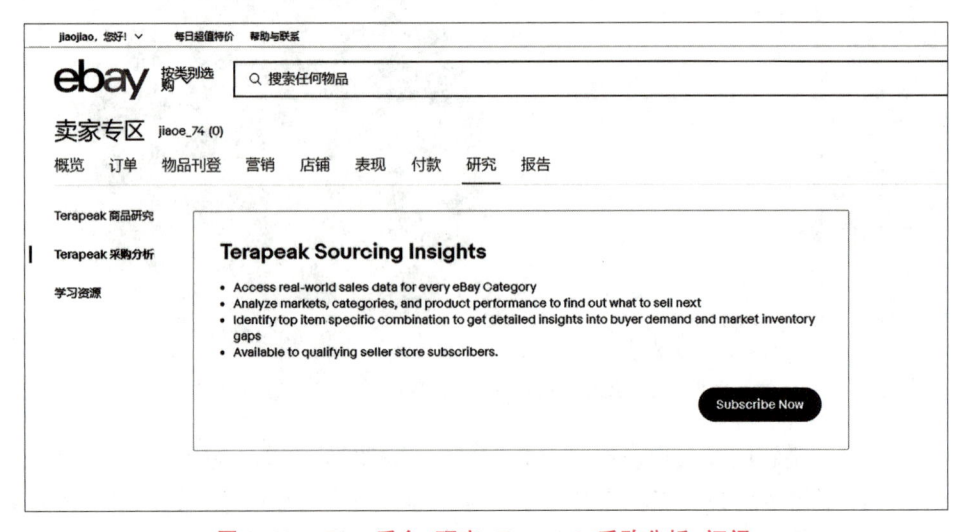

图 3-33　eBay 后台-研究-Terapeak 采购分析-订阅

（2）通过研究-Terapeak 商品研究，输入关键词以及筛选条件。eBay 后台-研究-Terapeak 商品研究-筛选如图 3-34 所示。

图 3-34　eBay 后台-研究- Terapeak 商品研究-筛选

（3）查看近期销售信息以及销售趋势。eBay 后台-研究- Terapeak 商品研究-筛选如图 3-35 所示。

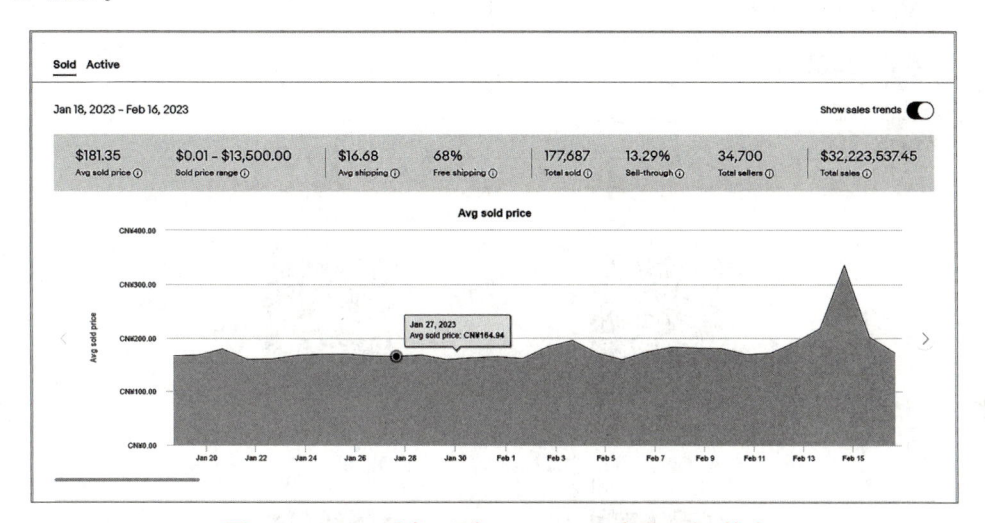

图 3-35　eBay 后台-研究- Terapeak 商品研究-筛选

① 热卖产品。eBay 后台-研究- Terapeak 商品研究-热卖商品如图 3-36 所示。

图 3-36　eBay 后台-研究- Terapeak 商品研究-热卖商品

② 活动信息以及活动产品。eBay 后台-研究-Terapeak 商品研究-活动商品如图 3-37 所示。

图 3-37　eBay 后台-研究-Terapeak 商品研究-活动商品

eBay 选品工具简介

TikTok 平台选品工具

拓展阅读

知识与技能训练

学习单元四

跨境店铺产品发布

【学习目标】

【知识目标】
了解商品标题编写的技巧和注意事项。
熟悉商品图片和视频的展示技巧和规范。
了解商品详情页设计和商品定价的内容。

【技能目标】
能够在 AliExpress 和 Amazon 平台发布产品。
学会在 eBay 和 TikTok 店铺刊登产品的方法。
掌握在 Walmart 和 Shopee 上传产品的相关流程。

【素质目标】
注重个人技能的培训和综合素质提升。

【思维导图】

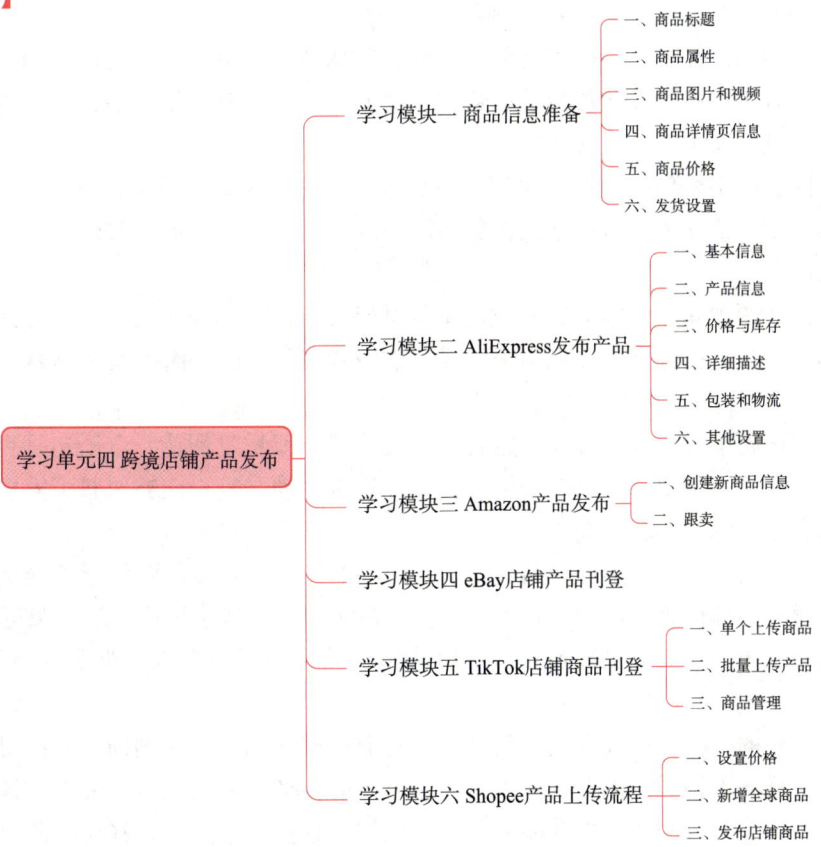

学习单元四 跨境店铺产品发布
- 学习模块一 商品信息准备
  - 一、商品标题
  - 二、商品属性
  - 三、商品图片和视频
  - 四、商品详情页信息
  - 五、商品价格
  - 六、发货设置
- 学习模块二 AliExpress发布产品
  - 一、基本信息
  - 二、产品信息
  - 三、价格与库存
  - 四、详细描述
  - 五、包装和物流
  - 六、其他设置
- 学习模块三 Amazon产品发布
  - 一、创建新商品信息
  - 二、跟卖
- 学习模块四 eBay店铺产品刊登
- 学习模块五 TikTok店铺商品刊登
  - 一、单个上传商品
  - 二、批量上传产品
  - 三、商品管理
- 学习模块六 Shopee产品上传流程
  - 一、设置价格
  - 二、新增全球商品
  - 三、发布店铺商品

学习模块一　商品信息准备

一、商品标题

在一个行业里，不同品类的客户群体是各不相同的，要提高产品曝光度关键是要理解人们寻找产品的意图，并预测他们最有可能在搜索中使用的单词和短语。产品标题就是其中一个重要属性，当其被优化时，可以对转化产生直接的影响。

好的标题简单易懂，涵盖关键词，从而为商品和店铺导入精准的流量，一个好的标题可以提高商品的展现率和点击率，能够有效激发客户的购买欲望，可以最大化地为产品引流，提高曝光量和订单量。

（一）商品标题编写技巧

具体来说，在编辑产品标题时，首先应具备的概念是"标题是关键词的直接体现和搜索流量的直接来源"。一个好的标题一定要把产品最核心、最精准的关键词体现出来。

标题中的关键词承担着以下两个方面的重任：

（1）被系统抓取，进入搜索结果中；

（2）客户在浏览页面时可以准确理解商品信息。

但是一个商品往往会有很多类型的关键词，包括精准关键词、宽泛关键词、长尾关键词等，甚至还会有一些趋势性和流行性的热词，卖家在产品标题的撰写中，要巧妙搭配，达到既有效传递信息，又不累赘叠加才好。

首先，标题中不要使用太多关键词，一般来说，一个标题包含两三个核心关键词即可。在字符空间够用的情况下，可以适当搭配使用一两个长尾关键词或趋势热词，忌讳关键词重叠堆砌写成标题。

其次，在标题中除了关键词之外，还要考虑产品的特性词和卖点。产品的独特性和差异化的亮点都应该在产品标题中体现出来，要让消费者在阅读的一瞬间就能够触及内心的痛点和关切点。

最后，当标题撰写完成，卖家一定要认真读一读，要反复阅读，看语句是否通顺，是否朗朗上口，重点是否突出，卖点是否鲜明，语言是否生动，是否能够勾起买家立即下单购买的冲动。如果达不到，那就推倒重来。

当然，标题撰写的功力不是一蹴而就的，用心的卖家一定要经常阅读其他优秀热卖的商品的标题，通过阅读优秀的标题，感受别人标题的美，然后逐步形成自己的撰写思路。

通过以上分析，我们可以知道，一个优秀的产品标题需包含三个维度的内容：关键词、卖点和美感。

如前文讲到的，关键词分为宽泛关键词、精准关键词和长尾关键词。有些时候这三类词语相互独立、彼此不相同，也有些时候，这三类词语会彼此相互重合。关键词彼此独立的产品说明该产品在消费者的认知中有多种叫法。比如，我们非常熟悉的移动电源就有三个通用关键词：Power Bank、Portable Power Source、Portable Charger。这三个词语彼此独立，但都指向同一个产品，而且这三个词语都是精准关键词；再拓展一步，比如 25 000 Mah Power Bank，则意味着大容量的移动电源，因为附带了容量的属性，成为部分有特殊需求和要求的用户搜索时使用的词语，这样的词语我们称为长尾关键词。而宽泛关键词指向较大，覆盖的人群很广，但指向不精准，卖家要酌情使用。以 Watches 为例，虽然 Watches 是手表类目的一个大词，指向非常广泛，表面上看似乎可以涵盖有意购买手表产品的所有人群。但实际情况是，从消费者的角度来看，一个有意向购买手表的消费者，其内心想要购买的产品其实早已界定在男式手表、女式手表或儿童手表这些带有定语的精准关键词了。

无论一个产品的关键词是如何构成的，对卖家来说，首先需要理解自己的产品然后收集和整理出相关的产品关键词，收集到的词语可能有很多，卖家要根据实际对词语进行筛选，选择最有效的词语，以恰当的方式搭配，布局在产品标题中。

在跨境电子商务平台上，每个产品的竞争都非常激烈，对于新发布的商品，为了更好地获取流量、产生销售，建议卖家可以特别注意长尾关键词的使用。

如果说关键词的首要作用是让产品出现在搜索结果中起到引流的作用，那么仅靠关键词是说服不了消费者购买的。消费者在购买过程中，总会在多条同质化产品之间比较，在这个过程中，能够影响消费者行为的，是如何让你的产品给消费者留下深刻的印象，标题中产品的卖点的表述就显得尤为重要。

在标题中，产品卖点体现为自家产品的独特性，和别家产品的差异化等，如此一来，就要求卖家必须学会提炼自己产品的独特之处和能够触及消费者痛点和关切点的东西。也就是说，在卖点的表现上，要求你能够像挠痒痒一样，做得恰到好处。

从这个意义上来讲，产品卖点就等于是一种心锚——"我有，别人没有"，而"我有"的这些特性又正好是消费者看到之后就会念念不忘的。

具体来说，能够用来种心锚的内容包括产品独特的特性、差异化的卖点，以及产品中可以解决用户需求的痛点和消费者的关切点，这些都需要卖家能够"以用户为中心"进行拓展。如果脱离了消费者这个根本要素，仅站在生产和工艺流程的角度描绘，恐怕就会事倍功半。

有了关键词，有了产品卖点，卖家就要达成标题优化的第三点——美感。美感的提炼对卖家要求较高，虽然抽象不易懂，但它又切实地体现在标题的每一个细节中，一个突出重点的断句是美感，一个使用恰当的标点符号也是美感，一串搭配适宜且准确的大小写字母组合同样是美感。如果能够在标题中搭配合适的修饰词，那么便能让买家赏心悦目而心向往之。

（二）商品标题编写的注意事项

通过前文，我们了解到标题编写的技巧。但是不同的跨境电子商务平台，对标题的要求和注意事项也有所不同。

1. Amazon

（1）标题的长度。

亚马逊推荐的最多使用 200 个字符（包括空格），超过的字符就不会显示。但是，某些商品分类允许使用一些较长或较短的名称，所以要遵照针对具体类别的说明。

（2）产品标题首单词。

亚马逊要求标题的首单词需要是品牌名，非品牌产品则要用产品关键词。

(3）关键词的大小写。

亚马逊标题的关键词不能全是大写或者小写，需要把每个词的首字母使用大写，但遇到for、with、and、of 之类没有实际意义的虚词时，通常使用小写字母。

(4）标题中的信息。

亚马逊规定，标题中是不能出现公司名、第三方平台链接、促销信息、运费及物流等信息的，否则产品无法审核通过，即使通过了也会被降权，也不能有标点符号及特殊字符。像是一些能用阿拉伯数字代替的，就用数字来表达，这样是可以让产品标题更加直观的，但要注意不能有特殊字符。

(5）不能堆砌关键词。

标题关键词堆砌，不仅不可以为产品带来更多的曝光，而且还会影响转化，卖家选择产品的精准关键词即可。

(6）产品型号不宜过多。

在标题中加入产品型号可以提升买家对产品的了解，但不建议放超过 3 个型号的，否则是不利于买家搜索的。

2. AliExpress

(1）充分利用标题字符。

速卖通标题最长不超 128 个字符，但标题过短也不利于搜索覆盖。例如，如果某商品标题只有 running shoes 一个词，用户搜索 sport shoes 时就无法找到该商品，所以在编辑标题时完全可以把 sports shoes 也覆盖进去。

(2）标题关键词排序。

在速卖通平台，关键词前后位置不一样，搜索速卖通权重也会发生变化。在调整词顺序时，必须全面考虑调整后的综合权重。标题的词序不能经常变。否则会影响质量的分，第一次编辑标题时，就要把词序考虑好。一般前面 15 个字符要放核心关键词，前面 45 个字符要放重要信息，促销词非热卖，只放到标题和后面。

(3）尽量包含产品词、属性词。

标题中尽量包含商品的产品词、属性词。单词一定要拼写正确，否则用户无法搜索到自己的标题。另外，标题中建议添加主属性词，有利于提高标题的搜索权重，对产品的点击率、转化率有非常大的帮助。

(4）标题的优化。

在速卖通平台，如果运营的是知名度较高的品牌，品牌名可以放在标题的前面；如果品牌知名度较低，可以不放。没有得到授权，也不要加入品牌词。

需要注意的是，适量的促销词对转化是有帮助的，但要特别注意词的使用数量。尤其是前 45 个字符内，最好不要使用促销词，把促销词放在后面。

(5）标题描述违规。

在速卖通平台，标题描述违规是指标题关键词滥用，如标题无明确产品名称、标题关键词堆砌、标题产品名与实际不符、标题与类目不符、标题品牌词与实际不符、标题件数与实际可购买件数不一致等。

平台将对标题描述违规的商品采取调整搜索排名、删除商品、下架商品的措施；如违反搜索作弊规则的商品累积到一定量，平台将对店铺内全部商品或部分商品（包括违规商品和非违规商品）采取调整搜索排名的措施；情节严重的，平台将对店铺内所有商品进行屏蔽；情节特别严重的，平台将冻结账户或关闭账户。

二、商品属性

商品属性指的就是商品的个性特征，是指商品本身所固有的性质，是商品在不同领域差异性（不同于其他商品的性质）的集合，多种个性特征组合到一起构成了商品的固有属性，使其区别于其他商品，有着自己的特点即差异性。

商品属性就是物品的基本参数信息，也就是宝贝的特点、功能等，是最能体现产品特色的地方。每个类目的属性不一致，所以商家填写的产品属性也是不一致的，商家在编辑物品的时候，需要将物品的所有属性都填写完整，这样才有利于物品被买家搜索到。不同类目的商品，其商品的型号、颜色、尺寸、价格等需要填写的属性内容是不一样的，所以建议根据类目的实际情况进行选择。

不同的跨境电子商务平台，商品属性填写方式也有所不同。

（一）Amazon

1. 五行描述

（1）五行描述的作用。

亚马逊五行描述也称五点描述、短描述，英文名称为 Bullet Points，是指亚马逊产品要点，主要用来罗列产品的主要卖点，包括尺寸、功能、产品特点、用途、优势等，能够让买家一眼看上去就被吸引，从而决定进一步浏览和了解你的产品详情。卖家应当尽量凸显出产品差异和核心卖点，不要用平铺直叙的方式，将产品差异化植入消费者内心。

五行描述展示在标题的下面，五行描述与图片和标题结合在一起，形成了买家阅读产品详情页的第一屏，有助于买家对产品形成一个初步的感受，买家对产品的喜爱和接受程度，都将由这三个部分的内容直接决定。Amazon 五行描述如图 4-1 所示。

图 4-1　Amazon 五行描述

（2）撰写五行描述的技巧与建议。

嵌入关键词：在卖点中嵌入关键词是重要的一步，在亚马逊系统的算法中，卖点的权重仅次于标题，善用标题放不下的关键词。多余的关键词，可以巧妙地运用在 Bullet Points 上，让 Listing 能有更好的优化。

- 亮点总结：虽然五行描述足够简短，但用户也不会逐字阅读，一般都是扫一眼就过去了，所以在每行卖点开头尽量用亮点总结词汇，让买家一眼就被吸引。
- 言简意赅、通俗易懂：将产品的所有亮点和基本信息都写到位，但不要太复杂，能精简的词汇一定要去掉，保证留下来的都是重点有用信息足矣。
- 与同类产品的差别：产品卖点可以从评论区和 QA 里面找，也可以从竞品中寻找，选择竞争对手都没有而我们独家拥有的卖点写进去。在产品同质化越来越严重的今天，区别都是吸引用户的亮点。
- 产品参数：在书写产品参数时尽量按照产品说明书中的规格填写，以免后期出现实物与描述不符的问题。
- 写明受众人群：表明消费目标人群不仅可以看上去更专业，也能有效减少不必要的售后问题。

亚马逊五行特性的填写不可以简单随意为之，而应该用心地、精心地去总结，根据产品的特点去提炼，既不能泛泛而谈，又不能不分轻重。总的来说，除了在描写过程中详细地说明产品包含的信息，还要考虑到顾客的需求、痛点。要从产品的众多内容中，总结出五条具有代表性的内容。

2. 产品属性

自 2022 年 12 月 1 日起，亚马逊为确保卖家的商品详情页提供了买家需要的信息，部分商品在详情页的"颜色、尺寸、商品描述、品类"等 4 个属性，从原有的"选填"变为"必填"，若未提供属性信息，新商品将无法上传到目录中。

这样，无论顾客浏览哪一家的产品，都能带来统一的购物体验，极大地优化了顾客对服装的选择。

在这个系统中，卖家只能从以上商品属性中选择亚马逊的既定值，不能再像以前一样自由填写。

亚马逊产品属性分类如下：

- 需求因素，也就是由不同的需求组成的消费群体。
- 用户特征，诸如年龄、性别、地域等方面都会导致不同的消费偏好和习惯。
- 行业情况，行业结构以及竞争环境的不同也就使得品牌之间有着明显的差异。
- 价格定位，与用户特征类似，价格定位也同样是用来区分目标客户群。
- 渠道特性，例如线上售卖与线下实体店的售卖因渠道差异而需要选择不同的策略。
- 功能利益，这也是与消费者最近的产品的功能和用途。

（二）AliExpress

商品属性是买家选择商品的重要依据。建议详细准确填写商品属性，完整且正确的商品属性有助于提升商品曝光率。

在速卖通平台，商品属性是买家选择商品的重要依据，特别是有型号标识的关键属性，分为必填属性、关键属性、非必填属性（系统有展示，但无特别标注）、自定义属性（补充系统属性以外的信息）。卖家需要详细、准确地填写系统推荐属性和自定义属性，提高曝光机会。

那么，如何填写商品属性呢？

1. 收集和整理好商品的属性

卖家可以通过供应商提供的信息，或者通过其他同款或者同类型商品了解产品属性，也可以通过使用后台数据纵横工具，查找商品热销和热搜属性。

2. 填写完整的系统属性

平台要求系统属性填写率78%或以上，但在实际运营过程中，商品属性尽量全部填写。如果系统自带的属性中没有要选择的内容，卖家可以通过自定义属性进行填写，自定义属性的填写可以补充系统属性以外的信息。同时，我们也可以把热搜热销的数值填写到商品的系统属性里，或把热销和热搜的属性名和属性值补充到自定义属性中，但是要注意，所有的属性要准确，相关性要高。

完整、正确的商品属性有助于提高产品曝光率，属性填写越准确，描述越详细，有利于买家购买，可以提高买家的购买体验，减少不必要的纠纷。

3. 避免填写错误属性

根据速卖通平台相关规则，属性错选是指发布的商品虽然类目选择正确，但选择的属性与商品的实际属性不一致。这类错误可能导致网站前台商品展示在错误的属性下，平台会对这类产品进行规范和处理。

平台将对属性错选的商品采取调整搜索排名、删除商品、下架商品的措施；如违反搜索作弊规则的商品累积到一定量，平台将对店铺内全部商品或部分商品（包括违规商品和非违规商品）采取调整搜索排名的措施；情节严重的，平台将对店铺内所有商品进行屏蔽；情节特别严重的，平台将冻结账户或关闭账户。

三、商品图片和视频

商品图是潜在客户第一次接触商品的关键触点，高质量、符合客户心智的商品图，是快速建立良好品牌形象的方式之一。一张好的主图决定了80%以上的点击率，因此对做跨境电子商务的卖家而言，高质量的商品主图很有必要。如何设计出一张高点击率的主图是所有卖家最关心的问题。

卖家商品图的展示，对于客户加入购物车、销售转化有着重要的影响。让每张商品图都能像"超级业务员"一样，用简单、清楚、易懂的内容介绍使用方式、产品功能等，是跨境电子商务卖家必备技能。

（一）商品主图的展示技巧

在跨境电子商务平台中，商品图片一般分为主图（也称首图）与副图，主图会影响商品的点击与流量，副图会影响产品的转化。

不同的跨境电子商务平台，主图与副图的规则有所不同，但是基本原则是保持一致的——每件商品都需要配有一张或多张商品图片。商品主图显示在搜索结果和浏览页中，也是买家在商品详情页面上看到的第一张图片。主图相当于商品的脸面，是消费者看到该商品的第一印象。优秀的主图画面干净整洁，产品清晰明了。以 Amazon 为例，我们可以看到主图的展示效果如图 4-2 所示。

图 4-2　Amazon 主图展示效果

从图 4-2 我们可以清晰地看到，在没有点击进入 Listing 的前提下，只有主图可以得到有效的展示。也就是说，主图的好坏与否，直接影响产品点击率的大小。

但是，商品并不是只有主图重要，当商品的信息无法通过主图全部展示，此时，就需要通过商品副图，从不同的角度来展示商品、展示使用中的商品和在主图中没有显示的一些细节。Amazon 商品副图展示如图 4-3 所示。

图 4-3　Amazon 商品副图展示

副图要表达的要素很多，不同商品具体表达的内容也不一定相同。但是我们可以通过以下几个要素对副图进行总结，明确每个副图至少应该包含哪些内容，根据商品的实际情况选择副图的展现内容以及顺序。

1. 商品卖点图

这类型的副图主要展示商品卖点功能，并附有每个功能的简短说明。

有的亚马逊卖家则会通过信息图表，用简单的几个词组或者是短句来突出自家商品的独特功能。Amazon 商品卖点图如图 4-4 所示。

图 4-4　Amazon 商品卖点图

2. 商品使用场景示意图

场景图是副图的重要展示图片之一，场景图是把商品放到实际生活场景中运用，让消费者对未来商品的使用产生联想，产生代入感，场景图可以大大地提升商品转化率。Amazon 商品场景图如图 4-5 所示。

图 4-5　Amazon 商品场景图

3. 商品尺寸图

对与尺寸密切相关的某些商品来说，商品尺寸图是必不可少的。例如桌子、椅子、电脑包等，可以让买家更能真实了解商品的信息，在购买前就给买家一颗"定心丸"，从而避免后期买家收货时货不对板的情况。Amazon 商品尺寸图如图 4-6 所示。

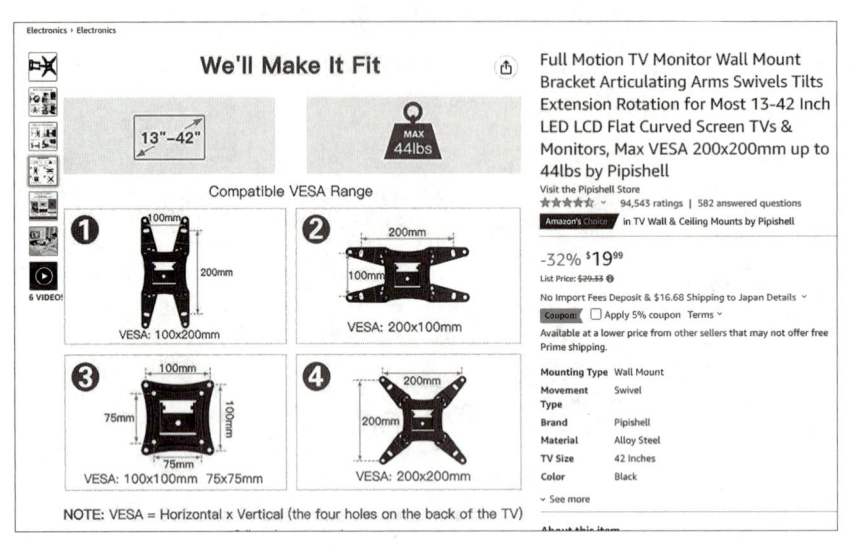

图 4-6　Amazon 商品尺寸图

4. 商品对比图

商品对比图主要分为两种：其一是使用前后对比。其二是此商品与竞品的对比。通过对比方式，让买家更能直观地了解到商品的优势和劣势。Amazon 商品对比图如图 4-7 所示。

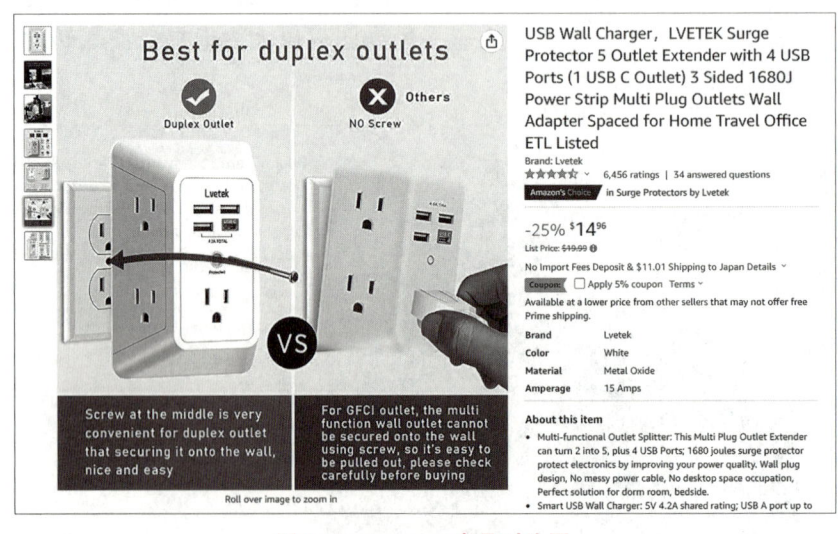

图 4-7　Amazon 商品对比图

5. 商品细节图

一个小小的细节往往决定买家是否会购买。细节图是利用文字配上图片，如一些商品的尺寸、重量、材质纹路、Logo 标签等，让购买者能更加清晰地了解商品的细节品质，从而对商品有一个高品质的印象。Amazon 商品细节图如图 4-8 所示。

图 4-8　Amazon 商品细节图

6. 商品使用说明图

制作一张商品使用教学图片来展示商品容易使用的特点，不仅可以提高转化率，而且可以让没买过的买家正确使用商品，减少商品的差评率以及退货率。Amazon 商品使用说明图如图 4-9 所示。

图 4-9　Amazon 商品使用说明图

7. 商品包装图

商品包装图可以大大增加买家对商品的认知，例如电饭煲是否有配置锅铲、勺子等，通过副图来补充商品信息，可以大大减少商品的售后问题和买家的 Review 差评问题。Amazon 商品包装图如图 4-10 所示。

高质量的商品图片不仅会影响商品转化率，还会影响商品搜索排名。主图在搜索结果页面中占有很大的比例，顾客对商品的最直观的印象也主要来自主图；副图在介绍商品、补充商品信息，提升商品转化率中承担着重要角色。

图 4-10　Amazon 商品包装图

因此，商品图片的质量很大程度上影响了商品的点击率与转化率。

（二）商品主图的展示规范

不同的平台，对商品图片的展示规范也有所不同。

1. Amazon

亚马逊平台对商品展示主图的基本要求如下：

- 主图需采用纯白色背景（RGB 色值为 255、255、255）。
- 主图必须是实际商品的专业照片（不得是图形、插图、实物模型）。
- 单一正面角度展示商品本身，不得展示不出售的配件或者标志、水印、色块、文字等，商品应占据主图 85% 以上。
- 主图中不得有文字、标志、水印打折、数量信息等；主图中可以出现商标，但是商标不能是跟商品分开展示的。
- 图片的最长边不应低于 1 600 像素，满足此最小尺寸要求可在网站上实现缩放功能。图片最长边不得超过 10 000 像素。
- 亚马逊接受 JPEG、TIFF 或 GIF 文件格式，但首选 JPEG（不支持 .GIF 格式的动图）。
- 图片必须清晰，不得有马赛克或锯齿边缘。
- 鞋靴主图片应采用单只鞋靴，呈 45 度角朝向左侧。
- 女装和男装主图片应采用模特照。
- 所有儿童和婴儿服装图片均应采用平放拍摄照（不借助模特）。

2. AliExpress

在 AliExpress 平台，其商品图片基本要求如下：

- 图片横纵比例 1∶1（像素≥800×800）或 3∶4（像素≥750×1 000）且所有图片比例一致，5M 以内 JPG、JPEG、PNG 格式。
- 商品最多可以上传 6 张图片，6 张主图建议全部上传完整。
- 商品图片最好是白色或纯色，建议图片无水印、牛皮癣等信息。

- 图片不得有边框及水印，Logo 要放在左上角。

（三）商品视频的展示技巧与规范

除了清晰、丰富、全方位的详细描述图片外，短视频也能更容易提升产品的转化率，突出产品的特征，更能体现卖家对产品的专业度。

短视频营销之所以成为电子商务营销利器，主要是因为短视频的动态效果赋予了商品灵魂，让消费者直观地观看到商品、了解商品，更容易打动消费者下单购买。其次，短视频可以全方位地展示商品，能够大大提高商品的竞争力，让卖家的商品从一众竞争者中脱颖而出，可以打消消费者购买商品的顾虑。再者，短视频也可以提升店铺的形象，增加店铺品牌知名度，增长粉丝量和浏览量，为后期转化打下坚实的基础。

不同的产品，其拍摄的短视频风格也有所不同，我们可以从以下几个视频类型进行拍摄：

1. 解释型视频

这类视频的内容主要是展示商品的使用方式，比如电器展示其如何使用，服装展示上身效果，这是最能增加客户购物体验的类型，也是一些创意商品或新兴商品最理想的选择。

2. 纯展示型视频

如果卖家只有商品图片，没有视频制作团队，那么这个方法也是个不错的选择，从不同的角度去展示卖家的商品，视频中可以将关键内容的文字突出显示，这也是对商品详情页的一种补充。

3. 开箱视频

开箱视频也是一个受众率比较高的方式，通常都是从专业角度来详细拆解商品，在YouTube 上比较火爆，品质介于买家秀和主图视频中间。从收到商品快递盒到使用的整个过程，还会包含商品的功能以及一些细节，偏向于专业解说，使得潜在买家能更直观地了解想要购买的商品。黄金前 15 秒决定了客户能否继续看下去。

4. 客户使用、评价视频

文字评论已经无法满足潜在买家的需求了，客户使用的评价视频效果对商品的销量和转化率也逐步提高，并且客户对此是有比较高的信任度的。在客户的角度来展现商品，更能说服潜在买家，因此，不少卖家已经在运用，寻找测评人进行视频评论。一条五星评价的好评视频，也可以为卖家引流。

5. 品牌故事型视频

买家总是格外喜欢独特的品牌起源故事，一个足够吸引人的品牌故事，会让商品一下子就从众多的同类型竞品中脱颖而出，如果卖家发现自己的商品与同行相比并没有什么不同，那么从品牌故事开始着手将会是个不错的选择。

6. 宣传视频

有条件的卖家可以制作专业的商业广告视频，制作精良的宣传视频，不仅能展示商品在日常生活中的使用情况，还能让消费者感受到品牌的格调与专业。

四、商品详情页信息

无论是哪个电子商务平台，商品的详情页都至关重要，详情页是用户了解商品的重要展示页面，通过详情页，买家才能知道，这款商品是不是自己想要的。

优质的商品详情页能够对客户的购买行为产生正面积极影响，能够激发客户消费欲望，树立信任感，促使客户下单。

一款好的详情页，是电子商品运营中的重要核心因素，商品详情页优质与否，将直接影响产品交易的转化，不断优化详情页，是一名运营人员必要的也是重要的工作内容之一。

（一）商品详情页的内容设计

1. 海报展示，抓住眼球

一张优质的海报能立刻地抓住消费者的眼球，吸引消费者。在海报的选择上需要具有视觉冲击力，同时在海报的设计上搭配文字等素材来增加用户对品牌的认知度，以此来渲染气氛，体现调性。

2. 卖点优化，提炼亮点

卖点优化区是由图片和文案组成的，根据商品的特点从不同的角度提炼亮点，比如设计师说、潮流趋势、亮点解说、版型特点、工艺解读、细节卖点以及用料的解析。卖点的提炼除了从产品的自身特点出发，更是要站在消费者的角度，去了解消费需求与关注点。好的文案能够用简短的几个字就直击用户的购买欲，简洁明了。

3. 商品信息，准确真实

上面区域都是吸引了用户的购买欲，那商品信息区域就直接决定用户购买行为的关键了。准确、真实、有效且美观地展示商品的材质、商品特点以及相关的参数指数等信息，能够直接促成客户购买的行为。

4. 搭配推荐，场景生成

根据市面上不同的搭配形式，将搭配推荐分为三大类，即场景化搭配、关联搭配、同类推荐。其中场景化搭配是最能体现商品的特性，提升用户购买代入感的搭配方式。

5. 商品细节，多角度展示

平铺图、细节图、买家必关注的质量和材质的图片。由于平台化的购物无法让买家直接多角度全面感受实物的触感和质量，因此，平铺细节图是唯一能够弥补用户感受的呈现方式。一般要求平铺图能够规整地展示商品的正反面效果，而细节图的展示需要多角度，而且每张图应有清晰的关键点。

6. 巧用关联营销

优质的关联营销可以提高商品的动销率，提升商品利润，营造大促氛围。在关联营销的商品方面，我们可以放置同类商品或者相似商品，也可以用互补商品进行组合搭配。

（二）商品详情页结构设计

不同平台，对详情页的设计和排版也有所不同。

1. Amazon

A+页面，又称图文版品牌描述。亚马逊卖家通过 A+在页面上，可以用不同的方法来描述商品的特征，如在页面上添加品牌故事、商品图片、商品文本介绍等。好 A+页面可以带来更好的转换，所以做一个好的 A +页面，是非常必要的。

A+常用模板解析：

（1）大图 1 张（970×600 或 970×300）。

大图相当于门面，以简洁、大气为佳，主要体现商品、品牌 Logo、SLOGAN（标语）、核心关键词，可以突出一些重要卖点。Amazon 商品详情页大图如图 4-11 所示。

图 4-11　Amazon 商品详情页大图

（2）组合模块。

图片和文字模块进行组合，图片可以进行产品展示，文字可以介绍商品、注意事项、重要参数、品牌故事，或者介绍商品配件等。Amazon 图文组合模块前端示意图如图 4-12 所示。

图 4-12　Amazon 图文组合模块前端示意图

（3）组合模板，3 个或 4 个并列卖点介绍。

Amazon 多个商品组合模块前端示意图如图 4-13 所示。

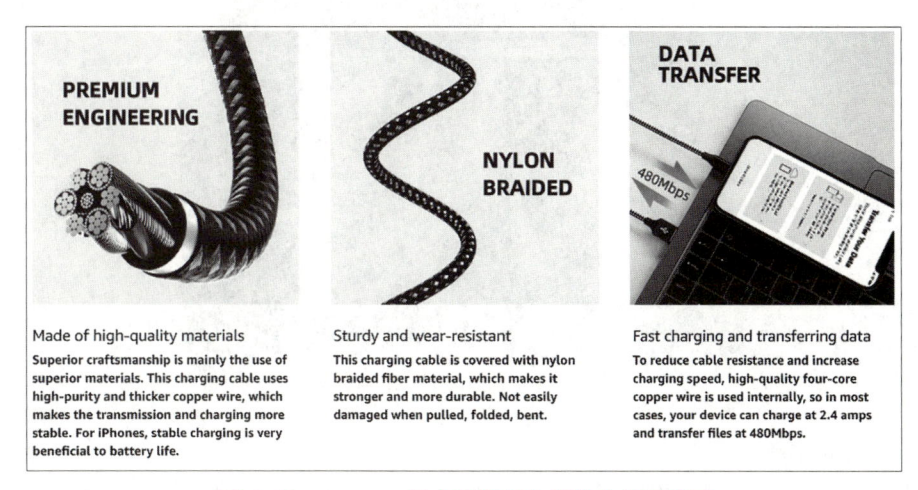

图 4-13　Amazon 多个商品组合模块前端示意图

（4）商品参数图。

Amazon 商品参数图如图 4-14 所示。

图 4-14　Amazon 商品参数图

（5）对照表模块。

可以将店铺内同类商品或者互补商品进行展示，增加捆绑销售或升级销售的机会。Amazon 商品对照模块如图 4-15 所示。

图 4-15　Amazon 商品对照模块

（6）可以用一些场景图做收尾。

Amazon 商品场景图如图 4-16 所示。

图 4-16　Amazon 商品场景图

（7）常见问题解答。

可以将消费者可能会遇到的问题进行解释说明，提高产品转化率，降低买家纠纷。

Amazon 常见问题解答如图 4-17 所示。

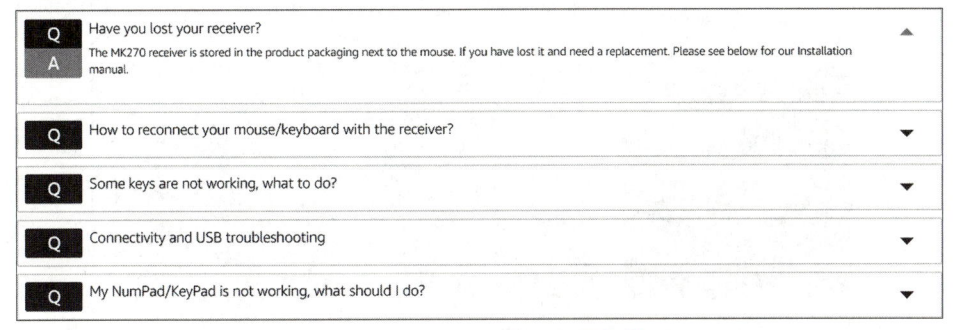

图 4-17　Amazon 常见问题解答

2. AliExpress

在速卖通平台，详情页可以根据以下结构进行排版设计。

（1）商店公告。

商店公告包括但不限于店铺参与的平台活动，如双十一的满减活动等。AliExpress 某店铺活动海报如图 4-18 所示。

图 4-18　AliExpress 某店铺活动海报

（2）关联营销。

可以放同类型商品，也可以推荐互补商品。AliExpress 店铺关联营销海报如图 4-19 所示。

（3）商品介绍。

商品介绍最好是图文并茂。在速卖通平台，图文并茂的详情页会被认定为高质量详情页。AliExpress 商品介绍页如图 4-20 所示。

（4）商品参数信息。

可详细说明商品的尺寸或者参数规格，方便买家对商品信息有明确的获知，避免买家的售后纠纷。AliExpress 商品参数信息说明如图 4-21 所示。

（5）商品的真实拍摄。

此处的真实拍摄并不是指图片不经过任何处理的随意拍摄，而是在贴近产品真实性的前提下，仍旧要保持商品的美观性。AliExpress 商品实拍图如图 4-22 所示。

图 4-19　AliExpress 店铺关联营销海报

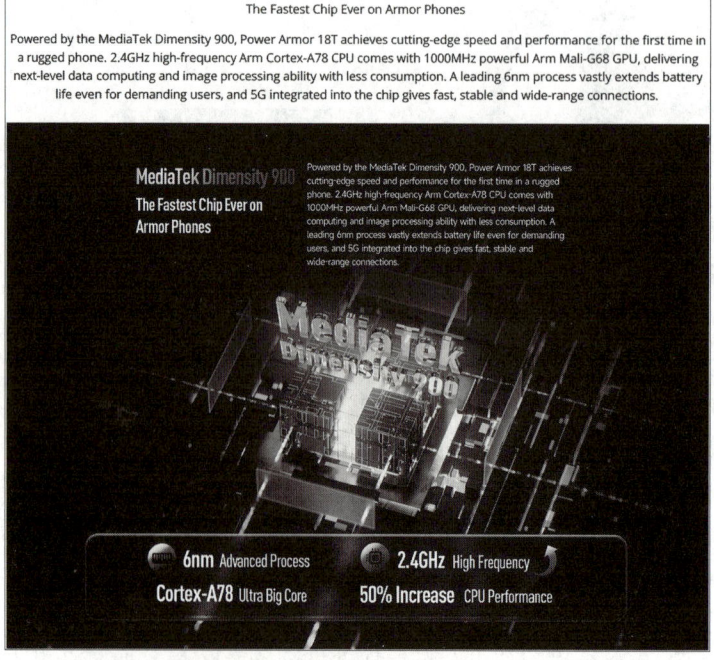

图 4-20　AliExpress 商品介绍页

图 4-21　AliExpress 商品参数信息说明

图 4-22　AliExpress 商品实拍图

（6）商品细节。

商品细节图能更好地体现商品的品质。AliExpress 商品细节图如图 4-23 所示。

图 4-23　AliExpress 商品细节图

(7) 尺寸图。

尺寸图这类信息更适合鞋包类以及标类商品。AliExpress 尺寸说明图如图 4-24 所示。

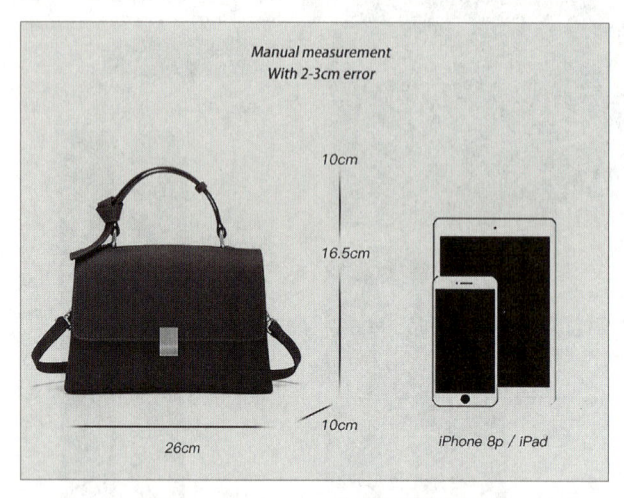

图 4-24 AliExpress 尺寸说明图

(8) 物流说明。

由于跨境电子商务的特殊性，物流时间相对较长，说明店铺使用的物流和时效预估，能帮助买家更清楚地知道物流的时效性，降低买家纠纷。AliExpress 物流方式说明如图 4-25 所示。

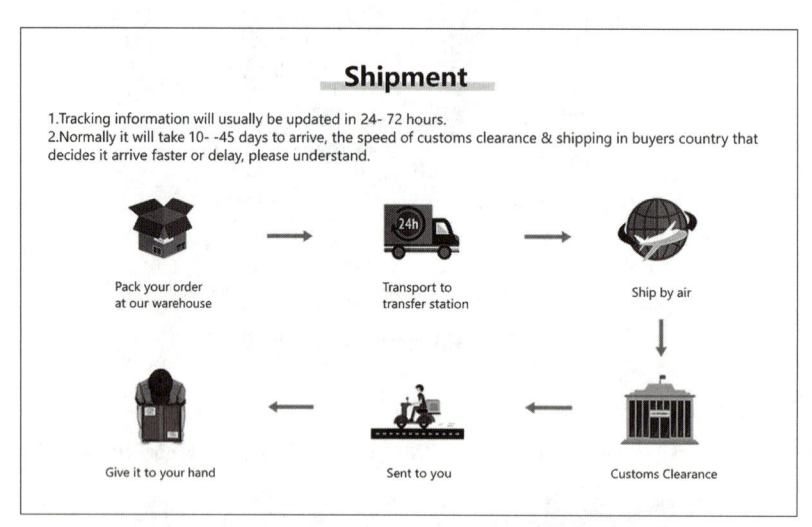

图 4-25 AliExpress 物流方式说明

(9) 产品包装。

如果店铺在商品包装上有优势，比如饰品类的商品，可以更好地提升买家转化率。AliExpress 商品包装说明如图 4-26 所示。

(10) 品牌故事。

品牌故事可以突出自身品牌的优势，让商品与其他同类型商品进行差异化的展示。AliExpress 商品包装说明如图 4-27 所示。

图 4-26　AliExpress 商品包装说明

图 4-27　AliExpress 商品包装说明

（11）其他信息。
- 购物流程。
- 付款方式。
- 退款政策。
- 维修/维护方式。

过长的商品详情页会影响买家的浏览体验，因此，我们在设计详情页时，要有的放矢，根据商品的优势和特点，有重点地选择展现的内容。

五、商品价格

（一）商品的定价原则

对于跨境电子商务卖家来说，除了商品质量和服务，商品价格也是决定性的条件之一。商品定价也是一门技术活，定低了会造成利润的流失，定高了又容易吓跑消费者。同时，卖家需要综合考虑更多方面的因素，例如商品成本、营销成本、消费趋势、平台成本、竞争对手定价等费用，然后为商品确定最合适的价格。

在制定定价策略之前，我们要考虑以下几个要素：

1. 商品成本

商品成本是定价策略中必不可少的一项成本支出，要想确定产品定价策略，就需要把商品推向市场的成本加起来。如果卖家是分销商，通过供应商拿货，就可以直接确定每件商品的成本是多少；如果是生产商，则还需确定原材料的成本，如一捆材料要多少钱？能用它生产多少件商品？

在定价时，我们必须充分考虑到成本支出，才能使业务进行盈利。

2. 明确商业目标

商业目标作为公司的商品定价策略指南，它能帮助商家完成定价决策并让商家朝着正确的方向前进。在定价前，商家需要明确自己的市场目标：这款商品的市场定位是什么？它是一个奢侈品还是一个 0.99 美元跑量的商品？还是想打造一个别致时尚但是亲民的品牌？商家需要确定商品的市场定位并在定价时牢记于心。

3. 确定目标消费者

这一步与上一步并存。商家的目标不只是确定健康的利润率，还应该确定目标消费者愿意为商品支付的价格。毕竟，如果没有消费者愿意为商品付费，再多的努力也是枉然。

在定价时，商家必须考虑目标消费者的可支配收入。例如，有些消费者可能更注重服装的价格，而另一些消费者则愿意为特定商品支付更高的价格。

4. 找到商家的价值主张

是什么使商家的商品真正与众不同？要想在众多竞争对手中脱颖而出，商家需要找到一个能反映价值观的定价策略。

例如，直面消费者的床垫品牌 Tuft & Needle 以合理的价格提供优质床垫。它的定价策略帮助其成为一个知名品牌，因为它能够填补床垫市场的空白。

（二）商品的定价方式方法

确定上述各项后，你需要选择一种定价策略。常见的定价策略包括以下几种：

1. 成本加成定价

成本加成定价，也被称为加价定价策略，是为商品或服务定价最简单的方法——在成本的基础上加一个固定的百分比，然后作为最终价格出售。

例如，一个产品的出口价格是 5 元。卖方根据商品成本、运输成本、平台成本和仓储成本，以一批货物为基础计算利润，然后以成本加利润的固定价格销售。

以一件 T 恤为例：

T 恤成本：5$

运输成本：3$

平台成本：1$

仓储成本：1.5$

人力成本：10$

目标利润率：35%

则通过成本加成定价，计算最终的售价为：

$$成本（5\$+3\$+1\$+1.5\$+10\$）\times 利润率(1+35\%) = 27.675\ \$$$

优点：成本加成定价的好处是计算不会花很多时间。商家只需要在成本基础上加一个百分比来设定售价。只要成本保持不变，它就能提供持续的回报。

缺点：成本加成定价未考虑到市场条件，如竞争对手定价或顾客感知价值。

2. 竞争性定价

顾名思义，竞争性定价是指以竞争对手的价格数据为基准，有意识地使商品定价低于竞争对手定价。该策略通常由商品价值驱动。例如，在商品高度相似的行业中，价格是唯一差别，而我们只需依靠价格来赢取顾客。

优点：如果能从供应商那里争取到较低的商品单价，同时减少成本并积极推广你的特别定价，那么这个策略可能很有效。

缺点：该策略不适合小型分销商。更低的价格意味着更少的利润，因此需要比竞争对手销量高。而且，根据所售商品的不同，顾客可能不会总是拿货架上价格最低的商品。

对于其他无法轻易分辨出区别的产品来说，加入价格战的必要性更少。依靠品牌吸引力并专注于目标客户群，可以减轻对竞争对手定价的依赖。

3. 价值基础定价

价值基础定价是指根据顾客认为的商品或服务价值来定价。这是一种让目标市场的需求发挥作用的外向型方法。它不同于成本加成定价，后者将商品成本纳入定价计算中。与销售标准化商品的公司相比，销售独特或高价值商品的公司更容易从价值基础定价中获益。

顾客更关心商品的感知价值（例如，他们如何提升自我形象），并愿意为其支付更多费用。

使用基础定价法的一些通用要求包括以下几点：
- 强大的品牌影响力。
- 高品质、受欢迎的产品。
- 创新营销策略。
- 与顾客的良好关系。
- 出色的销量。

价值基础定价在产品提升顾客自我形象或提供独特生活体验的市场很常见。例如，人们通常认为古驰（Gucci）或劳斯莱斯（Rolls-Royce）等奢侈品牌价值很高。这让这些品牌有机会将价值基础定价应用在商品价格上。公司必须拥有不同于竞争对手的产品或服务。

优点：价值基础定价法可以让你为商品标出更高的价位。实施这种定价方案的艺术品、时装、收藏品以及其他奢侈商品通常表现良好。它还能推动你打造创新产品，与目标市场产生共鸣并提升品牌价值。

缺点：要证明商品的附加价值是有挑战性的。你需要拥有特殊商品才能应用价值基础定价法。感知价值是主观的，并受许多文化、社会和经济因素影响，而这些因素是你无法控制的。没有可以判断价值基础价格的精确科学，因此价格通常更难设定。

4. 撇脂定价

撇脂定价策略是指电子商务企业收取顾客愿意支付的最高上市价，然后一段时间后进行降价。随着首批顾客的需求得到满足以及更多的竞争对手进入市场，企业降低价格以吸引新的、更注重价格的客户群体。

其目标是在需求高、竞争少的情况下获得更多收入。苹果公司使用这种定价模式来支付开发新产品的成本，比如 iPhone。

撇脂定价在以下场景下很有效：

- 有足够多愿意以高价购买新品的潜在买家。
- 高昂的价格吸引不了竞争对手。
- 降价对盈利能力和单位成本的影响较小。
- 高昂的价格被视为独家且优质。

优点：在推出新的创新产品时，撇脂定价可以带来较高的短期利润。如果你的品牌形象声誉良好，撇脂也有助于保持该形象并吸引愿意成为首批获得/拥有独家体验的忠实顾客。

在产品稀缺的情况下，该策略一样有效。例如需求高供应少的商品可以定价更高，而随着供应跟上，价格下降。

缺点：在竞争激烈的市场中，撇脂定价并不是最好的策略，除非你拥有一些其他品牌无法模仿的、真正不可思议的特点。如果你在推出后太快或大幅降价，它还会引来竞争，并且惹恼早期用户。

5. 渗透定价与折扣定价策略

众所周知，消费者喜欢促销、优惠券、折扣、换季定价及其他相关的降价。这就是为什么打折是所有行业零售商最常用的定价方法，在 Software Advice 的一项研究中，97%的受访者会使用折扣。

依靠折扣定价策略有几个好处。最显而易见的包括提高店铺人流量、减少积压库存和吸引对价格敏感的顾客群体。

优点：折扣定价策略对于为店铺吸引更多人流量以及甩卖过季或旧库存很有效。

缺点：如果使用得太频繁，它会带来廉价零售商的名誉，并可能阻碍消费者以正常价格购买产品。它还可能对消费者的质量感知产生负面的心理影响。

渗透折扣定价策略对于新品牌也很有用。其本质上是暂时用较低的价格推出新产品以获得市场份额。为了打入市场，许多新品牌愿意牺牲额外利润以提高顾客认知度。

六、发货设置

（一）发货过程中的注意事项

卖家在选择跨境物流时，应注意以下几点注意事项：

1. 商品是否适合国际物流运输

首先要了解商品运出国外需要哪些材料，也要了解这些商品是否适合进行长距离运输。在理想情况下，运送的物品包装应该是坚固的，以避免物品在运输过程中破损。

了解商品和特定国家/地区的进出口限制也很重要。商家售卖的某些商品在法律上被限制进口到某些国家/地区，或者从我们的国家/地区出口这类商品甚至是非法的，商家需要开拓国际市场前，考虑到所在国家和目标国家的相关法律要求。

2. 选择合适的物流渠道

同一项跨境物流运输服务并不会适合所有跨境电子商务卖家。了解哪种跨境物流运输服务最适合我们的业务和我们客户的需求，这才是我们选择跨境物流运输服务的出发点。

物流时效：物流时效是国际物流的重中之重，买家下单后都希望短时间内能收到货，所以在选择物流渠道时得结合买家对派送时效的要求。

运输成本：运输成本是制定运输方案时的首要考虑，国际货物运输具有运输里程长、环节多的特点，因此选择合适的运输方式对控制成本具有重要意义。

一般来说，海运成本低但是时效较长；航空物流时效短，但是成本相对较高；商业快递时间短但是成本高，平邮快递时间长但是费用低。

3. 目标国家的关税政策

不同国家的海关政策有所不同，了解目标国家的相关政策有助于商家更顺利地将货物送到买家手中，不了解目标国家的政策则很有可能导致商品被扣关等。

如统一关税代码：每件产品都有一个统一的关税代码，这是准备商业文件时所必需的。此代码表示产品的描述，在许多国家/地区都是法律要求的。如果未能为产品输入正确的代码，发货可能会延迟或可能导致更高的关税和税费。

海关文件：海关文件是进行国际运输货件时需要填写的文件。需要填写的文件内容取决于货件情况。这些文件包括但不限于：商业发票、出口报关单、原产地证书、关税和税收条约等。

关税和税款：进口货物的国家征收关税和税款，以产生收入并保护当地产业免受外国竞争。这些通常在货物从海关放行之前支付。这些费用可以由客户（未付运费）或商家（已付运费）支付。

4. 运输限制

国际贸易中运输方式的选择受货物体积和类型的限制。比如航空运输，虽然有速度和安全的特点，但不适合运输大批量、低价值的货物。由于航空运输能力和成本的限制，昂贵的货物和时效要求高的货物可以通过航空运输。由于国际贸易一般是大宗货物的交接，所以主要采用海运的方式，而某些大宗贸易货物更适合船舶运输。

（二）以 AliExpress 发货为例

在 AliExpress 平台接到买家订单后，商家可以选择线下发货与线上发货。

1. 线下发货

线下发货是指商家在线下寻找物流商，交货给物流商后，线下结算支付运费，发货后，商家在速卖通后台填写发货通知。

如果商家选择线下发货，可以按照以下步骤填写发货通知：

（1）登录速卖通后台，找到要发货的订单，单击"去发货"。AliExpress 线下发货-后台点击发货如图 4-28 所示。

图 4-28　AliExpress 线下发货-后台点击发货

（2）填写相关发货信息，提交发货通知。AliExpress 线下发货-填写发货信息如图 4-29 所示。

图 4-29　AliExpress 线下发货-填写发货信息

注意：
- 若订单无填写发货通知的按钮，可能是该笔订单的资金尚未到账，该阶段平台不建议商家发货。
- 填写发货通知时，如果提示跟踪号与承运方不符，请与物流商核实确认。由于复制粘贴运单号容易导致格式错误，建议手动输入。
- 商家发货时不得随意填写虚假运单号，如果恶意填写虚假运单号，平台将参照全球速卖通卖家虚假发货行为规范进行处罚。

2. 线上发货

线上发货是由阿里巴巴全球速卖通、菜鸟网络联合多家优质第三方物流商打造的物流服务体系。

商家可直接在速卖通后台在线选择物流商，在线创建物流订单，通过上门揽收或自寄的方式交货给物流商后，可在线支付运费。阿里巴巴作为第三方将全程监督物流商服务质量，保障卖家权益。

作为阿里巴巴旗下的平台，AliExpress 支持多种物流方式。AliExpress 的物流服务如图 4-30 所示。

AliExpress 的线上发货步骤如下：

（1）首先，进入 AliExpress 卖家中心，在未发货订单中选中相关订单，单击去发货。AliExpress 卖家后台-待发货订单-去发货如图 4-31 所示。

（2）选择线上发货。AliExpress 卖家后台-待发货订单-去发货-线上发货如图 4-32 所示。

图 4-30　AliExpress 的物流服务

图 4-31　AliExpress 卖家后台-待发货订单-去发货

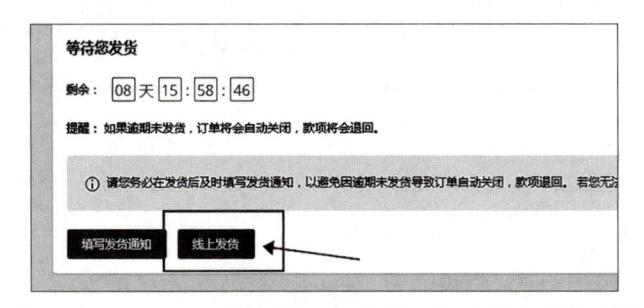

图 4-32　AliExpress 卖家后台-待发货订单-去发货-线上发货

（3）创建物流单。

根据页面内容，勾选本次需要发货的商品，并填写好其他相关信息。

① 基础信息。

创建物流单-基础信息如图 4-33 所示。

图 4-33　创建物流单-基础信息

② 选择物流方案，选择菜鸟上门揽收或自寄到中转仓。

创建物流单-选择物流方案如图 4-34 所示。

图 4-34　创建物流单-选择物流方案

选择菜鸟上门揽收页面如图 4-35 所示。选择自寄到中转仓如图 4-36 所示。

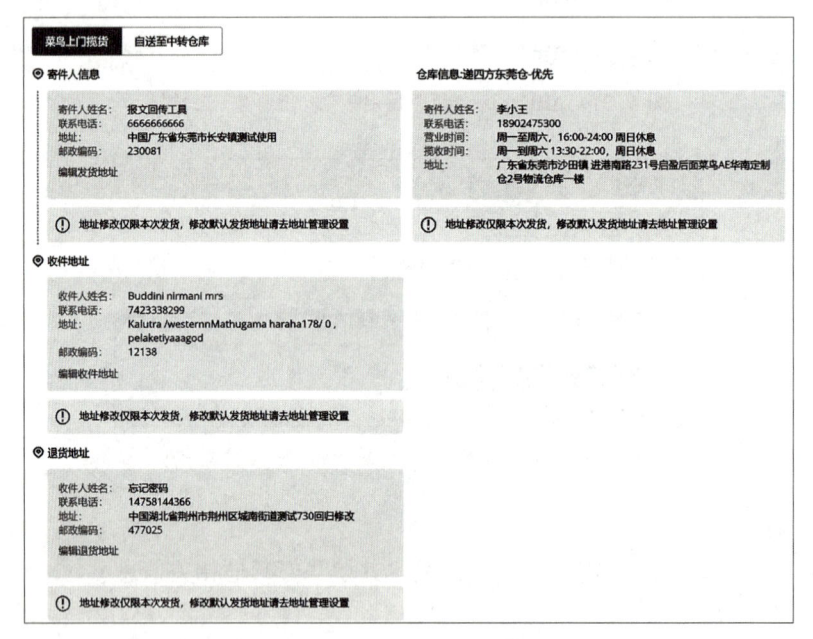

图 4-35　选择菜鸟上门揽收页面

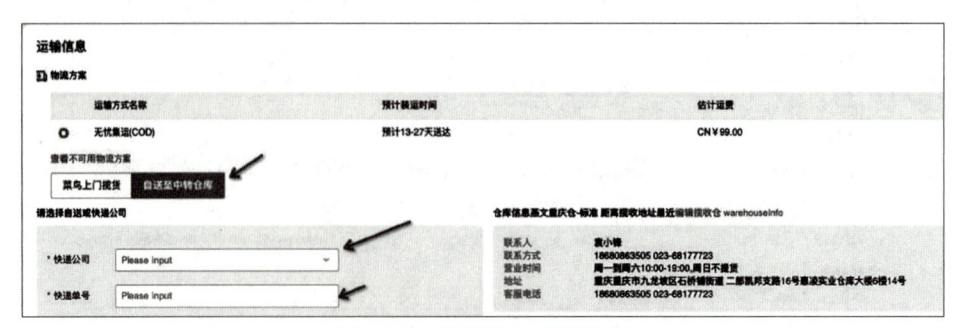

图 4-36　选择自寄到中转仓

(4) 确认相关信息后，单击提交即可创建物流订单。
确认完成物流订单界面如图 4-37 所示。

图 4-37　确认完成物流订单界面

(5) 然后打印发货标签等待揽收。
打印发货标签等待揽收如图 4-38 所示。

图 4-38　打印发货标签等待揽收

(6) 填写发货通知，声明发货。
商家进入国际小包订单页，等待卖家发货、待组包、已组包状态下可单击"填写发货通知"。
卖家进入后台，单击物流-国际小包订单。AliExpress 卖家中心-物流-国际小包订单如图 4-39 所示。

(7) 找到对应的待发货订单，选择"填写发货通知"，对单个物流单声明发货。找到对应的订单-填写发货通知如图 4-40 所示。
至此，AliExpress 平台单笔订单线上声明发货。

Amazon FBM 发货设置　　　　　　eBay 发货实操

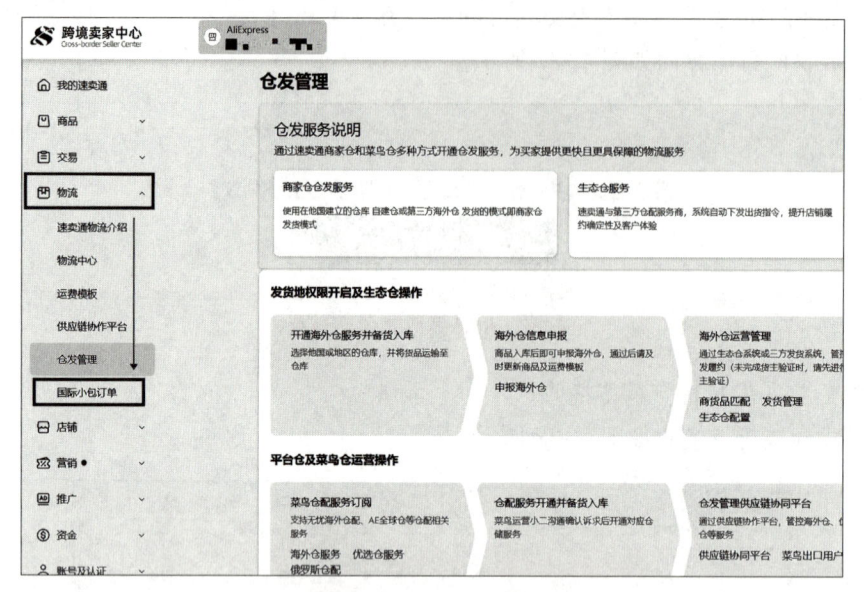

图 4-39　AliExpress 卖家中心-物流-国际小包订单

图 4-40　找到对应的订单-填写发货通知

学习模块二　AliExpress 发布产品

今天，我们将学习如何在速卖通平台上发布产品。

AliExpress 产品上架主要包括以下步骤：

- 基本信息。
- 产品信息。
- 价格和库存。
- 产品详情页。
- 包装和物流。
- 其他设置。

一、基本信息

（一）发布语系

首先，进入 AliExpress 卖家后台。在右侧，选择"产品"-"发布产品"，进入发布产品页面。AliExpress 卖家后台-商品-商品管理-新增商品如图 4-41 所示。

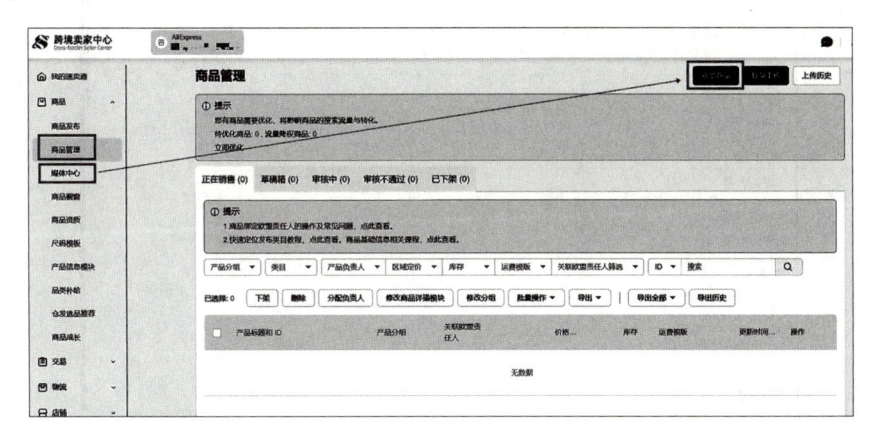

图 4-41　AliExpress 卖家后台-商品-商品管理-新增商品

发布语言主要是确认当前选择的发布语系，默认为英语，标题与详细描述将会以此语系作为起点，自动翻译成其他的语系。AliExpress 发布商品-基本信息-发布语系如图 4-42 所示。

图 4-42　AliExpress 发布商品-基本信息-发布语系

（二）商品标题

标题是吸引买家点击产品详细信息页面的关键因素，同时，标题的准确性也影响商品在前台的排序。优秀的产品名称应包括准确的产品关键字、能够吸引买家的产品属性等。

AliExpress 平台要求产品标题在 128 个字符内，同时也建议商家设置多语言标题。多语言标题能帮助带来更好的用户体验与更多的流量。AliExpress 发布商品-基本信息-商品标题-

多语言设置如图 4-43 所示。

图 4-43　AliExpress 发布商品-基本信息-商品标题-多语言设置

（三）类目

商家可以通过以下方式找到合适的类目：

- 在买家页面找到在搜索结果中排名较高的类似产品，并将产品链接或 ID 复制到工具以进行定位。
- 通过搜索核心产品关键字进行定位。
- 咨询供应商。

选择好合适的类目后，单击确定，进入产品编辑页面。AliExpress 发布商品-基本信息-选择合适的类目如图 4-44 所示。

图 4-44　AliExpress 发布商品-基本信息-选择合适的类目

二、产品信息

(一) 差异化设置

AliExpress 可以对核心市场进行差异化设置,从而在当地获得更好的转化效果。选中差异化国家设置后,在相应的板块,可以专门上传针对该核心市场的相关信息。

以韩国为例,在勾选差异化国家-韩国后,在标题、商品图片部分,可以上传专门面向韩国的相关产品信息。

(二) 商品图片

一张优秀的图片价值无限。产品的图片能够全方位、多角度展示商品,大大提高买家对商品的兴趣。建议商家上传不同角度的商品图片,每个产品最多可以同时上传6张图片。

需要注意的是,AliExpress 平台对知识产权保护非常重视,因此商家在上传产品信息时,确保有权使用相关的图片。所有内容均受知识产权和平台处罚条款的约束。

图片横纵比例建议为 1∶1(像素≥800×800)或 3∶4(像素≥750×1 000)且所有图片比例一致,5 M 以内 JPG、JPEG、PNG 格式;建议图片无水印、牛皮癣等信息。

AliExpress 产品发布-上传商品图片如图 4-45 所示。

图 4-45　AliExpress 产品发布-上传商品图片

(三) 产品视频

产品视频是现在主流的展示产品的一种模式。在 AliExpress 平台上,要求视频大小不超过 2 GB;格式要求为 AVI、JPG 或 MOV。为了更好地展示商品内容与播放,一般情况下,建议商品主图视频的视频纵横比与产品图片一致,时长在 30 秒到 1 分钟。

(四) 营销图

场景营销图有两种类型,一种是 1∶1 的白底图,另外一种是 3∶4 的场景图。

1. 白底图

白底图要求宽高比(宽×高)必须为 1∶1,最小分辨率为 800×800 像素(推荐:1 000×1 000 像素)。背景应该是纯白色的。AliExpress 产品发布-优质白底图示例如图 4-46 所示。

2. 场景图

场景图要求宽高比必须为 3∶4,最小分辨率为 750×1 000 像素(推荐 750×1 000 像素),

背景应为纯白色（首选）或显示真实环境。AliExpress 产品发布-优质场景图示例如图 4-47 所示。

图 4-46　AliExpress 产品发布-优质白底图示例

图 4-47　AliExpress 产品发布-优质场景图示例

建议商家在选择营销图时，选择最能代表产品的图片。该图片将显示在搜索结果、产品推荐、渠道、促销等场景中。具有合格特色图片的产品将获得更多曝光。

（五）属性

不论对买家或者商家而言，正确填写产品属性都非常重要。正确填写产品属性不仅可以增加产品的曝光机会，还可以让买家对产品有更全面的了解。AliExpress 产品发布-产品属性填写如图 4-48 所示。

图 4-48　AliExpress 产品发布-产品属性填写

如果平台本身的属性无法满足产品需求，商家也可以通过添加自定义属性描述产品。请准确填写产品属性，尤其是系统标记为"※"的属性，可以增加曝光机会。填写产品属性还可以让买家对产品有更全面的了解。

(六) 资质信息

如果在以下国家/地区销售产品，请确保上传"国家/地区"标签中要求的产品资格，否则产品可能无法在该国家/地区显示。AliExpress 产品发布-添加商品资质信息如图 4-49 所示。

图 4-49　AliExpress 产品发布-添加商品资质信息

三、价格与库存

价格和库存部分包含有关单位、销售、颜色、尺寸、发货、当地价格、批发价格和其他相关细节的信息。

（一）最小计量单元与销售方式

产品的最低销售单位通常默认为件/个，销售方式可选按件或打包出售，通常默认为按件出售。AliExpress 产品发布-最小计量单元如图 4-50 所示。

图 4-50　AliExpress 产品发布-最小计量单元

（二）颜色

商家可根据系统或自定义产品颜色。

在第一列中选择相应的产品颜色，在第二列中输入相应的属性信息，也可以自定义颜色名称，自定义颜色名称要求内容为字母、数字。每个颜色下至少有一张正面图（套装产品，需上传一张包含所有商品的展示图）。AliExpress 产品发布-选择商品颜色如图 4-51 所示。

图 4-51　AliExpress 产品发布-选择商品颜色

（三）尺寸

部分产品信息包含尺寸。尺寸的长度也可以通过自定义展示。

（四）发货地

即发货所在国家。如果在国内装运，选择中国作为装运原产地；如果产品在海外仓库，根据仓库位置选择相应的国家。

（五）产品售价

第一列为产品的零售价，即产品在未做任何促销或折扣之前的价格。第二列为产品的库存数量，商家应根据实际情况填写库存数量。商品编码可根据商品的实际编码填写，也可以由商家自定义填写。

最后一列为预估含税零售价，根据欧盟以及英国相关法律、法规要求，平台协助商家展示销售至欧盟地区商品的含税价，以方便商家对前台售价做清晰了解。

AliExpress 产品发布-选择商品发货地如图 4-52 所示。

图 4-52　AliExpress 产品发布-选择商品发货地

（六）区域定价

商家可以根据实际情况为不同国家/地区设置不同的价格。区域定价可根据零售价格进行调整，降价幅度不得超过 50%。

（七）批发价

卖家可以根据自己的利润决定是否支持批发定价。AliExpress 产品发布-设置批发价如

图 4-53 所示。

图 4-53 AliExpress 产品发布-设置批发价

四、详细描述

(一) 详描语言

默认详描编辑使用英语，系统会自动基于英语详描翻译其他语言。注意：如果任一语言的详描被点开编辑过，系统将不再基于英语详描翻译，且无法恢复为默认状态。

(二) PC 详描编辑与无线详描编辑

PC 详描内容用于所有非 APP 端浏览 AE 商品时的详描展示。无线详描内容用于 APP 端浏览商品时的详描展示。

PC 和移动详细描述编辑器是独立编辑和显示的，并根据每个平台的显示要求有单独的页面布局。一端完成编辑后，可以快速导入另一端。

AliExpress 产品发布-PC 详描编辑如图 4-54 所示。

图 4-54 AliExpress 产品发布-PC 详描编辑

五、包装和物流

(一) 发货周期

发货时间从买家下单付款成功且支付信息审核完成（出现发货按钮）后开始计算。假如发货期为 3 天，如订单在北京时间星期四下午 17:00 支付审核通过（出现发货按钮），则必须在 3 日内填写发货信息（周末、节假日顺延），即北京时间星期二下午 17:00 前填写发货信息。若未在发货期内填写发货信息，系统将关闭订单，货款全额退还给买家。建议及时填写发货信息，避免出现货款两失的情况。AliExpress 产品发布-设置发货期如图 4-55 所示。

图 4-55　AliExpress 产品发布-设置发货期

(二) 物流重量

物流重量是指包括包装在内的重量。不准确的信息将导致额外的运输成本和运输失败。

商家也可以自定义计重方式。比如设置买家购买多少件以内，按照按单件产品重量计算运费；当买家购买多件时，适当地根据产品重量收取一定运费。

AliExpress 产品发布-填写商品重量与计重方式如图 4-56 所示。

图 4-56　AliExpress 产品发布-填写商品重量与计重方式

(三) 物流尺寸

在跨境物流中，有多种运费计算方式，其中常说的抛重，可以理解为体积重量，一般指的是抛货/轻货的体积重。在一般情况下，比如海运中，当抛重大于实重时，就是按照体积计算物流费用。因此，正确地填写物流尺寸也非常重要。

当完成自定义权重信息的填写后，系统将按照商家的设置来计算总运费；对于产品实际重量的主要体积，请仔细选择填写，填写后可以计算体积重量。AliExpress 产品发布-填写产品包装尺寸如图 4-57 所示。

图 4-57　AliExpress 产品发布-填写产品包装尺寸

（四）运费模板

速卖通预先设置了一套新手货运模板，新手运费模板中的 EMS 服务已经预设第三方物流服务商提供的运费折扣。该折扣包含了约 10 元的额外费用，便于商家抵消除国际运费以外的其他可能产生的费用，如国内快递费。

商家可以根据实际情况，更改折扣生成自定义模板。AliExpress 产品发布-设置运费模板如图 4-58 所示。

图 4-58　AliExpress 产品发布-设置运费模板

六、其他设置

（一）产品分组

产品分组能帮助买家快速查找商品，也方便商家管理商品。商家可以根据需要设置多个产品组，将同一类产品放在一个产品组内。AliExpress 产品发布-其他设置-产品分组如图 4-59 所示。

图 4-59　AliExpress 产品发布-其他设置-产品分组

（二）减库存方式

下单减库存：买家拍下商品后即锁定库存，付款成功后进行库存的实际扣减。如超时未付款释放锁定库存，该方式可避免超卖（当商品库存接近 0 时，如多个买家同时付款，可能会出现"超卖缺货"）发生，但是存在被恶拍（即恶意将商品库存全部拍完）风险。

付款减库存：买家拍下商品且发起付款时锁定库存，付款成功后进行库存的实际扣减。如超时未付款释放锁定库存，该方式可较大概率避免商品被恶拍，也可避免超卖发生（当买家选择线下支付或者使用第三方支付方式时，可能会出现"超卖缺货"）。

AliExpress 产品发布-其他设置-减库存方式如图 4-60 所示。

图 4-60　AliExpress 产品发布-其他设置-减库存方式

（三）关联欧盟责任人

欧盟《市场监督条例（EU）2019/1020》于 2021 年 7 月 16 日生效。新法规要求在欧盟境内（不包括英国）销售的部分商品（与 CE 合规商品范围高度重合），需要在 2021 年 7 月 16 日之前确保"欧盟责任人"负责产品合规。请确保销售欧盟的 CE 相关商品带有欧盟责任人的信息。此类信息标签可以贴在商品、商品包装、包裹或随附文件上。AliExpress 产品发布-其他设置-关联欧盟责任人如图 4-61 所示。

图 4-61　AliExpress 产品发布-其他设置-关联欧盟责任人

最后，单击"提交"成功完成产品发布。

学习模块三　Amazon 产品发布

在 Amazon 上，Listing 就是商品详情页。每一款商品上传成功后，会生成一个独立的 Listing 页面。

作为亚马逊卖家，Listing 是商品最直观的展现方式，也是消费者全面了解商品最有效的途径。Listing 由分类节点、搜索关键词、图片、标题、商品要点、商品描述、A+/高级 A+、品牌名称等 8 个基本要素及其他要素组成，一个高质量的 Listing 能帮助商家提升销量。

在不同的使用场景下，卖家可以选择单个上传与批量上传两种方式来上传 Listing。

今天，我们将介绍如何在 Amazon 上单个上传 Listing。单个上传有两种方式，分为创建新商品信息和匹配现有的商品信息，即跟卖。

一、创建新商品信息

（1）在"目录"或"库存"下拉菜单单击"添加商品"。Amazon 卖家后台-目录-添加商品如图 4-62 所示。

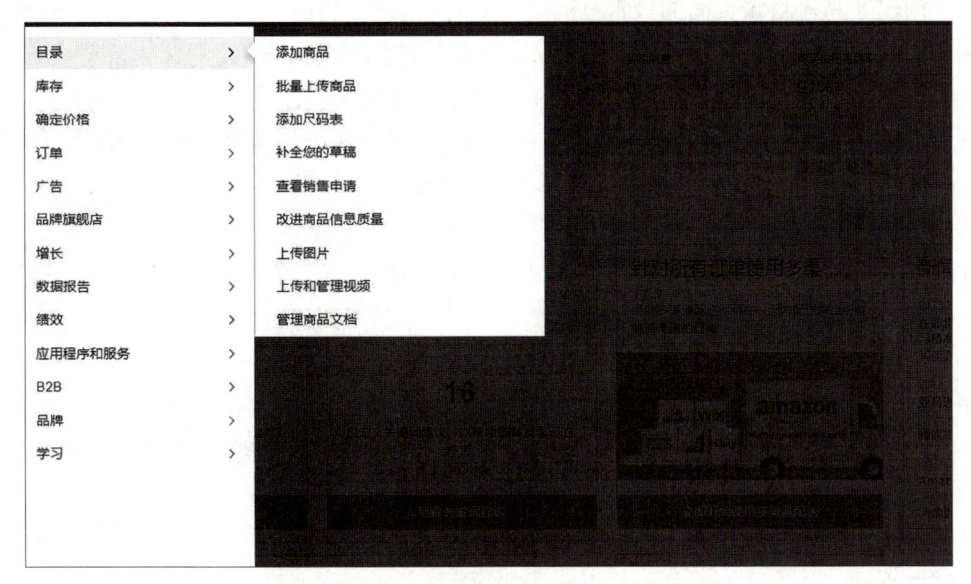

图 4-62　Amazon 卖家后台-目录-添加商品

（2）单击"我要添加未在亚马逊上销售的新商品"。Amazon 卖家后台-添加新商品如图 4-63 所示。

图 4-63　Amazon 卖家后台-添加新商品

（3）输入产品信息。

① 变体。

亚马逊变体是根据尺寸、颜色、口味等彼此关联的商品集合。买家根据不同的属性，通过商品详情页面上提供的选项比较和选择商品。

产品如果有变体的话可以进行编辑，如果没有的话，这部分可以省略。

如果商品是变体的话，可以在页面中选择变体的主题。

② 商品编码。

大部分商家需要提供一个称为 GTIN（全球贸易项目代码）的唯一商品编码，才能创建新的商品信息。如果卖家的商品没有商品编码，查询亚马逊目录也没有匹配的现有商品，卖家需要申请全球贸易项目代码豁免才能创建 Listing。

用于创建亚马逊目录页面的最常见的全球贸易项目代码有：

- 通用商品编码（UPC）：可帮助卖家销售商品的标准商品编码。
- 国际标准图书编码（ISBN）：专门用于图书的商品编码，通常与出版日期关联。
- 欧洲商品编号（EAN）：专门用于欧洲商城商品的一种商品编码，也称为国际商品编号。
- 日本商品编号（JAN）：专门用于日本商城商品的一种商品编码。

③ 商品名称。

优质的商品名称是保证亚马逊商城提供良好买家体验的关键。但是，在编写标题时，仍然有一些规则需要遵守。

④ 品牌。

- 亚马逊将品牌视为代表一款商品或一组商品的名称。
- 同一品牌的商品在商品自身或其包装上标有统一的名称、徽标或其他识别标记，用来将这些商品与不属于该品牌的相似商品区分开来。
- 品牌注册成功后，若要发布商品，其品牌名称的拼写与大小写必须与提交申请品牌批准时完全一致。

Amazon 卖家后台-品牌信息如图 4-64 所示。

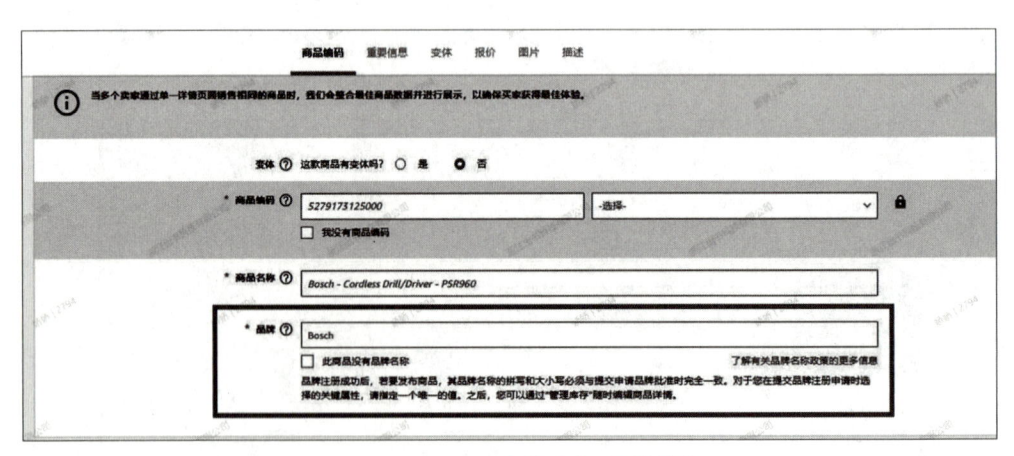

图 4-64　Amazon 卖家后台-品牌信息

（4）上传产品图片。

亚马逊对 Listing 的图片和文案都有非常详细的格式和内容要求，格式错误、内容超限，可能导致不能显示、不能被搜索甚至暂停展示等后果。卖家开始准备图片和文案时，就要对照亚马逊官方要求规范进行。Amazon 卖家后台-上传图片信息如图 4-65 所示。

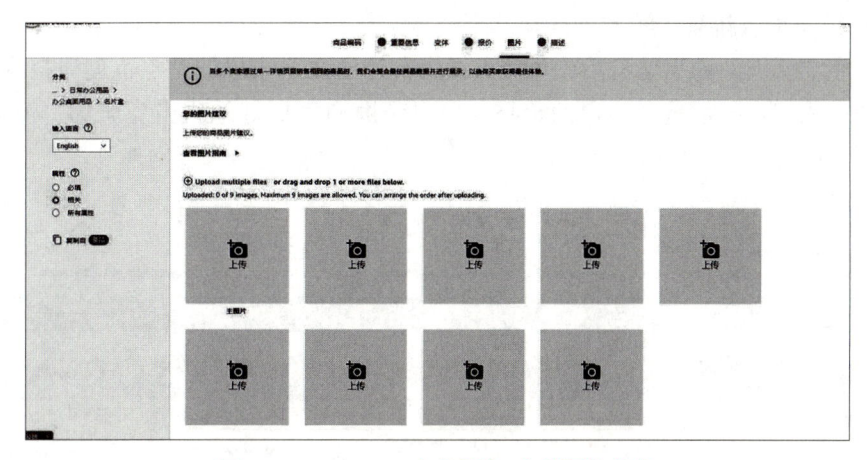

图 4-65　Amazon 卖家后台-上传图片信息

（5）单击"报价"栏，输入主要站点信息。报价信息包含价格、数量和主要站点商品信息。

① 卖家 SKU。

SKU 就是商品编号，用于管理店铺上的所有在售（和非在售）产品，每个 SKU 对应 1 个（或 1 套）完整的产品。在上架产品到亚马逊时，SKU 为必填项目，具有唯一性，第一次填完保存后，无法再次修改。

如果没有输入卖家 SKU，在发布好 Listing 单击保存并上传后，亚马逊系统会随机生成一个 SKU。

② 价格。

根据商家自行定价的情况填写售价。

③ 状况。

产品状况要选择"全新"或者"New"。

④ 配送渠道。

如果商家是做 FBA 则不需要选择和设置；如果商家是做 FBM 就需要填写。Amazon 卖家后台-产品发布-报价如图 4-66 所示。

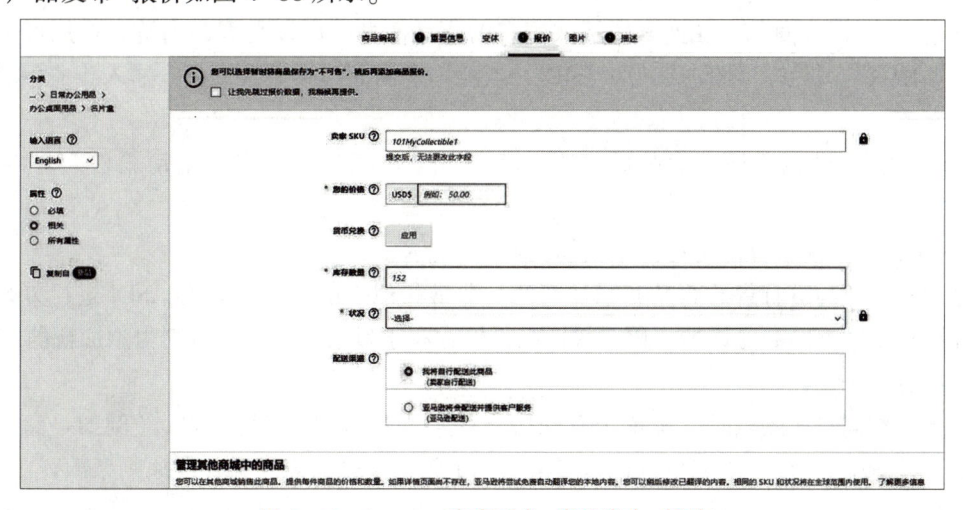

图 4-66　Amazon 卖家后台-产品发布-报价

(6) 一键同步该新商品的 Listing 至多个全球站点。

在输入主要站点的商品信息后，可以选择为其他已注册账户的站点也创建报价。通过为不同的站点输入特定的数量和特定的价格，可以帮助商家更好地提升竞争力。Amazon 卖家后台——键同步站点如图 4-67 所示。

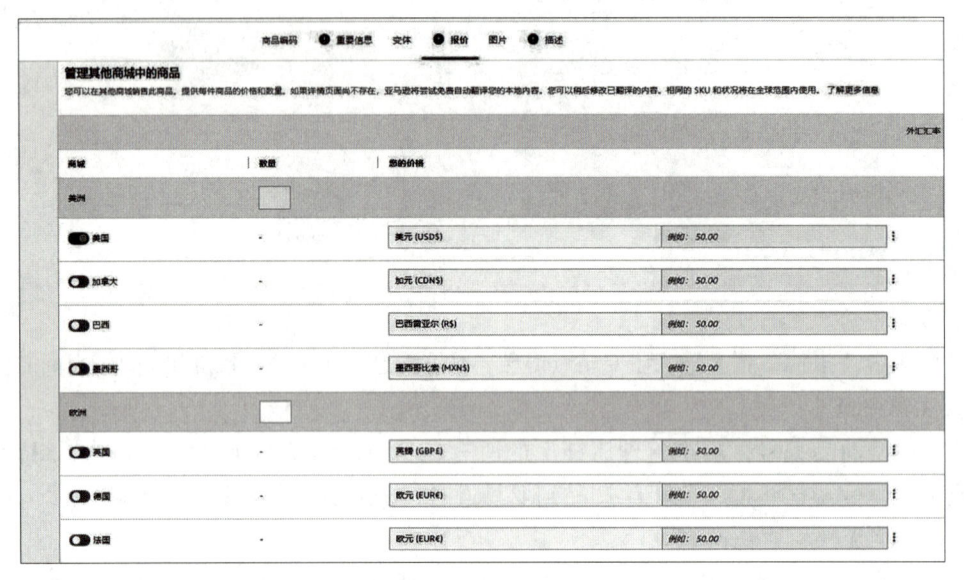

图 4-67　Amazon 卖家后台-一键同步站点

(7) 保存与提交。

输入各站点的详细信息后，就可以保存并提交 Listing。当商品详情信息更新完毕后，单击"保存并完成"，即可成功创建新商品。

二、跟卖

跟卖即添加已在 Amazon 上销售的商品，操作步骤如下：

(1) 登录卖家后台。

通过目录-添加商品，在搜索栏输入现有的商品信息，可以是商品名称、通用产品代码（UPC）、EAN、国际标准图书编号（ISBN）或亚马逊商品编码（ASIN），输入相关信息后并进行搜索。

(2) 找到自己想添加的商品后，选"状况"下拉菜单并单击"申请销售"（Sell this product）。

Amazon 卖家后台-目录-选择跟卖如图 4-68 所示。

添加已在亚马逊有售的商品和添加新商品非常相似，前者针对现有 ASIN 进行处理，卖家不需要提供额外的商品详情，因为该商品已经存在于目录中；而后者则为添加新的 ASN 商品详情内容。

注意：在同步多站点时，卖家会看到所有站点中该商品的限制信息（例如：商品创建过，但已被删除），便于卖家更准确地了解商品上线某个站点需要遵循的原则条款。

图 4-68　Amazon 卖家后台-目录-选择跟卖

学习模块四　eBay 店铺产品刊登

今天，我们将介绍 eBay 商品刊登流程。

（1）进入发布页面。

登录 eBay 卖家中心，单击上面菜单栏里的"出售"。进入卖家专区，在"管理在售物品"中，选择"物品刊登"，或者是创建物品刊登，选择"单件物品刊登"，进入产品发布页面。

eBay 卖家后台-物品刊登-创建物品刊登如图 4-69 所示。

图 4-69　eBay 卖家后台-物品刊登-创建物品刊登

（2）开始刊登物品。

在"开始刊登物品"中，在框内输入产品核心关键词或已经拟好的标题，例如 women dress。此时在输入框下方，eBay 会根据商家输入的关键词弹出相应的产品所属分类供商家选择，商家可以选择相应的分类进行下一步，也可以不选分类，直接单击蓝色搜索按钮进行下一步。eBay 卖家后台-单件物品刊登如图 4-70 所示。

（3）选择类目。

选用正确的类别是宝贝能否获得高质量流量的关键。一般来说，在我们输入正确的核心关键词后，eBay 会将最佳类别默认为第一位。如果平台推荐的类目不符合需求，商家也可以单击类目重新选择合适的类目。

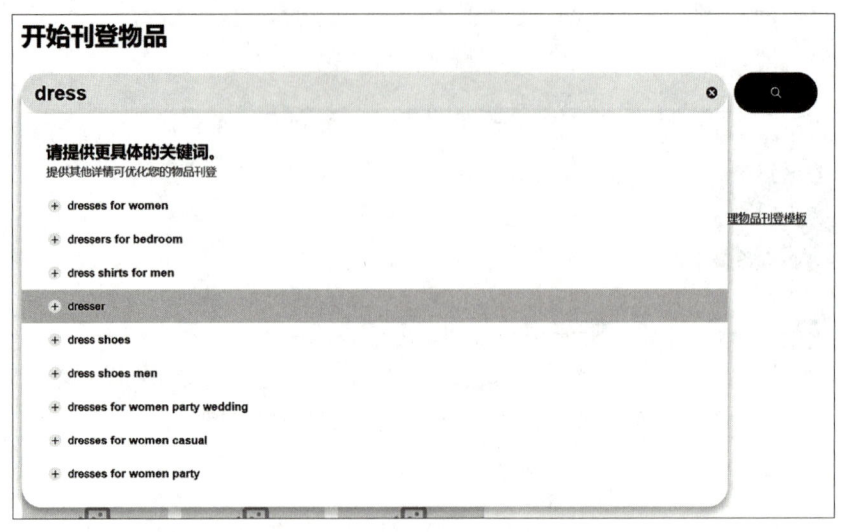

图 4-70　eBay 卖家后台-单件物品刊登

（4）选择物品状况。

用于描述物品状况的选项因类别而异。此处我们上传的商品为服装类，物品状态主要分为以下几种：

- 全新带吊牌/包装盒：即崭新的、未使用过的、未穿过的物品（包括手工制作的物品），装在原始包装（如原始盒子或袋子）和/或贴着原始标签。
- 全新无吊牌：全新的、未使用过的、未穿过的物品（包括手工制作的物品），不在原包装中或可能缺少原包装材料（如原盒或原袋）。原始标签不能被附加。
- 二手：以前使用过的物品。物品可能有外观上的磨损，但完全可以正常使用和工作。

eBay 卖家后台-选择物品状况如图 4-71 所示。

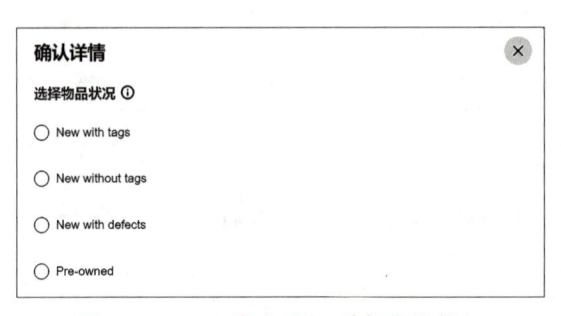

图 4-71　eBay 卖家后台-选择物品状况

（5）添加图像与视频。

精美的图片和优质的视频，不仅可以增加曝光度、点击率，还能增加转化率。eBay 卖家后台-上传图片与视频如图 4-72 所示。

（6）输入标题。

- 最多可以输入 80 字符；尽量把标题写满。
- 如果想要标题更加突出，可以使用加粗标题，但是加粗标题需要付费，费用为 2.00 美元。
- 也可以使用副标题，副标题以列表浏览的形式在 eBay 搜索结果中显示，可提供更多描述信息从而提高买家的兴趣。但是同样使用副标题需付费无论物品是否售出，商家都需要支付 $1.50 的刊登升级费。

- 商家可以创建自定义标签，输入要追踪的信息，例如库存单位（SKU）编号。

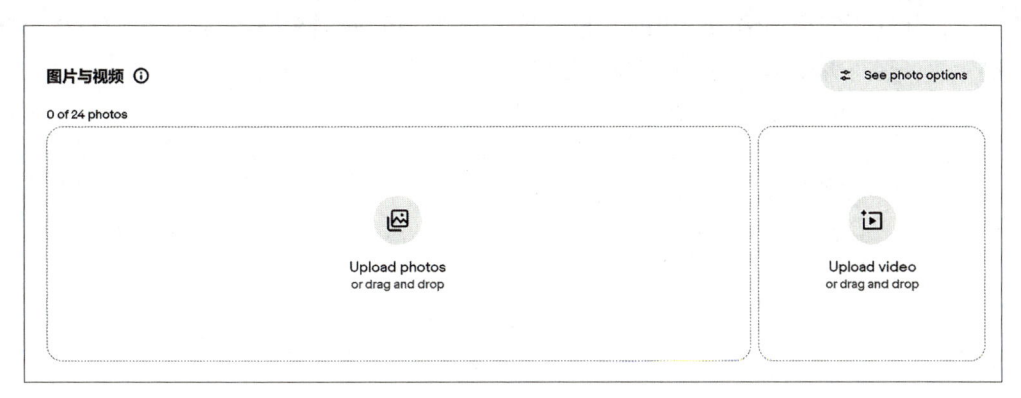

图 4-72　eBay 卖家后台-上传图片与视频

eBay 卖家后台-标题填写如图 4-73 所示。

图 4-73　eBay 卖家后台-标题填写

（7）物品详情。

即物品属性，物品详情可能包括品牌、尺寸、类型、颜色、样式或有关所售物品的其他信息。eBay 卖家后台-输入物品详情如图 4-74 所示。

图 4-74　eBay 卖家后台-输入物品详情

建议把全部属性都填好，如果系统没有推荐合适的属性，商家可以自定义添加属性。

（8）商品描述。

eBay物品详情描述页面是售前让买家了解物品详情的有效渠道，像广告一样是吸引买家的注意力，并向买家说明物品特色的大好机会。完整且清晰的物品详情描述页面可让物品展示得更专业，还可大幅提升物品的浏览次数及出售机会。

eBay卖家后台-输入商品详描如图4-75所示。

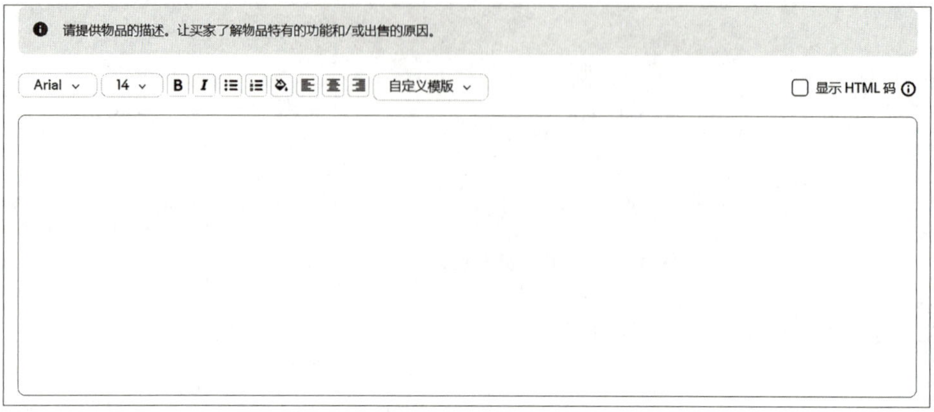

图4-75　eBay卖家后台-输入商品详描

（9）价格设置。

形式包含拍卖与立即购买两种形式。

① 拍卖。

拍卖是指卖家提供一个物品，设定起标价，拍卖期间，买家对刊登的物品出价竞投。拍卖结束以后，最高出价者以中标的金额买下物品。拍卖适用于以下几种情况：

- 无法确定物品确切的价值，但希望快速出售，让市场来决定物品的价格。
- 有独特和稀有的，且能产生需求并引起竞标的物品，拍卖能使您的利润更大。
- 正在使用eBay拍卖刊登方式，且有着较高的成交率（物品通常刊登后即被买走）。
- 不定时销售，且没有近期的成交能使您的物品搜索排名提升。"拍卖方式"刊登能让物品有提升排名的机会，即按照"即将结束的物品"排序时。

② "定价"或"立即购买"。

使用定价形式的"立即购买"物品刊登，可以让买家知道需要为物品支付的确切价格，并且可以立即完成购买。定价式物品刊登不提供出价选项。

默认情况下，定价式物品刊登设置为"长期在线物品"。这意味着物品每个月都将在eBay上重新刊登，直到物品售出或结束物品刊登。

以下情况适用于使用"定价"式"立即购买"物品刊登时的价格：

- 有多个物品，可整合到一次刊登中。
- 有大量库存商品，希望尽量减少刊登费。使用30天在线刊登并尝试通过自动更新来提高效率。
- 希望物品上线时间超过7天供买家选择。

eBay 卖家后台-设置价格-拍卖形式如图 4-76 所示。

图 4-76　eBay 卖家后台-设置价格-拍卖形式

③ 使用"议价"。

若在 eBay 物品刊登中添加议价选项时，即商家同意买家针对商品进行价格谈判。买家提出议价后，商家可以选择接受、拒绝或进行还价。如果商家希望吸引感兴趣的买家购买的物品，也可以向买家发送议价。eBay 卖家后台-设置价格-允许议价如图 4-77 所示。

图 4-77　eBay 卖家后台-设置价格-允许议价

（10）运送方式。

亚马逊共有三种运送方式，不同方式对应的运费计算方式有所不同。

- 标准运送：标准运送适合绝大部分产品，选择标准运送后，商家可以选择运费类型。
- 货运：超大尺寸物品。
- 仅本地领取：向附近买家出售。

（11）发货时间。

一般情况下默认买家付款后 3 天内发货。

（12）退换货。

同时商家也可以根据情况选择是否接受国内退货或者国际退货。

- 退货期限：30 天或者 60 天。

- 退货运费付款方：买家支付或者由商家支付。
- 退款方式：退款或者替换物品。

(13) 商品刊登。

设置好以上信息后，系统会统计商家的刊登费用，如是否超过免费刊登的数量，是否选择了附加服务等进行统计，商家支付费用后即可刊登商品。

学习模块五　TikTok 店铺商品刊登

在 TikTok 平台，商品信息由以下四个部分组成：
- 基本信息。
- 商品详情。
- 销售信息。
- 运输和保修。

可以通过以下两种方式上传商品：
- 单个上传商品。
- 批量上传商品。

一、单个上传商品

（一）操作路径

打开 TikTok 卖家中心，选择商品-商品管理-新增商品，进入商品发布页面。TikTok 卖家后台-商品-商品管理-新增商品如图 4-78 所示。

图 4-78　TikTok 卖家后台-商品-商品管理-新增商品

（二）基本信息

基本信息包括产品名称、类目、仓库和品牌。

(1) 商品名称。

所有商品标题必须准确、简洁，并包括客户进行知情购买所需的所有基本信息。产品名称也必须使用当地市场公认的语言。标题最多可包含 188 个字符。

商品名称应包括关键信息，例如：

- 商品品牌（如果由品牌所有者授权）。
- 商品类型。
- 主要商品特征，如材料、颜色、尺寸、型号或数量。

TikTok 卖家后台-商品-商品发布-基础信息-商品名称如图 4-79 所示。

图 4-79　TikTok 卖家后台-商品-商品发布-基础信息-商品名称

(2) 类目。

如果卖家将商品放在与实际销售商品不匹配的类别和/或子类别下，商品列表将被标记为"不正确的类别"。

卖家有以下两种选择相关商品类别的方式：

- 从可用类别列表中进行选择。
- 通过输入关键词。

TikTok 卖家后台-商品-商品发布-基础信息-选择类目如图 4-80 所示。

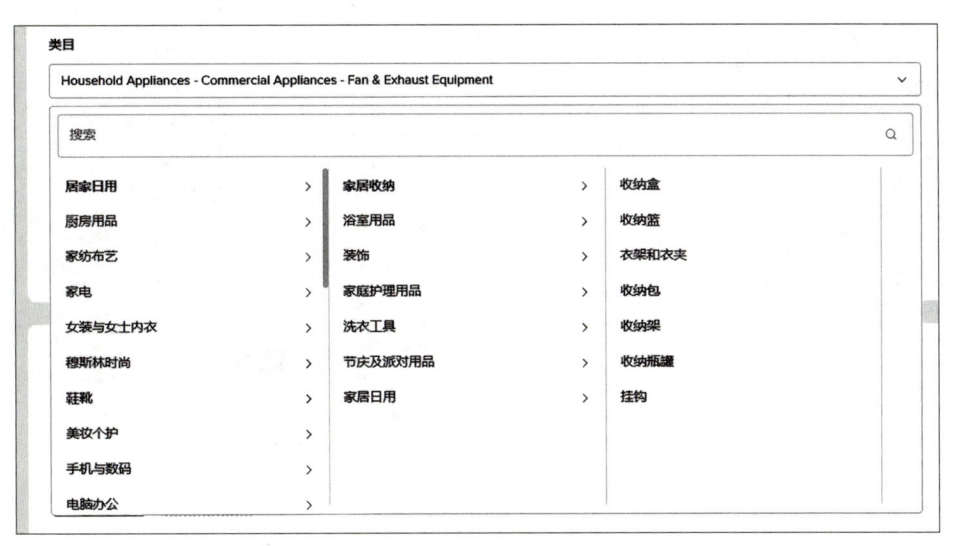

图 4-80　TikTok 卖家后台-商品-商品发布-基础信息-选择类目

(3) 仓库。

如在仓库地址中设置了多仓需要填写仓库信息。TikTok 卖家后台-商品-商品发布-基础信息-选择仓库如图 4-81 所示。

图 4-81　TikTok 卖家后台-商品-商品发布-基础信息-选择仓库

（4）品牌。

• 对于有品牌的商品，卖家可以在平台的品牌池中搜索带有关键字的品牌。此处选择的品牌不受资格限制。如果一个品牌存在于品牌池中并且风险不高，则可以选择它。

• 对于已提交并接受资格的品牌，卖家可以在品牌名称后看到"授权"一词。买家还将在商品详细信息页面上看到品牌名称。

• 对于尚未提交或接受资格的品牌，卖家可以在品牌名称后看到"未经授权"。买家也看不到品牌。

• 重要提示：对于品牌商品，卖方需要上传相关证书以证明公司是商标所有人、一级授权卖方（授权分销商），或二级授权卖方（指定经销商）。

注意：

• 资质已提交过审的品牌，品牌下方显示 Authorized 字样，用户会在商品详情页看到品牌字段。

• 资质未提交过审的品牌，品牌下方显示 Unauthorized 字样，不会在用户端透出。

TikTok 卖家后台-商品-商品发布-基础信息-选择品牌如图 4-82 所示。

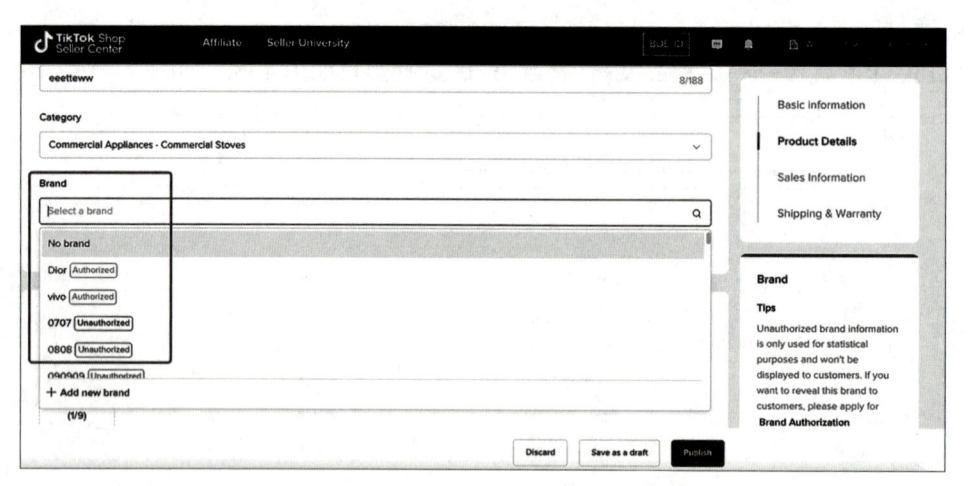

图 4-82　TikTok 卖家后台-商品-商品发布-基础信息-选择品牌

（三）商品详情

商品详细信息包括商品图片、商品描述和视频。

（1）商品图片。

• 每个商品最多 9 张图片。

• 1∶1 纵横比。

- 高度或宽度至少 600 像素。
- 每个图像最多 5 MB。

TikTok 卖家后台–商品详情–上传商品图片如图 4–83 所示。

（2）商品描述。
- 用文字和要点描述产品。
- 添加多达 30 个相关横幅或图像。

TikTok 卖家后台–商品详情–添加商品描述如图 4–84 所示。

图 4-83　TikTok 卖家后台–商品详情–上传商品图片

图 4-84　TikTok 卖家后台–商品详情–添加商品描述

图 4-85　TikTok 卖家后台–商品详情–视频上传

（3）视频（可选）。
- 建议视频比例：1∶1、9∶16 或 16∶9。
- 最大视频文件大小：20 MB。

TikTok 卖家后台–商品详情–视频上传如图 4–85 所示。

（4）销售信息。

添加销售属性后，将自动生成 SKU 清单，商家需要填写 SKU 信息。TikTok 卖家后台–商品详情–输入销售信息如图 4–86所示。

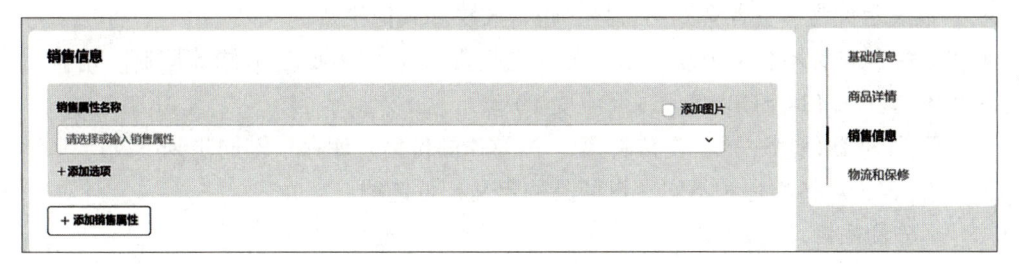

图 4-86　TikTok 卖家后台–商品详情–输入销售信息

（5）变体列表。
- 如下列变体信息一致，支持将第一个变体的价格、库存一键同步到下列所有变体。
- 卖家最多可以添加 3 种变体（例如颜色、尺寸、长度或面料类型）。
- 卖家可以针对不同的变体上传产品图片。

- Seller SKU 指的是商家对不同变量商品的定义，即自定义名称，可选填。

TikTok 卖家后台-商品详情-变体列表如图 4-87 所示。

图 4-87　TikTok 卖家后台-商品详情-变体列表

（6）商品识别码。

商品标识符代码也称为 GTIN，是唯一的标识符。最常用的 GTIN 是通用商品代码（UPC）、国际标准书号（ISBN）、欧洲商品编号（EAN）。商家填写的商品识别码应在 GS1 数据库中注册。TikTok 卖家后台-商品详情-商品识别码如图 4-88 所示。

图 4-88　TikTok 卖家后台-商品详情-商品识别码

（7）价格。
- 本地展示价为消费者看到的价格，包含关税和其他税费。
- 本地完税价为不含增值税，由于英国税收要求和 TikTok Shop 物流限制，请确保本地化最终价格+运费≤134.5GBP×（1+增值税%）。
- 如下列 SKU 信息一致，支持将第一个 SKU 的价格、库存一键同步至下列所有 SKU。
- Seller SKU：指的是对不同变量商品的定义，可选填。

（8）运输和保修。
- 商品重量：包裹重量 0<X<100 kg。
- 商品尺寸：长、宽、高分别<1 000 cm，体积重：（长×宽×高）/8 000≤100 kg，输入商品信息后将展示预估费用，仅供参考，实际运费会根据商品重量与尺寸改变而改变。
- 服务期限 & 服务条款（选填）：为商品选择支持的售后服务期限，服务条款请使用英文填写。

TikTok 卖家后台-商品详情-输入运输和保修信息如图 4-89 所示。

图 4-89　TikTok 卖家后台-商品详情-输入运输和保修信息

(9) 发布商品。

商品创建完成，选择"现在发布"。TikTok 卖家后台-商品详情-商品发布如图 4-90 所示。

图 4-90　TikTok 卖家后台-商品详情-商品发布

(10) 发布至对应国家站点。

发布商品至对应国家，右侧状态可查看目前商品发布情况，根据下方提示做修改。TikTok 卖家后台-商品详情-商品发布如图 4-91 所示。

二、批量上传产品

(1) 进入路径。

打开 TikTok 卖家后台，单击商品→管理商品，单击右上角"批量工具→批量上传商品"。

图 4-91　TikTok 卖家后台-商品详情-商品发布

TikTok 卖家后台-批量上传商品如图 4-92 所示。

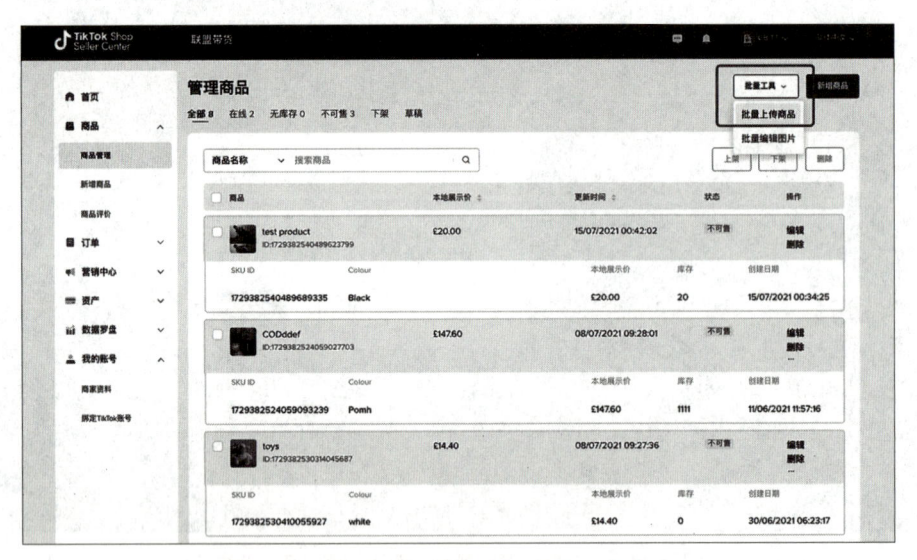

图 4-92　TikTok 卖家后台-批量上传商品

（2）下载模板。

根据关键字搜索目标类目，选择要上传的商品类目、品牌，下载后根据模板的提示内容完成填写。

注意：
- 一行代表一个 SKU，若一个 SPU 有多个 SKU，请填写多行。
- 如何设置一个 SPU 下的多个 SKU？保持一个 SPU 下的每个 SKU 的品类、品牌、名称、商品描述、重量/长/宽/高填写一致。TikTok 卖家后台-批量上传商品-模板下载如图 4-93 所示。

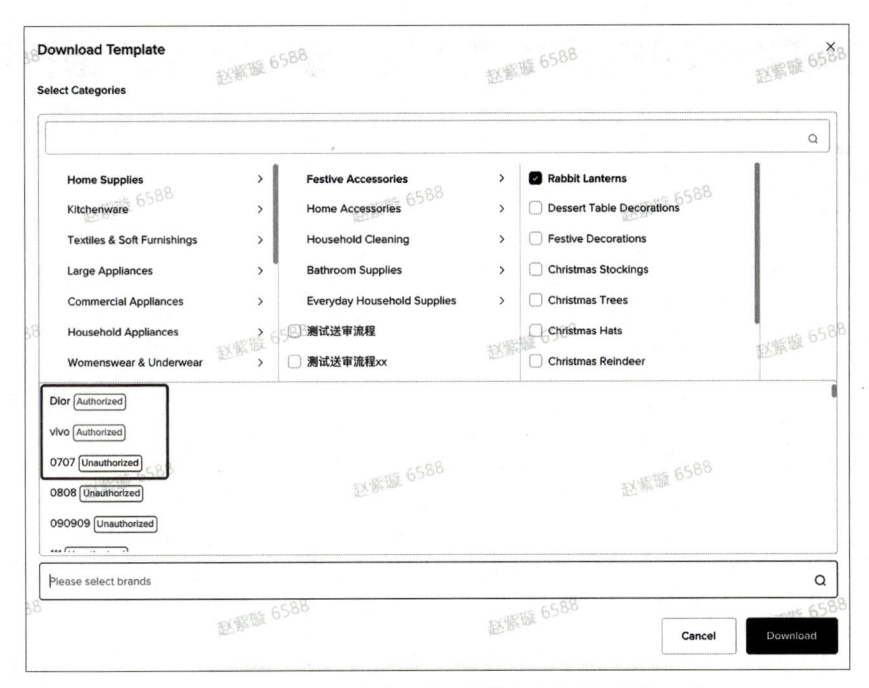

图 4-93　TikTok 卖家后台-批量上传商品-模板下载

（3）上传文件。

填写完毕后，上传文件。TikTok 卖家后台-批量上传商品-上传模板如图 4-94 所示。

图 4-94　TikTok 卖家后台-批量上传商品-上传模板

（4）查看上传结果。

上传后将会返回上传结果：

● 如上传成功，上传的商品会自动保存为草稿，可直接前往草稿页进行编辑或发布等操作。

● 如上传失败，请"下载失败条目"，根据表中最后一列的失败原因，编辑对应信息，修改后重新上传。

● "下载失败条目"仅包含此次上传失败的商品，文件中上传成功的商品将保存至"商品→草稿"。

TikTok 卖家后台-批量上传商品-查看上传结果如图 4-95 所示。

（5）批量编辑图片。

将展示前一步上传成功的商品，商家可进行批量图片、视频新增或调整。

TikTok 卖家后台-批量上传商品-查看上传结果如图 4-96 所示。

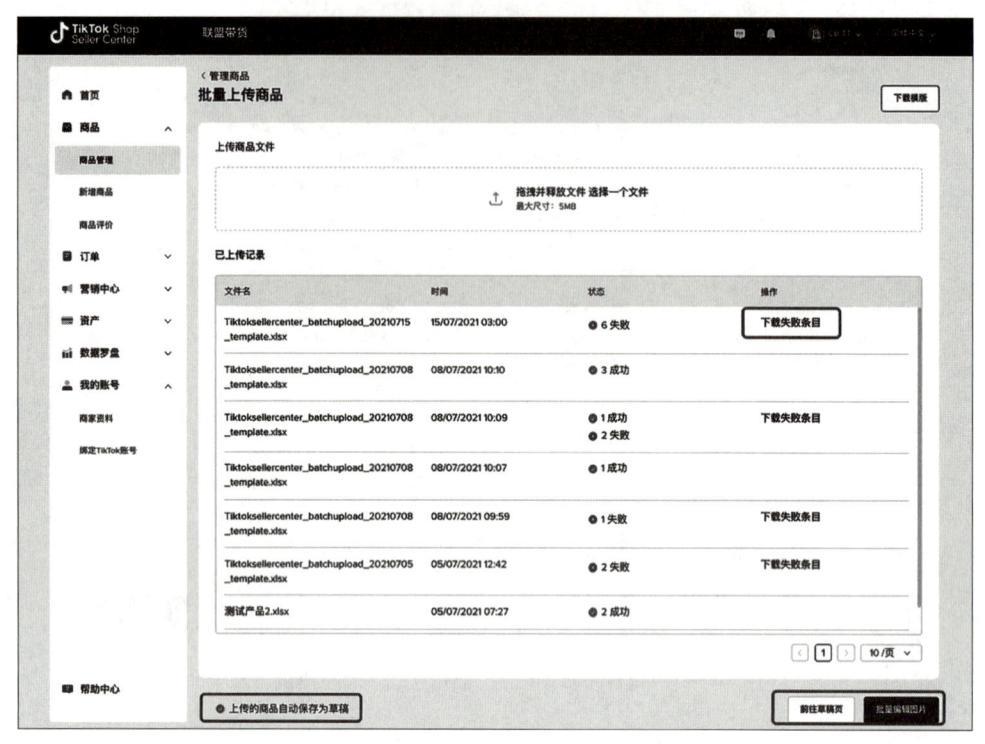

图 4-95　TikTok 卖家后台-批量上传商品-查看上传结果

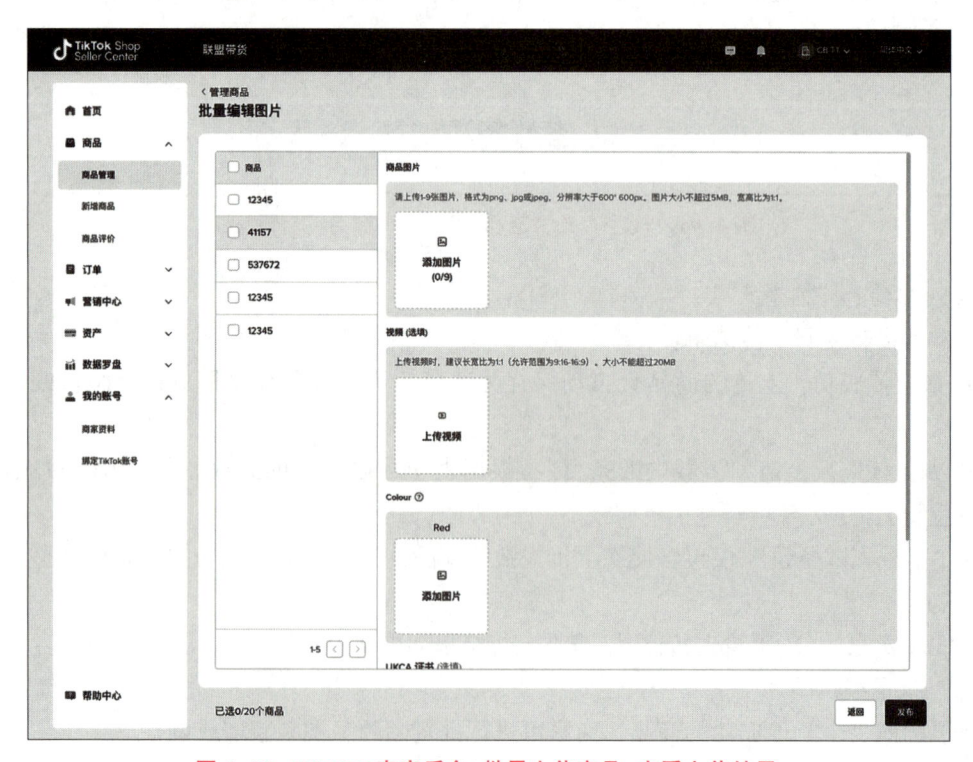

图 4-96　TikTok 卖家后台-批量上传商品-查看上传结果

三、商品管理

(一) 管理全部商品

进入商家后台-"商品"-"商品管理"。

所有添加过的商品，卖家可以编辑、删除、复制、上架、下架、修改商品价格及库存，支持按 Seller SKU、分类、价格搜索商品。

TikTok 卖家后台-商品管理如图 4-97 所示。

图 4-97　TikTok 卖家后台-商品管理

(二) 管理生效中商品

买家可以看到的商品，含无库存商品：

- 在线的商品可以进行编辑、删除、下架、修改商品价格和库存的操作。编辑后的商品需要平台重新审核通过后方可生效。
- 一个商品下多个 SKU，可使用批量工具调整价格和库存。
- 单击"眼睛"图标，可预览呈现给买家的效果，该页面仅支持预览，不可购买。

(三) 管理已下架商品

- 下架商品。
- 商家下架：商家自主下架的商品，可以通过"上架"操作将其重新上架。
- 已经被删除的商品，目前不支持恢复。

TikTok 卖家后台-商品管理如图 4-98 所示。

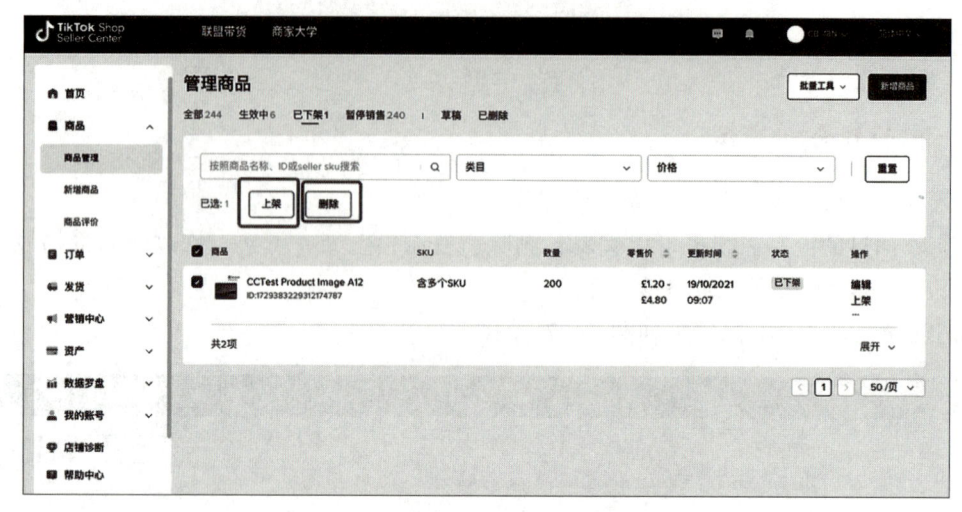

图 4-98　TikTok 卖家后台-商品管理

学习模块六　Shopee 产品上传流程

Shopee 是东南亚及中国台湾地区的电子商务平台。自 2015 年在新加坡成立以来，Shopee 业务范围辐射新加坡、马来西亚、菲律宾、泰国、越南、巴西等 10 余个市场，Shopee 本身也分多个不同的站点。

中国卖家中心（CNSC）是为中国跨境卖家定制的卖家后台，商家可以通过它一站式管理多个店铺的商品、订单、营销等。相比于之前每个站点一个卖家中心，中国卖家中心集合了多个站点的卖家后台，可以一站式管理全球店铺和商品，尤其适合多个市场同时开店的卖家。

今天，我们将介绍如何通过中国卖家中心发布全球商品。

一、设置价格

（一）价格三要素

与其他跨境电子商务不同，Shopee 系统将基于全球商品价格、价格 3 要素（市场汇率、站点调价比例、活动服务费率）及其他系统参数自动计算店铺商品的推荐价格。

商家可以将"全球商品价格"视为商品成本价（指所有站点统一的成本），然后通过设置"站点调价比例"加入商品利润及其他成本调节各站点商品价格差异。

Shopee 店铺商品价格计算公式如图 4-99 所示。

店铺商品价格：店铺商品的售价。

全球商品价格：商品成本价，指所有站点统一的成本（如拿货价、办公成本、境内段运费等），不包含利润和跨境物流成本（藏价）。

市场汇率：人民币对各个市场的货币的汇率，可基于系统区间自行设定。

```
卖家设置    系统自动计算
```

各站点统一的成本 → 人民币/美元对各个市场的货币的汇率 → 依站点不同的其他成本及利润

店铺商品价格 = （全球商品价格×市场汇率×站点调价比例）＋ 跨境物流成本（藏价）
—— 佣金费率 —— 活动服务费率 —— 交易手续费率

免运/返现活动服务费率，可在卖家学习中心搜索"服务费"查看

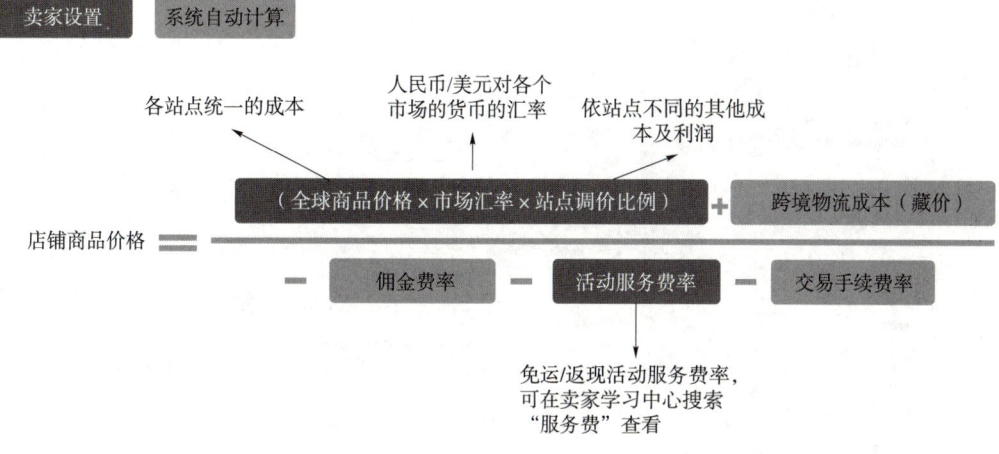

图 4-99　Shopee 店铺商品价格计算公式

站点调价比例：同一商品因站点不同而产生的成本（如营销、汇损等），商家也可以使用官方定价工具一键计算站点调价比例。商家可以用站点调价比例设置同一商品在不同站点的利润率，这里指基于成本的利润率而不是净利润率。

例：A 商品预估利润率为 20%，则泰国站点调价比例可设置为 120%；若考虑到新加坡营销成本更高，利润可达 30%，商家也可将新加坡站点调价比例设置为 130%。

跨境物流成本（藏价）：是指卖家在订单里支付的 SLS 运费中，扣去买家承担（或平台补贴）的一部分物流费用后，卖家实际承担的物流成本，即商家应该藏入商品价格的费用——包含在商品价格中的物流成本，根据全球商品重量系统自动计算，无须手动添加到价格中。商家需准确维护商品重量。

中国卖家中心系统只会拉取 SLS 普货的藏价，如果商家有使用其他渠道，建议商家使用站点调价比例加入差价，或直接修改店铺商品价格。

佣金费率：根据卖家上个月的订单交易额自动设置的，系统会自动填入。卖家无法修改佣金费率。

交易手续费率：系统固定按照 2% 计算，该比例仅用于店铺商品的价格计算。实际费用请以对账单为准。

活动服务费率：若店铺参加了需要收取服务费的平台活动（如免运/返现活动等），请准确填写；若未参加，请填写 0%。最终收取的服务费以账单为准。若商家试图修改服务费率时，系统会显示每个店铺当前的服务费率作为参考。

（二）设置路径

（1）登录"卖家中心"-"商家设置"-"商品价格换算设置"。
Shopee 卖家后台-设置-商家设置-商品价格换算设置如图 4-100 所示。
（2）单击编辑，为该站点设置站点调价比例和活动服务费率。
Shopee 卖家后台-站点调价比例设置如图 4-101 所示。
（3）在"市场汇率设置"中设置市场汇率。
Shopee 卖家后台-设置市场汇率如图 4-102 所示。

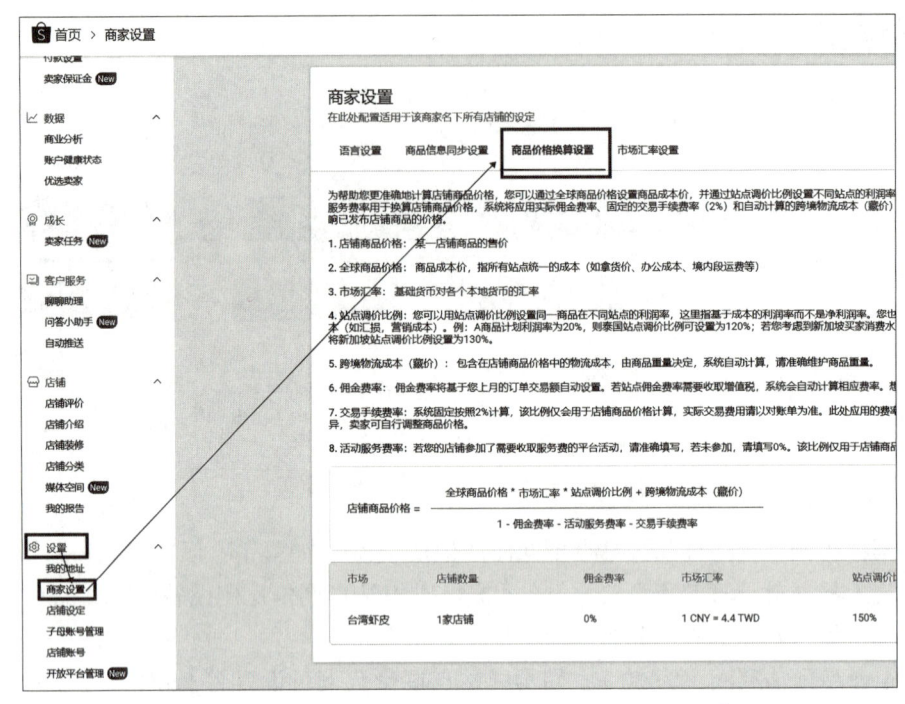

图 4-100　Shopee 卖家后台-设置-商家设置-商品价格换算设置

图 4-101　Shopee 卖家后台-站点调价比例设置

【举例】

假设 A 商家将上架某一款拖鞋，A 商家将这种拖鞋的全球商品价格设置为 20 CNY（人民币），同时希望赚取 10%的利润，A 商家可以把马来西亚的站点调价比例设置为 110%；若 A 商家认为新加坡营销成本高/消费水平高，利润空间大，利润可达 30%，A 商家可将新加坡站点调价比例设置为 130%。

根据 A 商家设置的汇率和站点调价比例，根据前面所说的计算公式，这种拖鞋在这 2 个站点店铺的推荐价格将如表 4-1 所示。

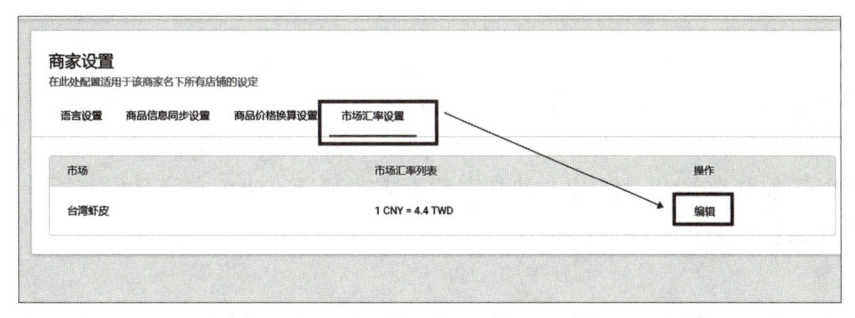

图 4-102 Shopee 卖家后台-设置市场汇率

表 4-1 Shopee 商品推荐价格

全球商品价格=20CNY 重量=200 g		
	马来西亚站	新加坡站
站点调价比例	110%	130%
市场汇率	1 CNY=0.62MYR	1 CNY=0.2 SGD
活动服务费率	参加了活动,活动服务费率为3%	没参加活动,即=0
店铺商品推荐价格	【(20 CNY×0.62×1.1)+3】/ (1-0.06-0.03-0.02)≈18.7 MYR	【(20 CNY×0.2×1.3)+2.85】/ (1-0.06-0.02)≈8.75 SGD

二、新增全球商品

进入 Shopee 中国卖家中心,选择"商品"-"添加商品"。Shopee 卖家后台-商品-添加商品如图 4-103 所示。

图 4-103 Shopee 卖家后台-商品-添加商品

（一）基本信息

产品基本信息包含商品图片、商品视频、商品名称、商品类别及商品描述。

1. 商品图片

最多可以添加 9 张图片，图片上的文字暂不支持翻译，建议在商品发布后，在"店铺商品"上传使用目标市场语言的商品图片。

2. 商品视频

视频是吸引买家的好方法，因为买家可以在更短的时间里轻松地了解商品。一个优质的商品视频可以使买家全面了解商品，并提前满足买家对商品的期待。

3. 商品名称

- 至少输入 15 个字符，最多输入 180 个字符。一个中文将被计为 2.25 倍字符长度。
- 单词首字母大写。
- 除了品牌名称外（例如：ZARA 和 ASUS），不要大写单词中的所有字母。
- 不要在商品名称中添加主观性言论和促销信息，例如：热门商品、畅销、特价、免运费或价格等。
- 不要使用与商品无关的词汇，避免关键词滥用。
- 不要使用表情符号、标签或其他符号，例如：|，~，$，^，{，<,!，*，#，@，,;,%，>。

4. 商品类别

系统会根据商品名称和图片推荐合适的类目，商家也可以自行选择类目。

正确的商品分类有利于商品出现在买家的搜索页面，提高商品的曝光度。越完整、越准确的商品类目和属性，就意味着越高的自然曝光。

Shopee 新增商品-基本信息如图 4-104 所示。

图 4-104 Shopee 新增商品-基本信息

5. 商品描述

完整且详细的商品描述可以帮助买家了解商品的品牌、发货地、功能介绍等信息，从而增加买家的购买欲望。

商家可以参考以下 3 种方法来创建商品描述：

（1）提供商品详情。

提供详细的商品规格信息，例如：材质、重量、尺寸和其他特点等。商品详情对电子商品、设备和工具来说尤为重要。

（2）描述商品用途和优点。

描述商品的特点和优点，并向买家展示商品的不同使用方式或者场景，让买家更有代入感。建议列出 3~8 条商品特色，让买家能快速了解商品卖点。

（3）标明商品保质期。

若商品有保质期等信息，需添加至商品描述中。

Shopee 新增商品-基本信息-商品描述如图 4-105 所示。

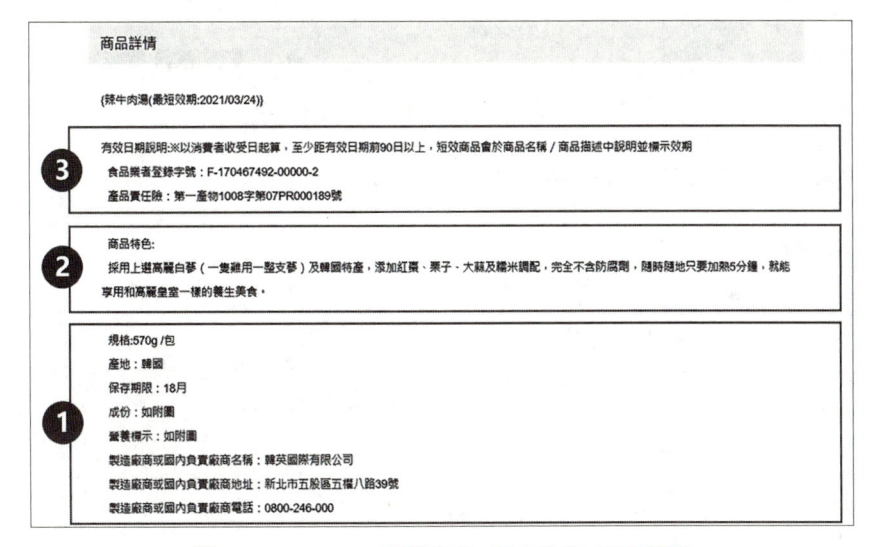

图 4-105　Shopee 新增商品-基本信息-商品描述

（二）选择商品属性

商品属性是商品的必要信息，带"＊"为必填属性。属性填写得越完整、准确就可以增加商品的自然流量。如果错误填写属性，可能会导致商品违规从而被降低搜索排名。

在填写属性的过程中，商家可以单击"展示更多"查看商品的所有属性。Shopee 新增商品-选择商品属性如图 4-106 所示。

（三）填写销售资料（规格、价格与数量）

1. 规格

如果商品有规格信息（如大小码/颜色），可以单击"开启商品规格"。规格的增加/删除只能在全球商品设置，但规格名称和选项可以在店铺商品再次修改。商家最多可以设置两个规格，例如"颜色+尺寸"的规格，每个规格可以设置不同的价格和库存。

需要注意的是，对于双规格商品，最多可以设置 50 种规格组合；请使用纯简体中文或纯英文填写规格名称，这样发布到店铺时，系统会自动翻译成当地语言，不要混合输入中英文。

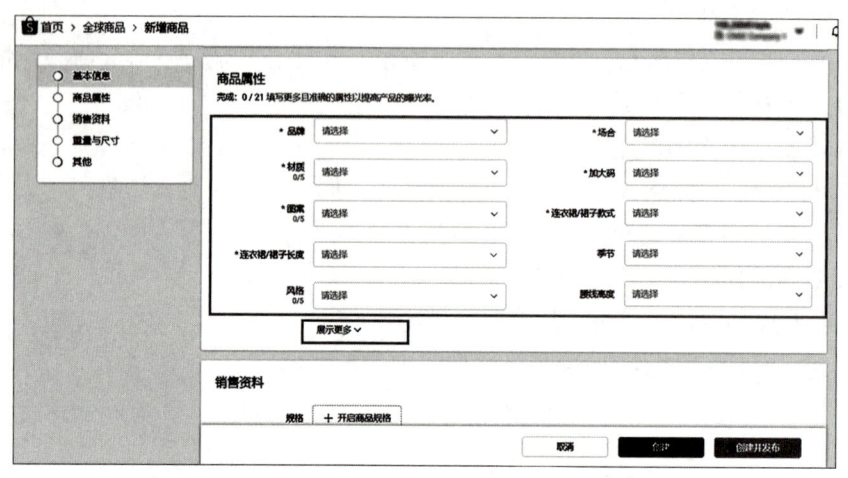

图 4-106　Shopee 新增商品-选择商品属性

Shopee 新增商品-填写销售资料-规格如图 4-107 所示。

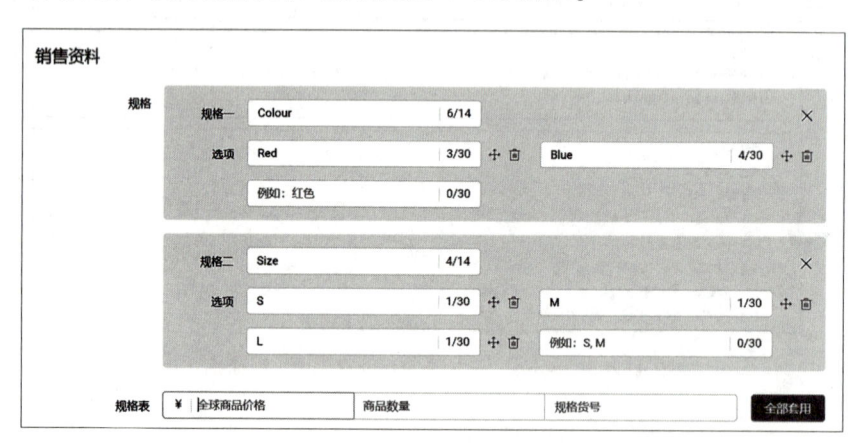

图 4-107　Shopee 新增商品-填写销售资料-规格

2. 价格与数量

全球商品价格：以前文中提及的价格计算方式为准。Shopee 新增商品-填写销售资料-价格与数量如图 4-108 所示。

图 4-108　Shopee 新增商品-填写销售资料-价格与数量

(四)重量与尺寸

为了避免承担额外运费或退件，请务必准确填写商品重量（含包装）。因为系统会根据填写的重量开启合适的物流渠道，如果没有准确填写商品重量，可能会被判定为超材。Shopee新增商品-填写销售资料-重量与尺寸如图4-109所示。

图4-109　Shopee新增商品-填写销售资料-重量与尺寸

(五)其他

出货天数即订单从订单确认到出货所需要的时间，又称备货时长或者备货天数，简称DTS（Days To Ship），只计算工作日。出货天数取决于商品的类别：

- 现货商品：若商品有现货，出货天数为3个工作日。
- 预售商品：预售商品的出货天数可设置为5~10个工作日。对于库存不足商品或者定制化商品，商家能拥有较长的备货时间来解决延迟发货的状况。

Shopee新增商品-其他-发货时间如图4-110所示。

图4-110　Shopee新增商品-其他-发货时间

完成后，单击"创建"保存全球商品，或单击"创建并发布"将商品发布到店铺。

三、发布店铺商品

下面将介绍两种不同的发布商品方式，可以在不同场景下使用：

(一)发布一个/多个商品到一个店铺（适合一键搬店）

（1）进入"全球商品"-"发布店铺商品"-在下拉栏选择"批量发布"。
Shopee卖家中心-商品-批量发布如图4-111所示。

（2）选择一个店铺，然后单击"下一步"。
Shopee卖家中心-商品-批量发布-选择店铺如图4-112所示。

图 4-111　Shopee 卖家中心-商品-批量发布

图 4-112　Shopee 卖家中心-商品-批量发布-选择店铺

（3）通过筛选，勾选需要发布的全球商品，然后单击"下一步：确认商品信息"。Shopee 卖家中心-批量发布-筛选需要发布的商品如图 4-113 所示。

图 4-113　Shopee 卖家中心-商品-批量发布-筛选需要发布的商品

(4) 确认商品信息，发布商品。

Shopee 卖家中心-商品-批量发布-确认商品信息如图 4-114 所示。

图 4-114　Shopee 卖家中心-商品-批量发布-确认商品信息

（二）发布一个商品到多个店铺（适合上新）

(1) 进入商家后台，选择"全球商品"，单击需要发布商品的侧边栏"发布"。

Shopee 卖家中心-全球商品-发布如图 4-115 所示。

图 4-115　Shopee 卖家中心-全球商品-发布

(2) 选择需要售卖这种商品的店铺，然后选择"下一步"。

Shopee 卖家中心-全球商品-选择店铺如图 4-116 所示。

(3) 确认并根据需要调整价格，然后单击确认发布。

Shopee 卖家中心-全球商品-确认信息如图 4-117 所示。

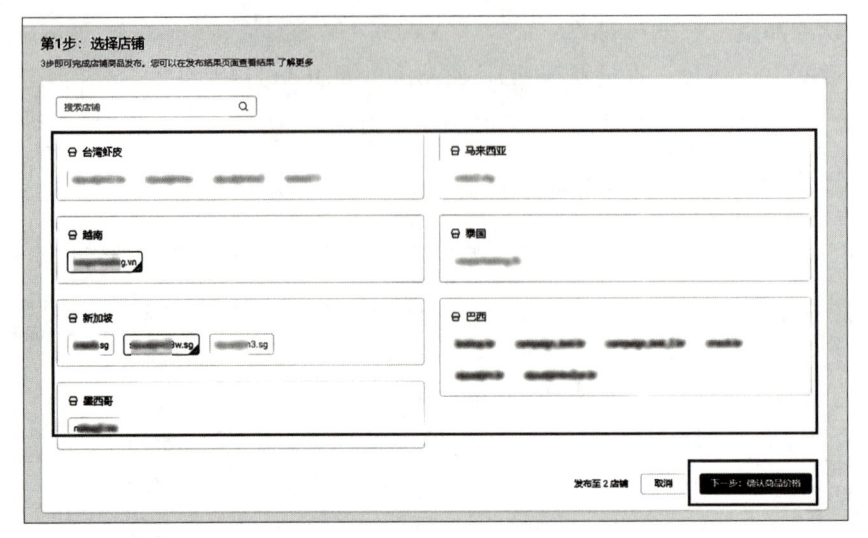

图 4-116　Shopee 卖家中心-全球商品-选择店铺

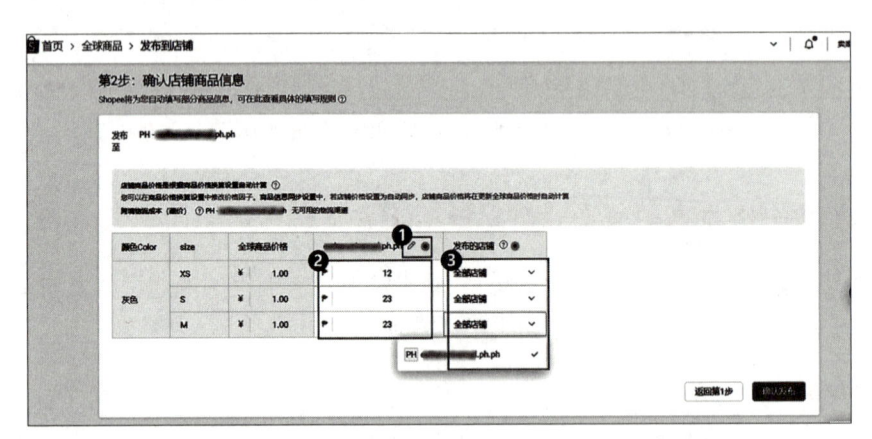

图 4-117　Shopee 卖家中心-全球商品-确认信息

至此，店铺商品上架成功。

WALMART 沃尔玛
LISTING 发布

拓展阅读　　　　　知识与技能训练

学习单元五

跨境电子商务营销与推广

【学习目标】

【知识目标】

了解不同平台站内的活动与营销工具。
熟悉不同平台站内广告投放渠道。
理解站外营销与推广的重要性。

【技能目标】

掌握不同平台站内的活动与营销工具。
学会不同平台站内广告投放的规则和注意事项。
具备站外营销与推广的基本能力。

【素质目标】

了解跨境电子商务平台的媒体资源投放对于我国文化的传播作用。

【思维导图】

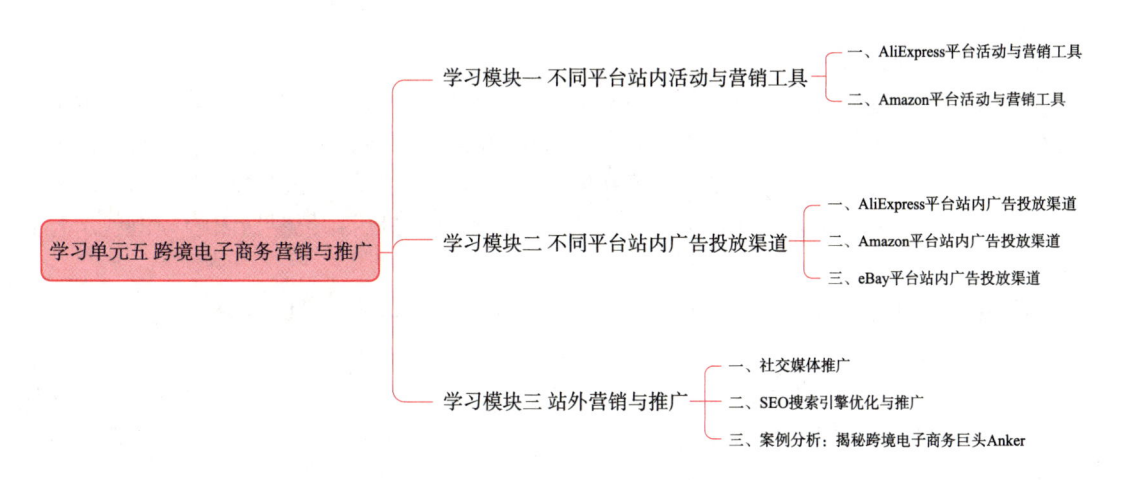

```
                                           ┌─ 一、AliExpress平台活动与营销工具
                   ┌─ 学习模块一 不同平台站内活动与营销工具 ─┤
                   │                        └─ 二、Amazon平台活动与营销工具
                   │
                   │                        ┌─ 一、AliExpress平台站内广告投放渠道
学习单元五          │                        │
跨境电子商务 ──────┼─ 学习模块二 不同平台站内广告投放渠道 ──┼─ 二、Amazon平台站内广告投放渠道
营销与推广          │                        │
                   │                        └─ 三、eBay平台站内广告投放渠道
                   │
                   │                        ┌─ 一、社交媒体推广
                   └─ 学习模块三 站外营销与推广 ────────────┼─ 二、SEO搜索引擎优化与推广
                                            └─ 三、案例分析：揭秘跨境电子商务巨头Anker
```

学习模块一　不同平台站内活动与营销工具

一、AliExpress 平台活动与营销工具

（一）AliExpress 平台活动

1. 平台促销活动

AliExpress 平台促销活动可分为大型促销活动与日常促销活动。

（1）大型促销活动。

AliExpress 大型促销活动，一般都是 S 级活动，含周年庆、618、828、双 11、黑五等。活动力度一般都是最大的，此类活动一般都会校验 90 天历史最低价，且报名参加平台活动的商品都默认参加跨店满减活动。

（2）日常促销活动。

日常促销活动主要为 B 类活动，如玩具总动员、家电清凉周、会员活动等。

以会员活动为例：

会员活动每周一次，会员频道位于 My account 上方 Member center 卡片，点击入内可见会员频道承接页，下方为会员价专属瀑布流商品区。在会员频道内给予银、金、铂、钻会员的折上折会员价权益活动，透过权益的刺激引导会员更多回访与支付转化。

2. 频道活动

（1）Super Deals。

Super Deals 频道是指速卖通平台向商家提供的旨在通过营销技术服务帮助商家提供打造爆品、帮助消费者体验优质商品营销中心；Super Deals 频道的活动包括单品团。单品团是指商家以单个商品报名参加 Super Deals 频道活动，平台审核通过后在 Super Deals 频道展示该商品的活动。

（2）俄罗斯团购（Flash Deals）。

俄罗斯团购频道是指速卖通平台向商家提供的、面向俄语系消费者的、旨在帮助俄语系消费者体验优质商品和店铺的速卖通平台爆品营销中心。爆品团是指商家以单个商品报名参加俄罗斯团购频道活动，平台审核通过后在俄罗斯团购频道展示各商品的活动。爆品团是指商家以单个商品报名参加俄罗斯团购频道活动，平台审核通过后在俄罗斯团购频道展示各商品的活动。

但是俄罗斯团购对商品折扣要求较高，活动折扣为实际日常售卖价格的 1 折。

（3）金币频道。

金币频道是以金币为载体，致力于提升商家运营效率和消费者活跃度的虚拟货币流通体系，消费者可在购后、加购、游戏行为中获得金币，用金币下单折扣、兑换平台权益、参与各类互动；商家可以用金币参与各项活动玩法，获得流量资源。

（二）AliExpress 店铺营销工具

速卖通的店铺营销工具有以下几种：

- 单品折扣。
- 满减活动。
- 店铺 code。

1. 单品折扣

单品打折适用于店铺自主营销。单品的打折信息将在搜索、详情、购物车等买家路径中展示，提高买家购买转化，快速出单。

（1）前台展示。

AliExpress 单品折扣-前台展示效果如图 5-1 所示。

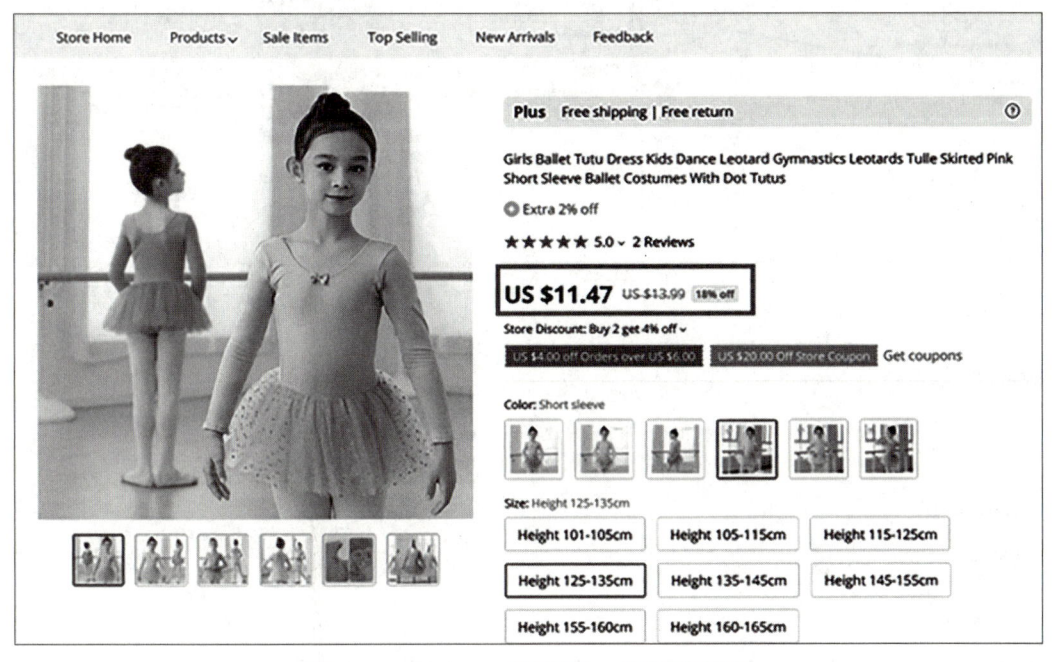

图 5-1　AliExpress 单品折扣-前台展示效果

（2）设置方法。

① 进入 AliExpress 卖家后台，单击"营销"-"店铺活动"-"单品折扣"-"创建"。

AliExpress 单品折扣设置路径如图 5-2 所示。

② 编辑活动基本信息。

- 活动名称：活动名称一般为中文，以清楚易懂的标题为主。
- 活动起止时间：可根据情况设置。
- 注意：大促单品折扣活动名称和时间不可编辑，请仔细阅读下方卖家协议后再单击"提交"创建活动。

AliExpress 单品折扣-创建活动如图 5-3 所示。

③ 选择商品。

可以手动选择商品，也可以按照营销分组设置折扣，也可以通过表格批量导入。

AliExpress 单品折扣-选择活动商品如图 5-4 所示。

④ 设置产品折扣。

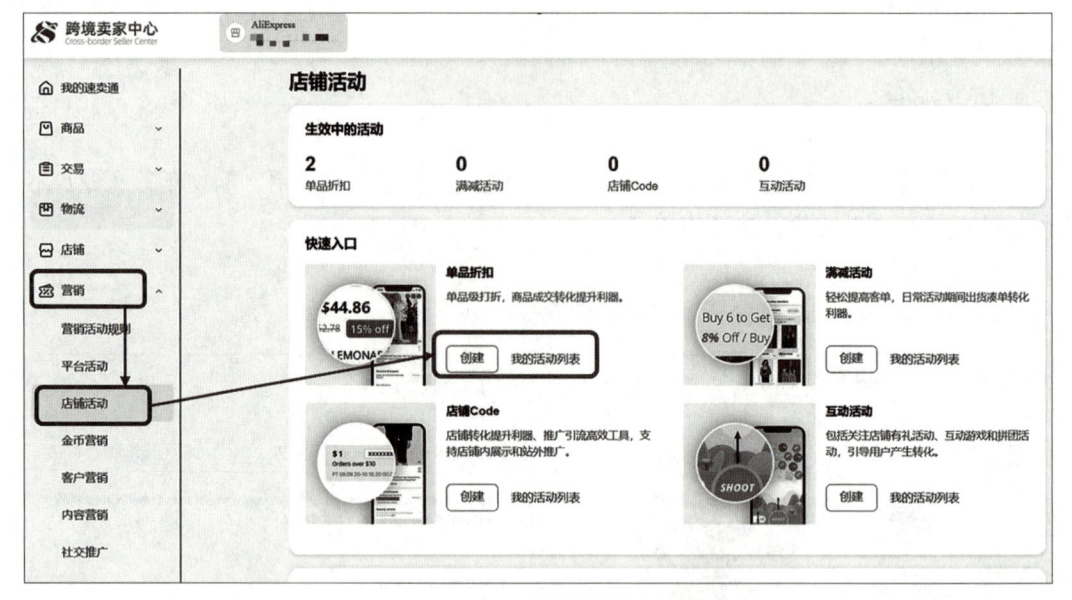

图 5-2　AliExpress 单品折扣设置路径

图 5-3　AliExpress 单品折扣-创建活动

图 5-4　AliExpress 单品折扣-选择活动商品

可以设置全站折扣，即不分 PC 端与移动端，还可以对店铺粉丝设置专属折扣。需要注意的是，专属折扣与全站折扣是叠加的，设置的时候注意避免设置较大折扣。

AliExpress 单品折扣-设置产品折扣如图 5-5 所示。

图 5-5　AliExpress 单品折扣-设置产品折扣

2. 满减活动

满减活动与店铺其他优惠活动可累计使用，可有效提升客单。对于已经参加单品折扣活动的商品，买家购买时以单品折扣活动后的价格计入满减优惠规则中，请准确计算利润。

满减优惠包含以下三种类型：
- 满立减。
- 满件折。
- 满包邮。

（1）前台展示。

AliExpress 满减活动-前台展示效果如图 5-6 所示。

（2）设置路径。

① 进入 AliExpress 卖家后台，单击"营销"-"店铺活动"-"满减活动"-"创建"。

AliExpress 满减活动设置路径如图 5-7 所示。

② 编辑活动基本信息。
- 输入活动名称：最多输入 32 个字，买家看不到活动名称。
- 选择活动起止时间：活动时间为美国太平洋时间。
- 注意：同一个活动时间内同一个商品（活动开始时间到活动结束时间）只能设置一个满立减活动（含全店铺满立减、商品满立减）或者一个满件折活动（含全店铺满件折、商品满件折）。

AliExpress 满减活动-编辑活动基本信息如图 5-8 所示。

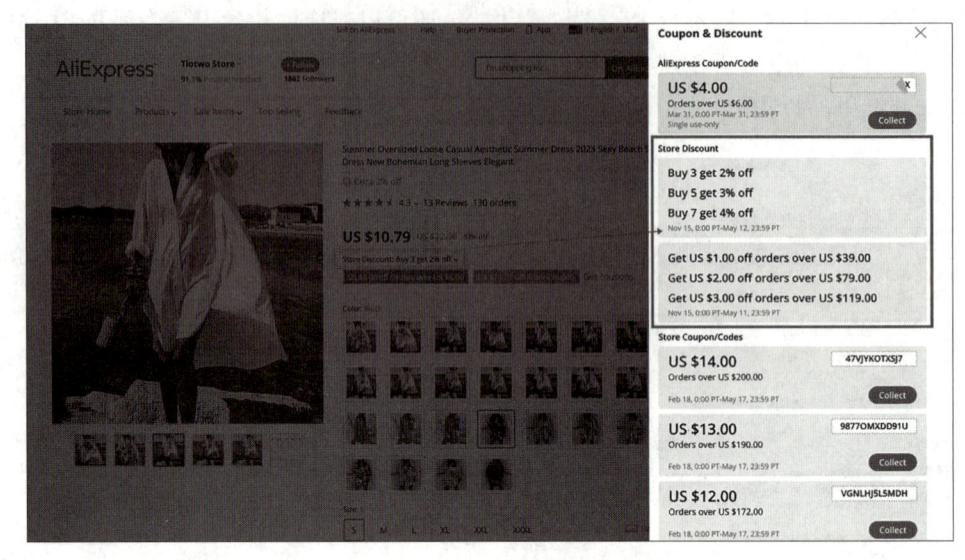

图 5-6　AliExpress 满减活动-前台展示效果

图 5-7　AliExpress 满减活动设置路径

③ 设置活动信息。

a. 选择活动类型。

● 满立减："满 X 元优惠 Y 元"，即订单总额满足 X 元，买家付款时则享受 Y 元优惠扣减。

● 满件折："满 X 件优惠 Y 折"，即订单总商品满足 X 件数，则买家付款时享 Y 折优惠。

● 满包邮："满 X 元/件包邮"，即订单满足 X 元或者 X 件时，消费者享受包邮。

b. 活动使用范围：可以是部分商品，也可以是全店商品。

c. 满减适用国家：可以选择部分国家，也可以是全部国家。

AliExpress 满减活动-设置活动详情如图 5-9 所示。

图 5-8　AliExpress 满减活动-
编辑活动基本信息

图 5-9　AliExpress 满减活动-
设置活动详情

④ 设置活动详情。

可只设置一个条件梯度，则系统默认是单层满减，在"条件梯度 1"的前提下，可以支持优惠可累加的功能。例如，当促销规则为满 100 减 10 时，则满 200 减 20、满 300 减 30，以此类推，上不封顶。

可设置多个条件梯度，最多可以设置 3 梯度的满立减优惠条件。多个条件梯度需要满足以下两个条件：

- 后一梯度订单金额必须要大于前一梯度的订单金额。
- 后一梯度的优惠力度必须要大于等于前一梯度。

AliExpress 满减活动-设置条件梯度如图 5-10 所示。

图 5-10　AliExpress 满减活动-设置条件梯度

⑤ 选择商品。

可以通过"选择商品"或者"批量导入"选择参加满减活动的商品。

AliExpress 满减活动-选择商品如图 5-11 所示。

3. 店铺 Code

店铺 Code 集合了优惠券和优惠码，可在店铺/详情/购物车等渠道展示，提升店铺/商品转化率，同时满足站外传播引流推广，消费者可输入 Code 后提前领取优惠后续使用或即时使用，是店铺运营必备工具。

图 5-11　AliExpress 满减活动-选择商品

（1）前台展示。

AliExpress 店铺 Code-前台展示效果如图 5-12 所示。

图 5-12　AliExpress 店铺 Code-前台展示效果

（2）设置步骤。

① 进入 AliExpress 卖家后台，单击"营销"-"店铺活动"-"店铺 code（新版）"-"创建"。
AliExpress 店铺 Code-设置路径如图 5-13 所示。

② 优惠设置。

Code 类型：可以选择"可传播（通用型）"与"不可传播（专享型）"。

• 可传播（通用型）：用户领取前可以看到 Code 码，同时该 Code 码可以被用户复制传播给其他用户使用。

• 不可传播（专享型）：针对特定人群的优惠，用户领取后 Code 码可见（领取前不可见），该 Code 码仅支持该领取用户可用（其他用户获取 Code 码不可使用）。

AliExpress 店铺 Code-Code 类型设置如图 5-14 所示。

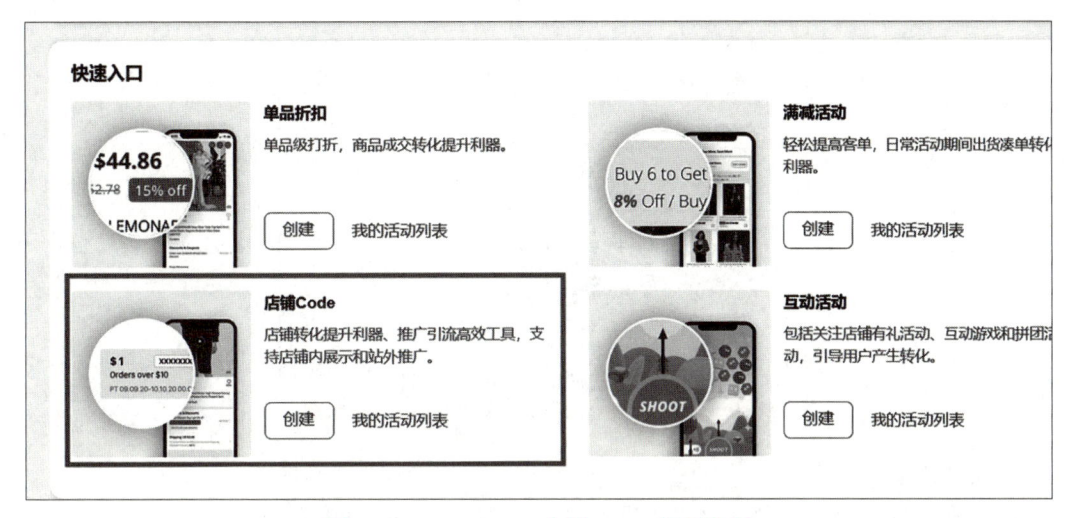

图 5-13　AliExpress 店铺 Code-设置路径

图 5-14　AliExpress 店铺 Code-Code 类型设置

③ 优惠 Code：由 6~12 位数字与英文字母组成，无法重复，可以自定义也可以随机生成。AliExpress 店铺 Code-优惠 Code 设置如图 5-15 所示。

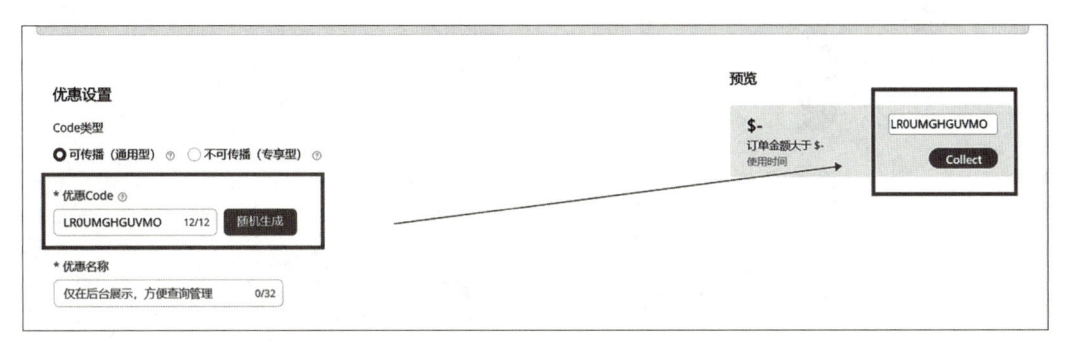

图 5-15　AliExpress 店铺 Code-优惠 Code 设置

④ 优惠信息。
- 优惠名称：可以由卖家自定义设置，仅在后台进行展示，建议设置一目了然的名称，方便查询管理。
- 优惠面额：仅支持一位小数，设置金额在 1~100 美元之间。
- 优惠门槛：是指订单门槛的金额，包含订单金额（含税）大于等于以及无门槛两种方式。

AliExpress 店铺 Code-优惠门槛设置如图 5-16 所示。

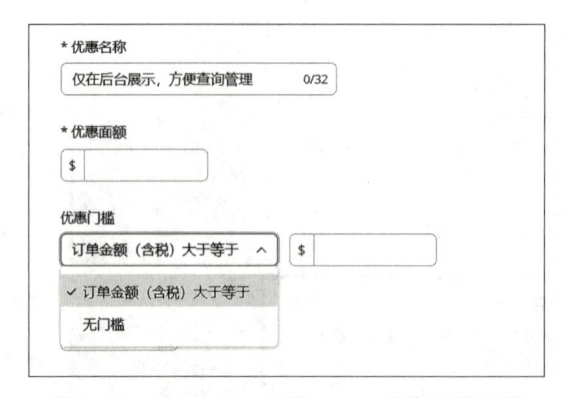

图 5-16　AliExpress 店铺 Code-优惠门槛设置

⑤ 优惠数量。
- 发放总数：指一共发多少张优惠 Code，数量在 1~99 999 之间。
- 每人限领：是指每个买家最多可以领取的数量，数量在 1~20 之间。

⑥ 优惠时间。
- 使用时间：是指活动的有效时间，在这个时间范围内均可使用。

⑦ 领取时间。
- 支持提前领取：优惠券的领取时间，为此处设置的提前领取时间，到使用时间结束。
- 不支持提前领取：优惠券的领取时间与前面设置的使用时间相同。

AliExpress 店铺 Code-优惠时间与领取时间设置如图 5-17 所示。

图 5-17　AliExpress 店铺 Code-优惠时间与领取时间设置

⑧ 投放设置。

基本投放渠道分为常规展示与定向渠道发放。
- 常规展示：包含商品详情页、购物车与店铺页。
- 定向渠道发放：包含买家会话、客户营销、粉丝营销、互动游戏等多种场景。
- 其他投放渠道：可根据店铺需求确认是否开通联盟渠道。开通联盟渠道，则默认优惠适用所有国家，无法再选择部分国家。
- 优惠适用国家：卖家可以选择全部国家或者部分国家。

AliExpress 店铺 Code-其他投放渠道如图 5-18 所示。

⑨ 适用商品。

图 5-18　AliExpress 店铺 Code-其他投放渠道

卖家可以选择适用全部商品或者部分商品。如果选择了部分商品展示，那么只有选中的商品才会展示此优惠 Code。

二、Amazon 平台活动与营销工具

（一）Amazon 平台活动

1. Amazon 销售旺季

买家在一年当中的不同时间点，会有不同的购物需求，而亚马逊会针对特定的时期，举办不同的促销活动，这些时期包括各地的法定节假日、季节性集中购物期和亚马逊特定活动期。亚马逊会在此期间透过各种宣传渠道，推出相应的活动机制，来引发全球各地买家的消费欲，带动销量。

通常在销售旺季中享有较高曝光量的 Deal 活动如秒杀（LD）、今日特惠（DOTD/Spotlight Deal）、七天促销等都会因为不同的活动机制而需要特定的申报条件。商家需要实时掌握亚马逊公布的促销申请页面的信息，及时申请促销来参与旺季活动。

2. Amazon 节日活动概览

亚马逊各网站每年都有密集的销售旺季，包括规模最大的 Prime Day、黑色星期五等，还有各站点特有的旺季大促如欧洲 Hidden Gems、北美万圣节、日本月促等，除此之外也会有许多如周末假期、各国节日等平日旺季。

（1）Prime 会员日（Prime Day）。

2005 年，亚马逊购物网站正式推出 Prime 会员服务。2015 年，首次举办针对 Prime 会员的 Prime Day 活动并取得巨大成功，至此 Prime Day 成为全球 Prime 会员的购物狂欢节，也成为亚马逊购物网站全年最为重要的常驻促销节日之一。

每个站点的促销时间不同，但共同点是最大的折扣。当天是亚马逊平台的促销日，买家可以得到很多折扣，卖家也可以得到很多流量，类似于淘宝天猫购物狂欢节。

注意：每年的 Prime Day 各网站活动机制都可能产生变化，请以当年度 Amazon 公告为准。

（2）黑色星期五及网络星期一。

每年 11—12 月都是各网站节假日相对集中的时期，例如 12 月的圣诞节、公历新年等。在此期间，消费者购买礼物的需求会有所上升，因此黑色星期五（Black Friday，以下简称"黑五"）和网络星期一（Cyber Monday，以下简称"网一"）已成为全球买家的疯狂购物

节。亚马逊购物网站为迎接此旺季,也会在黑五、网一期间举办全网站的大促活动。

通常每年11月的最后一个星期五就是黑五,黑五结束后的第一个周一便是网一,作为全球电子商务全年最大的促销活动之二,全品类商品销量都会在此期间得到极大提升。其中电子产品销量提升最为显著。

(3) 日本站月度促销。

不同于其他站点,日本站基本上每个月都会举办独有的促销活动,即月度大促。整年活动配合季节主题和热点话题,帮助来自世界各地的卖家引流和增加商品、品牌的曝光。

日本站月度大促每次持续时长63~87小时,同时会搭配不同季节不定期推出不同主题,例如夏季时推出暑期促销活动,秋天时推出秋游促销。因此,卖家需要检视上月销售数据,并作为下月针对性选择促销工具和活动商品的参考,以获得更好的销量和转化率。

(4) 其他网站/节日相关旺季一览。

想要提高销售业绩,商家必须瞄准每年的各个销售旺季,并了解全球各地买家在不同时期的不同需求,针对性地进行营销推广,这样商品才能显示在亚马逊购物网站的最佳位置,从而被亚马逊买家发现并购买。

Amazon 美、欧、日站点共通销售旺季如表 5-1 所示。

表 5-1　Amazon 美、欧、日站点共通销售旺季

1月1日	2月14日	3月8日	3月17日	4月12日	5月10日	6月1日
元旦	情人节	妇女节	圣帕特里克节	复活节	母亲节	儿童节
7月1日—9月30日	10月中—12月	10月31日	11—12月	11月1日	11月26日	11月27日
返校季	假日玩具季	万圣节	电子产品季	北半球入冬	感恩节	黑色星期五
11月30日	12月	12月11日	12月24—25日	12月底	12月31日	—
网购星期一	年终促销	光明节	圣诞节	12日促销	新年前夜	—

(二) Amazon 店铺营销工具

在 Amazon,促销工具是指亚马逊卖家后台供卖家使用,并为买家提供综合折扣优惠和购物奖励的各种促销功能。将这些促销工具与各类促销旺季、店铺添加新品等营销事件搭配使用,能带动买家下单、促进销售。同时,也能帮助卖家从众多竞品中脱颖而出,快速抢占市场占有率。而且对卖家来说,掌握促销工具使用方法,是提升销量、优化店铺运营维护、树立品牌的方式之一。

1. Coupons 优惠券

亚马逊优惠券(Coupons)是一种开放给所有卖家的常见促销手段,且设定门槛相对较低。商家可以通过优惠券为单件商品或一组商品建立折扣,还可以享受由亚马逊提供的自动推广服务。通常优惠券的期限为 1~90 天,并且在亚马逊购物商城的 PC 端和移动端皆有曝光。

Amazon Coupons 前台展示效果如图 5-19 所示。

Coupons 设置方法如下。

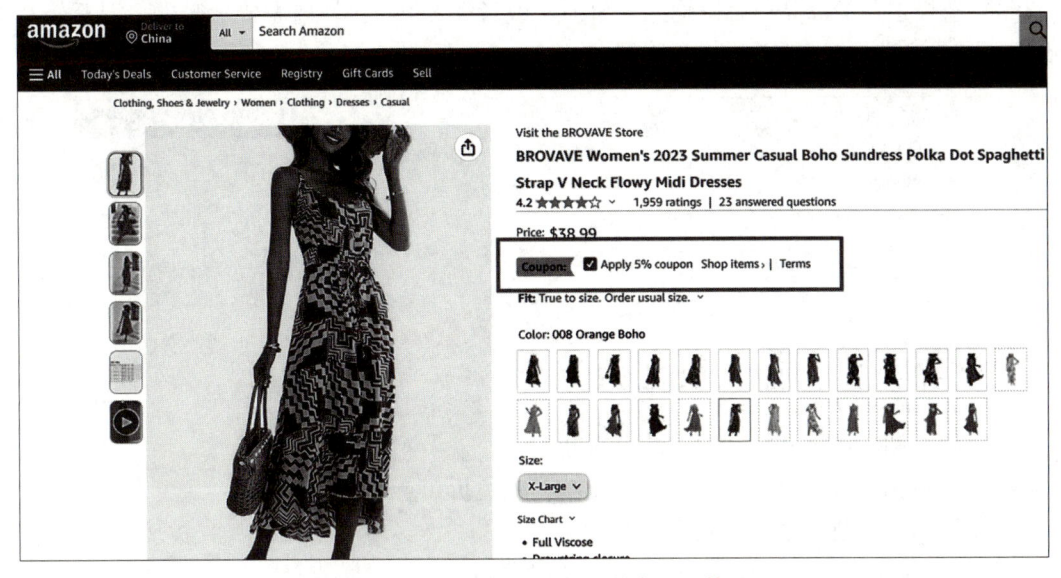

图 5-19　Amazon Coupons 前台展示效果

（1）进入卖家中心，选择"广告"-"优惠券"。

Amazon Coupons 设置路径如图 5-20 所示。

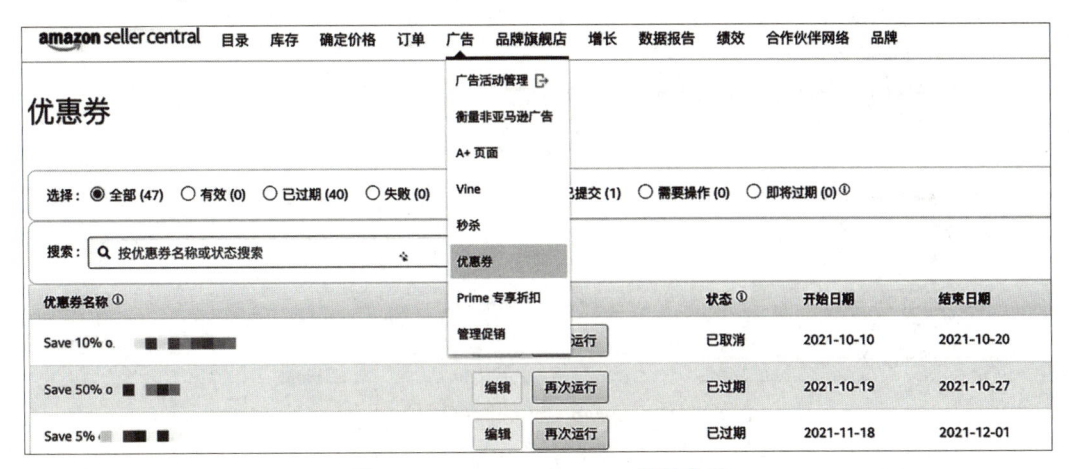

图 5-20　Amazon Coupons 设置路径

（2）单击"建立新优惠券"可查看建立优惠券的商品列表。Amazon Coupons-创建新的优惠券如图 5-21 所示。

图 5-21　Amazon Coupons-创建新的优惠券

（3）选择参与的商品，可以输入"SKU"或者"ASIN"，勾选需要参与的商品后，单击继续。Amazon Coupons-选择参与的商品如图5-22所示。

图 5-22　Amazon Coupons-选择参与的商品

（4）设置活动力度。
- 活动日期：设置开始时间与结束时间。
- 设置折扣：折扣形式分为两种，满减与减免折扣。
- 建议勾选每位买家只能兑换一次。

Amazon Coupons-设置活动力度如图5-23所示。

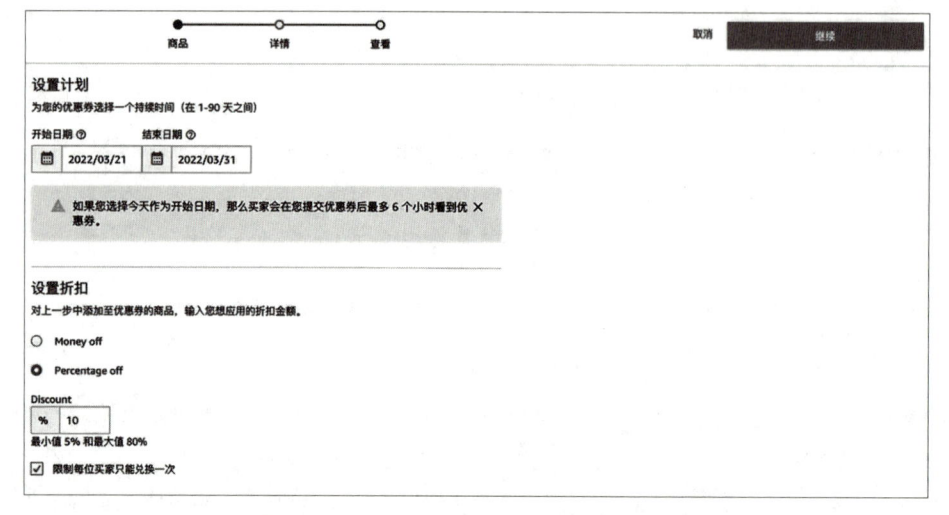

图 5-23　Amazon Coupons-设置活动力度

（5）为优惠券设定预算。
Amazon Coupons-设置优惠券预算如图5-24所示。

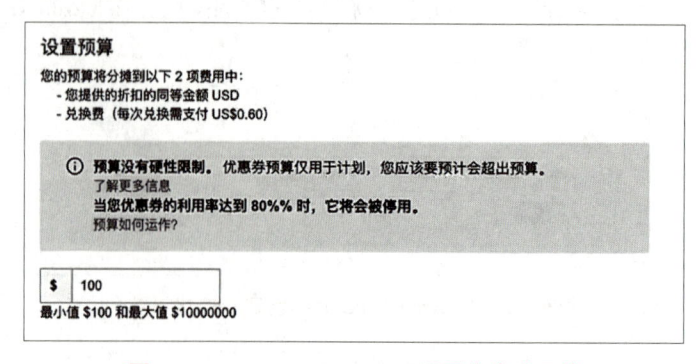

图 5-24　Amazon Coupons-设置优惠券预算

(6) 设置优惠券名称与定位。

优惠券名称：选择能准确描述优惠券商品类别的名称。

定位：可以选择所有买家、Prime 会员、Amazon 学生会员等多种选择。此处建议默认选择所有买家。

确认无误后即可单击"提交优惠券"，完成优惠券建立。

Amazon Coupons-输入优惠券信息与定位如图 5-25 所示。

图 5-25　Amazon Coupons-输入优惠券信息与定位

2. Prime 会员专享折扣

Prime 会员专享折扣（Prime Exclusive Discount）是面向 Prime 会员的专属折扣，持续时间较长，折扣要求较低，通常会被作为日常折扣广泛使用。Amazon 会员专享折扣前台展示效果如图 5-26 所示。

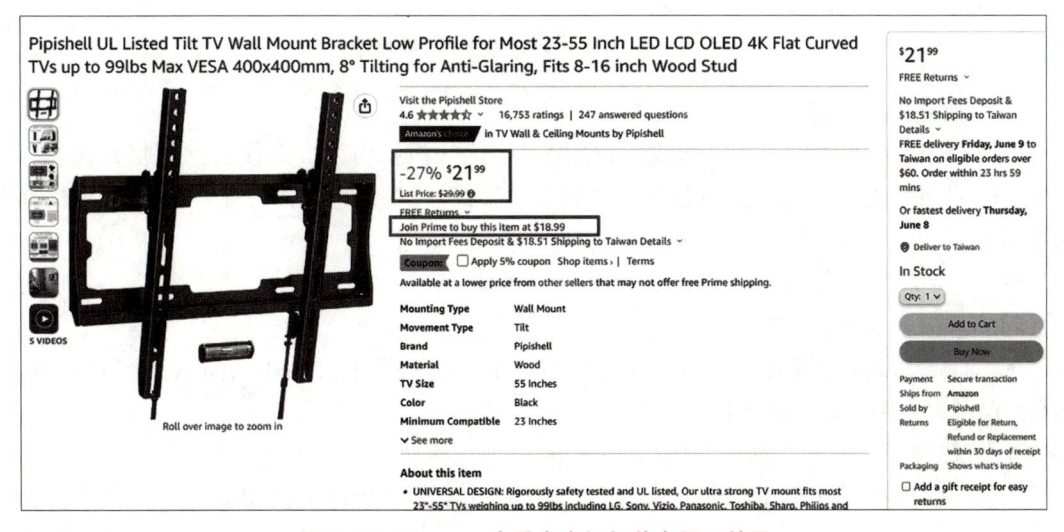

图 5-26　Amazon 会员专享折扣前台展示效果

Prime 会员专享折扣设置步骤如下：

（1）第一步，进入 Amazon 后台，单击"广告"-"Prime 专享折扣"。Prime 会员专享设置路径如图 5-27 所示。

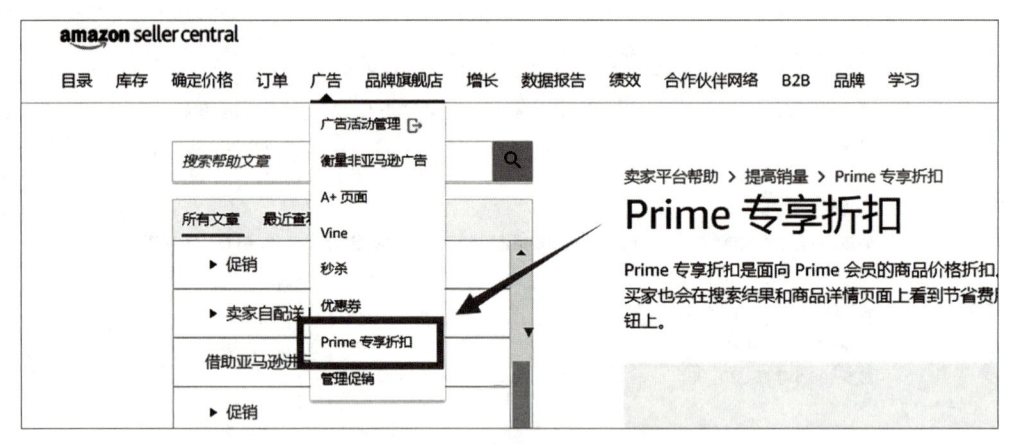

图 5-27　Prime 会员专享设置路径

（2）单击创建折扣。

Prime 会员专享-创建折扣如图 5-28 所示。

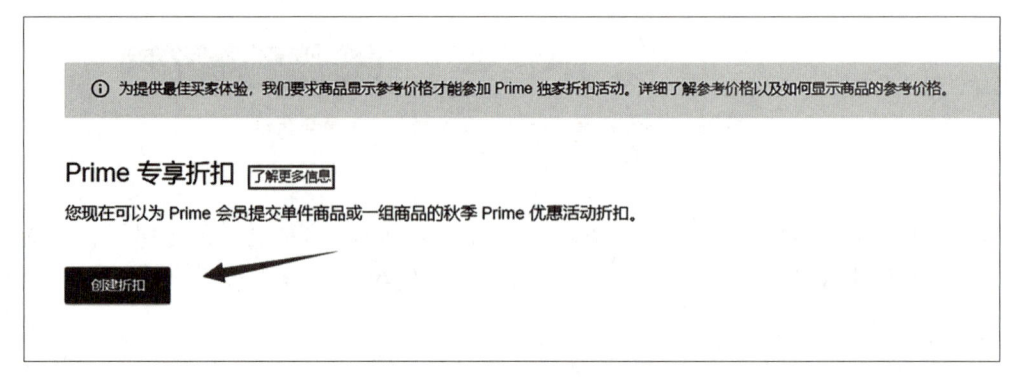

图 5-28　Prime 会员专享-创建折扣

（3）输入折扣信息。

填写折扣名称与时间，名称形式可以用产品名字+折扣力度，方便自己记忆，比如：手机壳 10。此处注意，名称只能包含字母、数字、字符、空格和下画线。输入完成后，保存并添加商品。

Prime 会员专享-输入活动信息如图 5-29 所示。

（4）输入产品折扣信息。

● SKU：Prime 专享折扣最多可以包含 500 个 SKU；商家可以在页面上一次上传 30 个 SKU，也可以使用模板批量上传。

● 折扣类型：包含"满减""折扣"以及"固定价格"。

● Prime 折扣：输入对应的 Prime 折扣，该折扣必须符合对应的 Prime 会员专享折扣设置要求。

图 5-29　Prime 会员专享-输入活动信息

- 最低价格：可以设置一个比 Prime 折扣低 0.01 美元的。比如 Prime 价格为 13.99，那么最低价格可以设置为 13.98。
- 操作：选择"添加"折扣。如需删除或者编辑，则选择对应的选项即可。

Prime 会员专享-选择商品以及折扣力度如图 5-30 所示。

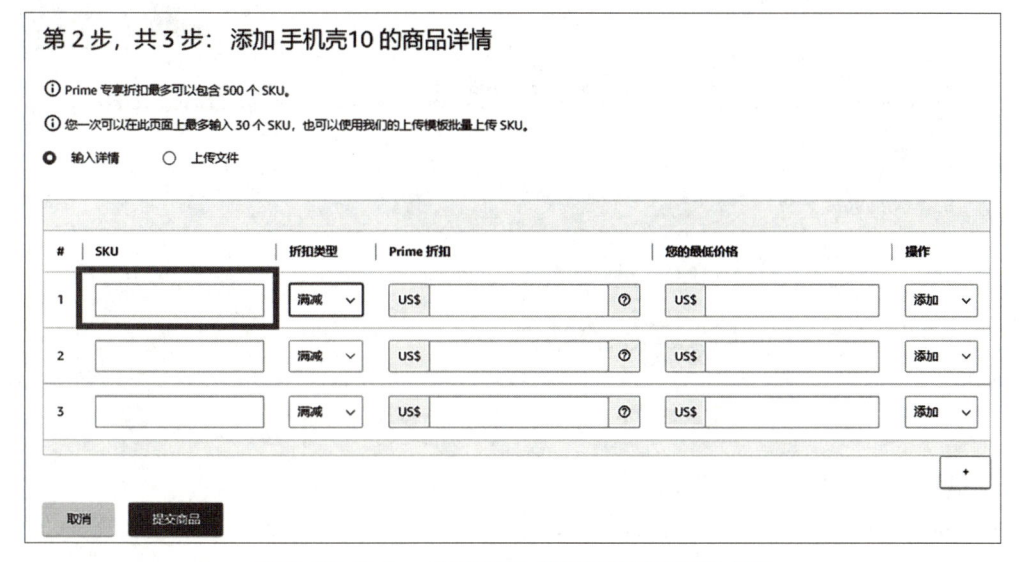

图 5-30　Prime 会员专享-选择商品以及折扣力度

检查无误后，单击"提交商品"即可。

3. Deals 促销

亚马逊网站上有各种提高商品能见度的促销活动。参加的商品可以显示在 Today's Deal 页面，获得额外的流量。常见的 Deal 促销有秒杀（Lightning Deal）、7 天促销（7-day Deal）、和镇店之宝（Deal of the Day）。这些活动不仅能帮助卖家在短期内冲击销量，也能获得流量和知名度，优化店铺运营。

(1) Deals 设置要求。

首先，想要参与亚马逊秒杀活动，卖家首先得加入专业卖家计划 Professional Selling Plan，加入后，卖家才有资格访问秒杀控制面板 Lightning Deals Dashboard，来确认产品是否能进行秒杀活动。页面会显示卖家销售的产品中，所有符合秒杀条件的产品。

除此之外，申报秒杀的产品还必须符合以下标准：

- 在亚马逊上有销售记录，且评级≥3 星。
- 所有地区 Prime 会员都能使用。
- 非限制产品、销量平稳。
- 是新产品，不是二手产品。
- 产品变体多。
- 遵循亚马逊定价政策。
- 遵守获取 Review 规则。
- 遵守申报频率规则。

(2) Deals 设置步骤。

① 进入 Amazon 卖家中心，单击"广告"-"秒杀"，选择"创建新促销"。

Amazon Deals 促销-创建新促销如图 5-31 所示。

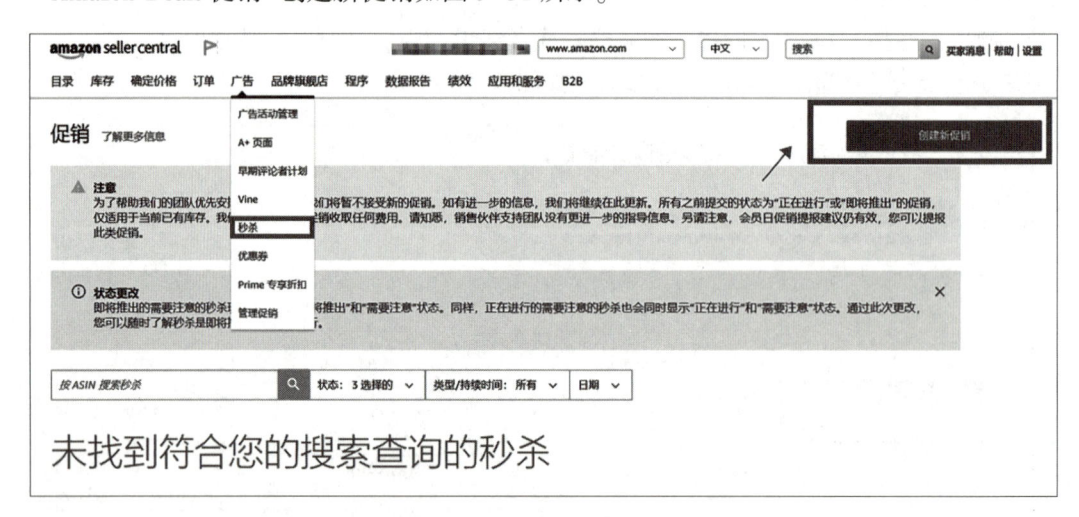

图 5-31 Amazon Deals 促销-创建新促销

② 单击"选择"，选定需要创建秒杀的商品。

Amazon Deals 促销-选择商品如图 5-32 所示。

③ 选择促销时间。

通过安排促销页面选择"想要推出促销的时间"，此处无法选择具体的时间段，只能选择某一周的时间。

Amazon Deals 促销-选择促销时间如图 5-33 所示。

④ 设置秒杀信息。

在页面输入促销价格、每件商品的折扣、已确定参与（参与活动的商品数量）等信息，然后继续下一步"设置秒杀参数"。Amazon Deals 促销-设置秒杀信息如图 5-34 所示。

图 5-32　Amazon Deals 促销-选择商品

图 5-33　Amazon Deals 促销-选择促销时间

图 5-34　Amazon Deals 促销-设置秒杀信息

⑤ 查看创建的秒杀信息，确认无误后即可单击"提交促销"，完成秒杀创建，并等待亚马逊通过秒杀审核。

学习模块二　不同平台站内广告投放渠道

eBay 平台活动与营销工具

一、AliExpress 平台站内广告投放渠道

AliExpress 站内推广主要分为商品推广与品牌推广，商品推广主要是智能投与自己投，其中，我们熟知的直通车与灵犀推荐都属于自己投，品牌推广即钻展。

（一）投放渠道

1. 商品推广-智能投

智能投是系统智选关键词、人群，仅需选择商品、设置预算出价，高性价比获取推广收益，主要包含智投宝、新品宝与仓发宝。

（1）智投宝。

智投宝是一款操作极简的智能产品，不需要选词，不需要选人群，智能选词和智能圈人群，卖家只需要设置预算及出价即可，等待买家下单发货。

系统会帮助商家选择海量流量，若发现预算花不出去或者获取曝光后未成单，建议持续优化产品承接能力，帮助系统更好地筛选流量。商品开启投放后需要在推广流量中投放一段时间，被系统学习后才能有较好的数据，卖家需要像测款一样持续优化商品。

智投宝在速卖通平台的各个推荐场景中让推广的商品露出，如"猜你喜欢"板块、搜索结果页、"More to love"板块等，灵活地向合适的消费者推送商品，以通过持续影响消费者购买决策促成转化。

（2）新品宝。

新品宝是一款新品专属的智能广告解决方案，仅部分新品期内商品可参与，加入新品宝可享受流量倾斜，通过新品专属流量加速新品测品、破单、订单累计。

与智投宝一样，新品宝覆盖搜索和推荐的流量，智能选词选人群以提高投放效率和效果，商家在创建计划中无须手动选词和选人群，新品宝按照算法模型，按照商品在搜索和推荐中的表现，选择更适合商品的渠道流量。在投放过程中，系统会提供一部分表现较好的关键词，在新品期结束后，卖家可以自主选择带着关键词方案去进行更精细化的管理。

（3）仓发宝。

仓发宝是针对速卖通"仓发商品"设计的一款专属仓发及国家智能定投产品解决方案，可以帮助卖家的仓发商品实现国家定向精准营销。仓发商品投放仓发宝享受额外优质流量优先供给，同时系统会根据卖家所选的仓发商品和国家，给到建议预算和出价，并结合预估持续给到诊断建议辅助流量调整。

仓发宝的展示位覆盖搜索和推荐广告流量两个场域，同时跨 APP 及 PC 端，全域投放，但是只有商品已入海外官方仓、三方仓承诺达或优选仓，才可加入仓发宝投放。

2. 商品推广-自己投

自己投为原直通车+灵犀推荐升级，支持同时投放搜索和推荐双渠道，缩减创建流程，

覆盖更多流域流量,可以针对搜索渠道选择商家自定义的目标关键词进行逐个设置关键词出价,针对推荐渠道单独设置商品出价,且可以根据投放地域、人群、资源位等不同方式进行更加精细化的差异化出价设置。自己投可以选择推广商品的投放位置,分为"仅搜索""仅推荐""搜索+推荐"。

希望由自己掌控商品推广操作流程,除选品和出价,卖家可以选择自己投。

(1) 仅搜索。

自己投-仅搜索等于是原直通车。当买家搜索产品关键词时,可以通过关键词实时竞价,以提升产品信息的排名,通过大量曝光产品来吸引潜在卖家。搜索渠道下推广可以主动获取目标关键词下的精准流量。

仅搜索按点击计费,展现不计费。当买家搜索了一个关键词,卖家设置的推广商品符合展示条件时,就会在相应的速卖通展示位置上出现。当买家点击了推广的商品时,才会进行扣费。

AliExpress 广告位-自己投-仅搜索-PC 端广告位如图 5-35 所示。

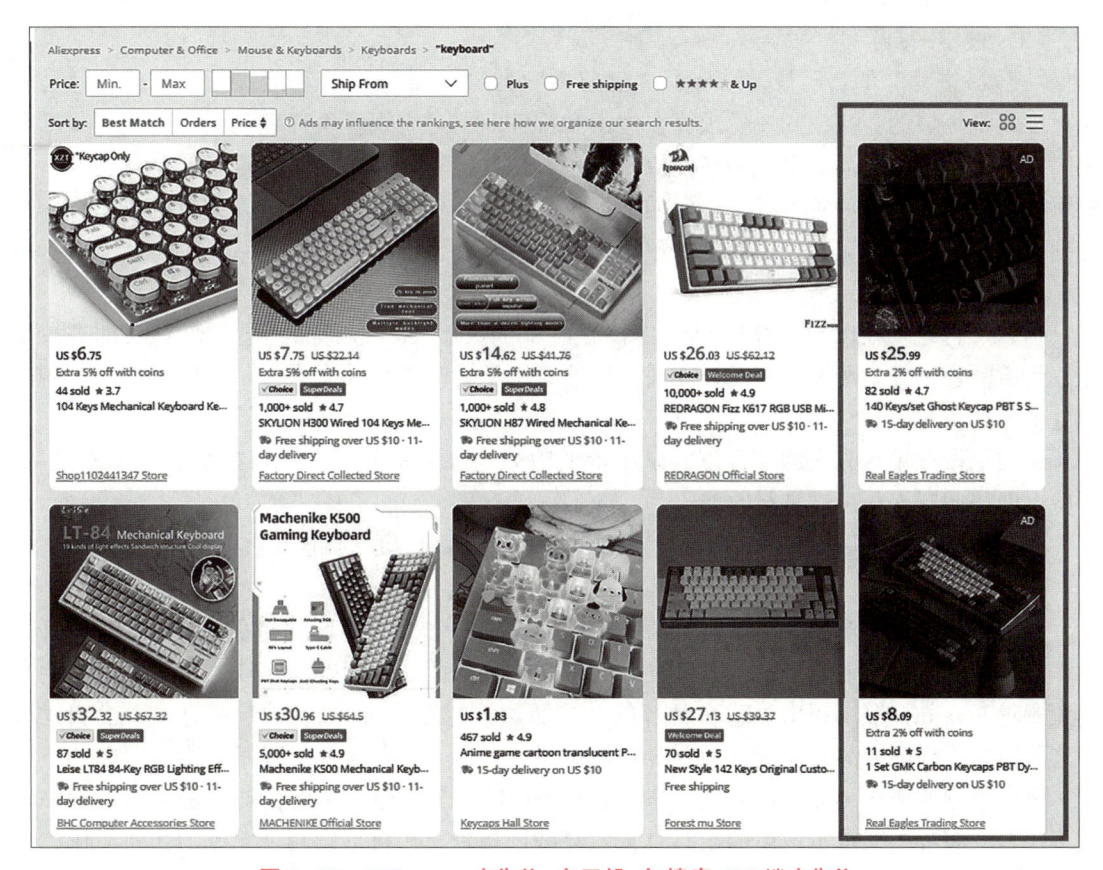

图 5-35　AliExpress 广告位-自己投-仅搜索-PC 端广告位

(2) 仅推荐。

自己投-仅推荐等于是灵犀推荐,原灵犀推荐的优势都能具备,会灵活根据分场景的推荐流量竞争情况和商品适配度选择购前、购中、购后进行投放,即各个场景中的 More to love 位置。AliExpress 广告位-自己投-仅推荐-购后展示的广告位如图 5-36 所示。

图 5-36　AliExpress 广告位-自己投-仅推荐-购后展示的广告位

（3）搜索+推荐。

"搜索+推荐"的自己投是结合了"仅搜索"与"仅推荐"的功能，可以便捷快速地覆盖更多流量场域的流量，同一份预算在搜索和推荐双渠道中视竞争环境和商品适配度灵活分配，可以帮助推广商品获得更多高性价比流量，提升投放效果。"搜索+推荐"的优势是，卖家可以从账户维度统一管理各个计划的数据，且针对一些搜索和推荐效率相近的品，在一个计划里搜索推荐两个渠道去灵活调配预算，更灵活收益也更高。

3. 品牌推广-钻展

钻展广告是一款以释放品牌曝光为核心诉求的展示类广告产品，通过跨类目的充分曝光，为店铺带来集中性地访客增长，通过智能算法千人千面精准受众，是为店铺培养品牌心智的确定性资源。

钻展是按照曝光收费的广告位，以店铺的曝光达成为核心诉求。目前是合约 CPM 方式计费，即按照曝光与展现进行收费。

"钻展广告"出现在首页"猜你喜欢"的第一个商品位置，目前仅在 APP 端投放。

4. 全店管家

全店管家是方便商家便捷地进行商品推广推出的一键推广工具。卖家开启全店管家开关后，能实现将全平台的搜索、推荐流量与店铺内的全部商品进行匹配，让全店商品有机会获得免费曝光，并按照期望出价获取点击量（按照点击付费）。商家无须选品，系统会自动智能选取适合推广的商品和流量，网罗全网性价比流量尽可能多地曝光店铺商品。

全店管家原属于 AliExpress 直通车，因此扣费模式与直通车相同，即店铺内推广商品曝光不扣费，海外买家点击推广的产品时，才会进行扣费。扣费不会超过卖家的出价上限，当日扣费不会超过卖家设置的日限额。

其展现位置也与商品推广-自己投-仅搜索相同。

（二）AliExpress 广告投放注意事项

1. 选品

产品一般选择销量高或者收藏高的商品，这样更容易获得转化，在推广商品时，建议选择利润、价格相对有优势的商品，如果利润较低，则容易亏本。遇到相似产品不知道主推哪款时，可以利用不同的推广方式进行测款，通过比对数据选择合适的商品或潜在爆款。

2. 关键词

在投放关键词时，尽量使用精准的关键词，不要罗列过于宽泛的商品名和卖点，涉及的范围太宽泛了反而让买家抓不住重点。在商品优化好的前提下，选择关键词时，一开始不必选择大词，可以选择长尾词或者小词，等到推广计划成熟后，可以再尝试竞争大词，避免不必要的投入。

3. 商品优化

商品属性填写准确，自定义属性尽量完善，且属性与标题、宝贝描述有关联而没有冲突，推广计划中的标题、创意图片等不只是推广的重要信息，更是提高点击率的有效方式。其中创意标题要围绕着之前确定的核心词来做，推广创意图片设计要抓住以下特点：图片高清、商品主题突出、特点突出、有差异化、背景简单、文案清晰。

例如，在选品测款时，透过运营数据发现商品能匹配的优词很少，说明该商品信息质量不好，需要优化或者重新上架，从而达到一个测款选品的作用。

4. 出价

在推广商品、投入推广费用时，一定要切实结合自己的实际预算，严格把控好每个关键词，切勿盲目地选择商品关键词。同时，对商品对店铺的推广要有一个长期规划，不可急切地投入资金，不计后果地推广，站内推广要符合商品的生命周期，根据推广数据进行优化。

二、Amazon 平台站内广告投放渠道

亚马逊商品推广是亚马逊的本地广告解决方案，使用关键词和商品定位功能，通过提高商品在顾客购物时的可见性让商家能推动在亚马逊上商品的销售。

目前，亚马逊广告不支持推广成人用品、二手商品、翻新商品和已关闭分类中的商品使用商品推广广告。

目前，Amazon 的广告解决方案主要包含以下几种类型：

- 商品推广。
- 品牌推广。
- 展示型推广。
- 品牌旗舰店。

（一）投放渠道

1. 商品推广

商品推广是一种针对指定的商品进行投放，这种广告将有机会出现在亚马逊上最有可能被消费者看到的广告位中，可以有效地提升商品的曝光，进而带来更多的销售机会。

投放广告后，当消费者搜寻某个关键词或按某种商品属性进行检索时，商品广告就会出现在搜寻结果中，获得曝光。卖家也可以让亚马逊的系统根据商品自动选择并投放相关关键词。

商品推广包含自动/手动两种投放方式，按照广告点击量（CPC）进行付费的，即商品的

展示曝光并不收取费用，只有当消费者对投放的广告感兴趣并点击进入详细信息页面后，Amazon 才会按照点击次数扣除相应的广告费用。因此，卖家可以控制在竞价和预算上投入的费用。

同样，当卖家的广告出价高于其他卖家时，商品广告就更有机会出现在高曝光的广告位上。

商品投放的广告位，不管是进行分类投放还是进行各个商品投放，在 PC 端一般显示在商品页面 3 个区域：5 点和 A+ 之间、A+ 和 QA 之间、Review 区下方；移动端比 PC 端多了 QA 和 Review 之间的广告位。

2. 品牌推广

品牌推广活动可以让品牌出现在搜寻结果页面中显眼的广告位上，以便于消费者在搜寻过程中更容易发现品牌或者商品，并进行互动。消费者点击品牌广告中的链接，可以进入指定的登入页面或品牌旗舰店，这能够帮助卖家提高品牌的认知度和客户忠诚度。

品牌推广的费用是按照点击次数付费的，因此卖家只需在消费者点击广告时付费。卖家可以透过设定预算以及设定每次点击的竞价金额来控制支出。同时，卖家还可以透过不断监测广告效果，来调整竞价和关键词、商品等投放条件，不断优化投放金额比例，争取更好的投放效果。

3. 展示型推广

展示型推广是一个基于点击付费的自助式展示广告解决方案，能够在亚马逊站内外触及处于购物旅程各个阶段的相关消费者，拓宽触及目标客群的管道，让商品的曝光更加全面，时时刻刻激发消费者的购买欲，增加商品销售机会。

展示型推广会使用自动化和机器学习来优化广告活动；竞价会根据转化率自动调整，同时卖家也可以选择自己更改竞价或暂停广告活动；从新增到广告活动的商品清单中，展示型推广浏览策略还会自动分析、动态选择转化率最高且最相关的商品进行推广。

4. 品牌旗舰店

品牌旗舰店是卖家在亚马逊上的活动大本营，卖家可以在此塑造品牌形象、策划品牌内容，用于激发、引导和帮助消费者发现并购买品牌下的更多商品。

品牌旗舰店的资质要求如下：

- 必须是专业卖家。
- 必须是通过亚马逊品牌注册进行注册的品牌所有者。
- 在亚马逊上有信誉良好的有效账户。
- 商品符合品牌旗舰店广告素材接受政策中详细说明的商品可接受性指南。

（二）Amazon 广告投放注意事项

1. 广告前的准备工作

（1）检查资质要求。

- 卖家账号是否为处于激活状态的专业卖家账户？
- 商品可运往所售商品国境内的任何地址。
- 产品在有效类别内。
- 具有购买资格按钮。

（2）检查 Listing 是否完善。
- 准确地描述性标题。
- 高质量的图像。
- 相关且有用的产品信息。
- 包含至少 5 个要点的描述。
- 隐藏关键词。
- 设定广告战略目标。
- 增加新商品的销量。
- 生成更多产品的评价。
- 激活销量低的 SKU 或清理库存。
- 提高品牌可见度。

2. 关键词布局

重点检查 Listing 中的关键词在布局上是否合理，基本的逻辑是：主推关键词出现的次数一定是最多的，次推关键词次之，其他辅助词零散分布。

另外，还可以通过以下途径反查自身 Listing 的关键词是否有被正确收录：
- 平台搜索框测词：输入主次关键词，看能否找到自己的 Listing。
- 第三方插件：输入自己产品的 ASIN 号看出现的权重较高的关键词与产品是否匹配。
- 类目节点：通过类目节点搜索商品，看是否会出现你的产品。
- 后台品牌分析：可以通过亚马逊店铺后台的品牌分析，输入 ASIN 反差自身权重较高的关键词，看被收录的关键词是否正确。

3. 广告设置注意事项

（1）投放时间。

亚马逊广告于当天 00:00 会重新开始计算当天预算使用情况，在对应站点凌晨时间段，建议降低竞价，或是关停部分广告活动，采用"错峰"开启的方式，将产品曝光时间尽量拉长。

另外，也应注意观察产品的最佳出单时间，可以在这个时间段内集中投放广告。

（2）预算控制。

根据 Amazon 的旺季有计划性地投入广告预算，如淡季，可以降低预算，旺季增加广告预算。

（3）无效流量。

卖家在投放商品时可以通过亚马逊广告添加否定关键词，禁止某些不合适的关键词触发广告，这样可以限制无关流量，用预算来引入更精确的流量，从而提高转化率。

（4）报告分析。

每日对广告进行分析，及时否定掉明显不相关的关键词，降低无效点击。同时对广告做阶段性分析，如某产品长期在相关的关键词下出现转化率过低、ACOS 过高的情况，很有可能是因为产品在这个关键词下不具备足够的竞争优势。

三、eBay 平台站内广告投放渠道

eBay 常见的广告会有标准促销刊登 Promoted Listings Standard（PLS）和高级促销刊登

Promoted Listings Advanced（PLA）。作为营销推广利器，eBay 推出的 Promoted Listings Standard（PLS）和 Promoted Listings Advanced（PLA）工具可让售卖的产品获得更大的曝光，能让 Listing 有更多机会展现在更多的买家面前。

（一）投放渠道及展示位

1. Promoted Listings Standard（标准促销刊登，PLS）

PLS 采用的是基于成交的收费方式，卖家可以选择要为参与 PLS 活动的 Listing 而支付的广告费用——广告费率（Ad Rate），卖家可以选择商品售价的 1%~100% 之间的广告费率。

系统会根据各种计算因素，例如商品属性、季节性、过去的表现和每个商品的当前竞争情况等，得出建议的广告费率（Suggested Ads Rate），同时根据刊登的质量、与买家搜索的相关性、广告费率和其他因素，PLS 系统确定要在搜索结果中显示哪些刊登以及显示位置，最终支付的广告费是基于预先选择的费率乘以产品成交价计算得出。

只有当买家点击一个广告并在 30 天内购买该商品时，才会被收取费用。如果买家多次点击了 PLS 广告，卖家只需支付买家在 30 天窗口内最后一次点击您的促销列表时应用的费用。

2. Promoted Listings Advanced（高级促销刊登，PLA）

PLA 采用的是基于点击的收费方式：CPC 模式，即每当广告被点击一次，卖家就需要支付该次的点击费用，不论该商品成交与否。但不管广告曝光量多少，如果没有任何点击就不需要支付广告费用。

卖家需要预先设置"竞价关键词"，并为这些关键词设置"关键词竞价"，之后 eBay 将对卖家高级促销刊登广告的所有有效点击收费。每次点击成本基于第二竞价原则，这意味着 eBay 将使用物品刊登质量、关键词相关性、卖家的竞价金额、其他卖家的竞价等因素，来确定每次点击实际向卖家收取的广告费用。

目前，高级促销刊登面向美国站、英国站、德国站、意大利站、法国站、澳大利亚站和加拿大站，且最近店铺评级"高于标准（Above Average）"或"优秀（Top Rated）"的账号。

2023 年 3 月起，高级促销刊登在搜索结果首页的广告位已经再次拓展，在搜索结果首页第 1~4 位的基础上，增加了第 14~16 位的广告位。随着广告位的持续拓展，越来越多的卖家开始使用高级促销刊登来投放店铺中所有符合条件的物品刊登，实现流量和销量的增长。

需要注意的是，PLA 的曝光是千人千面，每次搜索的曝光情况都不尽相同，因此在 eBay 前台搜索得出的结果偶然性会较高。建议观察物品刊登的曝光增速在北京时间上午和下午的区别。如果下午曝光提升较快，可以结合站点当地时间和当地买家的搜索习惯，在高曝光的时间提高竞价，以获得更多的转化机会。

（二）eBay 广告投放注意事项

1. 广告商品

建议选择做广告投放的商品，最好是选择一些季节性的、销量比较高的或者是新上架的 Listing 进行推广，因为这几类商品的搜索量也比较大，受众比较广，对提升曝光和转化是有更大的帮助的。

像是旅行、房地产、汽车以及非 eBay 指定的任何类别商品，则不建议投放广告。因为这些类目商品转化比较差一些，即使有流量，广告效果也不会太理想。

2. 广告费用

关键词每被搜索一次，即视为一次竞价；而竞价是否成功，与物品刊登的质量、关键词的相关性、卖家自己的出价和其他卖家的竞价金额都有关。

相对来说，在其他条件相同的情况下，广告出价越高，Listing 的排名就会越靠前，当然出价也要根据广告的趋势去调整，以及类目的趋势广告平均费率，最好是不要低于平均费率，否则产品很难有展现；之后也要根据自己的情况去调整广告出价。

系统建议竞价每 24 小时更新一次，卖家可以根据广告表现和建议竞价更新广告关键词竞价，建议至少两周调整一次关键词竞价。广告运行一段时间后（建议至少运行 2 周，以获得足够的数据积攒），针对表现不好的关键词可以降低出价。

3. 广告关键词

eBay 广告同样也是通过关键词进行投放推广，所以第一步就是要选择合适产品的关键字词。记住关键词一定是要符合买家的搜索习惯。

例如买家搜索词是 long yellow socks，卖家 A 设置的是 yellow socks 精准匹配，卖家 B 设置的是词组匹配 yellow socks，如果卖家 A 与卖家 B 竞价一样，谁会赢得这次竞价？

首先，卖家 A 在这次搜索结果中无法赢得竞价，精准匹配需要卖家的关键词与买家的搜索词完全一样的情况下才会展现。前面所述的情况中，只有卖家 B 能够赢得竞价。其次，如果有多个卖家针对同一个词的出价相同，系统会综合评估各个卖家的物品刊登质量、关键词与投放产品的相关性、关键词的匹配类型等因素，来决定最终是谁赢得这一轮的竞价。而在同等条件下，卖家使用精准匹配和词组匹配投放同一个关键词时，精准匹配的优先级更高。

Shopee 站内广告投放渠道介绍

学习模块三　站外营销与推广

一、社交媒体推广

（一）社交媒体推广营销的重要性

根据相关数据显示，2022 年 4 月，全球社交媒体用户总数达到 46.5 亿。这个数字表明，现在有超过 90% 的互联网用户每月访问社交媒体平台，且在跨境电子商务中，社交媒体如 TikTok、YouTube 等这些渠道所占的份额逐年上涨，已显露出其发展潜力。同时，TikTok 倒逼 Facebook、Twitter 等社媒电子商务化，使视频平台、社媒成为跨境出海电子商务新的消费渠道。

各种消费渠道的发展也为流量池注入崭新的活力，TikTok 等短视频平台成为新的流量入口。通过视频流形式建立全渠道转化的能力，获得大量曝光，不断挖掘私域流量价值，转化为新客，线上消费呈现出"去中心化"的特征。

利用社交媒体营销 Facebook、Instagram 等社交媒体平台，可以建立强大的品牌影响力，

这属于一种跨境电子商务的营销策略,其优势如下:

1. 覆盖更广泛的受众,发现并促进潜在客户

通过社交媒体营销,整个过程将会有所不同。社交媒体营销可帮助商家吸引目标客户,如果商家只在某个平台或者某个市场做推广,可能只能接触到一小部分消费者;但是通过社交媒体营销的特性,商家可以面向全世界范围内做营销推广,并且吸引世界范围的潜在买家。

通过互联网,平台向全世界的消费者推送广告,商家还可以通过社交广告定位特定的受众,扩大宣传范围,增加网站流量,吸引陌生人并将其转化为潜在客户或是找到新的潜在买家,提高商品的转化率。

2. 提高品牌知名度与忠诚度

全球社交媒体用户数量巨大,对卖家品牌感兴趣的人会关注卖家在社交媒体上的更新,社交媒体提供了一个机会平台,商家可以通过社交媒体营销策略培养并拓展相关业务。

通过社交媒体,商家可以直接联系到更多目标消费者与潜在消费者,这将会取得巨大的品牌口碑传播。口碑具有传染性,没有能比"顾客分享"更好的推广商品的方式了。他人推荐是最好的口碑工具之一,有助于提升品牌知名度,树立品牌权威。

此外,在社交媒体上,与消费者的踊跃互动表明商家更加注重消费者满意度,有助于提升消费者的忠诚度。

3. 建立买家关系

社交媒体营销流行的一个巨大驱动力是客户对真正互动的渴望。在社交媒体出现之前,品牌感到疏远和超脱,但是社交媒体拥有连接人与人之间关系的能力,这是任何其他平台都无法做到的,并且还可以帮助他们之间的沟通和互动。

社交媒体渠道为双向交流提供了空间,商家可以通过社交媒体,与消费者建立更加直接、紧密的联系。

(二) 社交媒体推广方式和技巧

收集和了解这些海外知名的社交平台只是一个开始,很多时候,商家并不能兼顾所有海外社交媒体平台,因此在实际运营过程中,我们总结出以下几个推广方式和技巧,适用于大部分社交媒体。

1. 了解每个社交媒体平台的规则和功能

每个社交媒体平台的规则是不一样的,通常平台也有其独特的功能,熟悉哪些是平台提倡和鼓励的行为,哪些是平台禁止的行为,不但可以避免账号被封,更可以让你充分利用平台的独特优势脱颖而出,抓住精准的用户群体。

2. 精准分析产品属性和定位用户市场

每个平台因为其自身的功能特性和内容差异,覆盖的用户群体也有明显不同。商家要在这上面做深度分析,弄清楚什么样的人会购买我们的产品,他们在哪里,他们会喜欢什么,做起社交媒体引流才能得心应手。比如 Instagram 的用户群体偏年轻化,平台视觉导向明显,更适合时尚、美妆、服饰等品类的产品进行推广;Facebook 虽然用户基数够大,但是年轻用户流失,老龄化趋势显著,如果产品目标受众是 65 岁以上的老年人,那 Facebook 再合适不过;还有转化率极高、内容丰富且高度适配网红营销的 YouTube 也不容忽视。跨境卖家在社交平台上进行宣传前,需要深度分析平台用户需求与自身商品属性的匹配度,筛选出潜在的客户，制定投其所好的广告策略，最终获得他们的关注度。

3. 聚焦在特定社交平台，切勿大而全

一些品牌对于海外社交媒体营销的要求是大而全，无论平台有没有用，要求一次性全部覆盖掉，以为这样就意味着更大的曝光量。但是每个平台的内容运营、用户互动和粉丝增长，都需要很大的资源和时间投入，盲目地求全反而会造成营销人员顾此失彼。

如果营销团队和营销成本有限，最好将这有限的资源利用在最适合自身商品的1~2个平台，可以是 Facebook + Instagram 运营，或者 Pinterest + Twitter 运营，根据商品特性和受众群的不同要有不同的判断。然后通过坚持不断地运营，社交营销会带来流量和销量的实际增长。

4. 精心制作内容，分类并制定多样的文章组合

优秀的海外社交媒体运营，懂得通过社交平台向用户传达更人性化的、符合用户需求的内容，而不是文字的堆砌。通过分析产品的卖点和用户的痛点，制作有吸引力的软文和视频，当这些内容展示在社媒平台上，往往很容易获得用户的关注。很多品牌并没有站在用户的角度来考虑问题，发布的内容和用户的相关度低，导致了营销效果差。

真正的好内容，是可以引起社交共鸣的内容，它们往往来源于用户，通过用户传播。

此外，在多语种营销方面，除了几个主要的英语国家，众多非英语国家是非常广阔的未开发市场，这个市场需求大、竞争少，做好多语种营销才能开拓更大的市场。

5. 邀请网红推广商品

网红对产品推广的帮助无须多言。来自尼尔森咨询的数据显示，92%的用户更相信来自个人的推荐，而非商家；81%的用户在做消费决策的时候受到社交媒体上内容的影响；71%的用户更倾向于购买在社交媒体上有正面评论的品牌的产品。

找到适合自己商品推广的网红并不是十分困难的事情，网红出于收入的考虑，通常每个月会付费接几个推广的广告。在广告形式方面，如果邀请网红做的是品牌方面的宣传，建议网红将推广链接设置成公司官网；如果是和销售直接相关的广告推广，那应该把链接直接设置成产品链接（遵循上述讲的流量法则）。

如果卖家有足够的粉丝基础或者营销能力，可以和一部分网红商量进行流量交换，即网红为商品进行介绍或者测评，而品牌则为网红的商品帖子进行二次推广，从而双方都可以从这次营销活动中获益。

（三）海外社交媒体推广时的注意事项

现在越来越多的商家认识到了海外社交媒体推广的重要性，也纷纷开始尝试利用海外社交媒体做营销推广。但实际上海外社交媒体营销并非企业想象中的那么简单，如果操作不当，不但无法获得更多客户，反而容易引起用户反感。因此，我们在做海外社交媒体推广时，应当注意以下事项：

1. 不与粉丝互动

很多企业习惯于传统广告的宣传方式，只是一味地将宣传信息发布出去，而不会或者不知道怎么跟用户互动。而社交媒体的一大优势就在于其互动性，不和粉丝互动或者只和感觉有意向的用户互动就会导致一些用户的反感，对于维护粉丝关系、树立品牌形象很不利。因此，企业应当积极回复用户的评论、留言、私信等，并鼓励用户互动，不断增加和用户之间的黏性，进而利用粉丝口碑宣传获得更好的转化和品牌效应。

2. 忽视发帖质量

想要在社交媒体中被用户记住就需要保持一定的活跃度，但如果为了发帖而发帖忽视了内容的质量就会导致用户逐渐对商家不感兴趣进而取消关注。因此，商家在发帖尤其是在公共主页发帖时要做好内容策划，内容要对用户有价值，或科普，或解决用户问题等，图文结合增加帖文的可读性，注意细节避免出现单词拼写、语法标点等低级错误。如果需要转发他人的帖文则需要考虑对方的内容是否与品牌或商品相关，转发时加入自己的见解等。

3. 盲目追求热点

热点信息更容易获得流量。但如果商家发布的热点信息与商家的产品和品牌并没有什么关系，或牵强附会联系到一起，反而会让用户产生不适甚至反感。因此，商家在寻找和发现热点时首先要判断其是否和企业的产品或企业品牌理念、故事等相关，然后再做内容的策划。

4. 帖文营销性太强

很多企业为了快速获得客户，在注册海外社交媒体之后就发布自己的产品宣传信息，但实际上，Facebook、领英等社交媒体的主要功能还是社交，用户在这些社交媒体中更希望的是交流和沟通，看到大量企业的营销广告容易引起反感。特别是商家的官方账号，一定要避免大量硬广的出现，可以适当地结合热点或行业干货，嵌入公司产品相关信息。平常多分享一些工作生活的正面信息，拉近与用户距离，逐渐培养信任感。

5. 滥用平台功能

首先要注意，在添加好友时，不要只注重数量，更要注重质量，加好友的精确度还会影响到社交媒体为账户提供的系统推荐，好友的质量越好，系统推荐的好友精确度也会越高。其次，不要滥用标签和@功能，以免引起用户反感。当然有一点也非常重要，注意账号注册后的成长，不要急于求成，以免账号被封，前功尽弃。

6. 急于求成

很多跨境出海的商品都有做过社交媒体营销，但是在经过一段时间的尝试之后发现并没有什么起色，于是开始质疑社交媒体营销是否真的能够带来业务的提升，甚至觉得这完全是在浪费时间。而事实上，很多卖家尝试社交媒体营销不成功的根源，就是对其短期利益的过分追逐。商家幻想在一夜之间让自己的产品在Facebook、Instagram上备受推崇，这种不切实际的想法，是很多品牌浅尝辄止的主要原因。

需要记住的是，社交媒体营销需要时间，是一项需要每日维护、细水长流的长期工程。那些一朝成名的社交营销案例只是冰山一角，大多数品牌的社交营销都是经历了长时间的内容创作和运营。卖家每天需要做的其实是一些扎实的基本操作，更新每日内容，将产品和公司主页曝光给更多的人，去获取更多用户的邮件等个人信息，和用户建立日常的内容互动等。

主流社交媒体平台

二、SEO 搜索引擎优化与推广

（一）SEO 搜索引擎优化

搜索引擎是根据用户需求与一定算法，运用特定策略从互联网检索出指定信息反馈给用户的一门检索技术。搜索引擎技术的核心模块一般包括爬虫、索引、检索和排序等，同时可添加其他一系列辅助模块，以为用户创造更好的网络使用环境。

搜索引擎也分垂直搜索引擎和通用搜索引擎：

垂直搜索引擎：如淘宝、亚马逊、YouTube、App Store，指的是行业特定的，针对某个领域的搜索引擎。可以说，比如在优酷上搜索的肯定是视频，淘宝上搜索的肯定是产品或服务，在 App Store 上搜索的是 APP。

通用搜索引擎：如谷歌、百度、360 搜索，指的是针对互联网上所有信息的搜索。可以说，我们在谷歌上搜索的东西更多的是网页。

而在生活中，我们谈论的搜索引擎，一般都是指通用搜索引擎。

搜索引擎优化（Search Engine Optimization，SEO），是一套利用搜索引擎的搜索排名规则来提高网站在搜索结果里自然排名的系统方法，是近年来较为流行的网络营销方式，主要目的是增加特定关键字的曝光率以及增加网站的能见度，进而增加销售的机会。

换句话说，SEO 是运用一系列的技术和策略，包含优化网页文字、关键字研究、增加网站权重、新增外部链接等多种方式，让搜索引擎了解并认可网站架构，提高网站在搜索引擎的搜索结果中自然排名的过程。

一般而言，一个网站在搜索结果页面上排名较高，并且更频繁地出现时，它将从搜索引擎的用户获取的访问者越多。这些访客可以转换成客户，因此 SEO 能有效地为企业带来很多业绩。

1. 获取流量的重要渠道之一

从搜索量上讲，根据 Internet Live Stats 的数据显示，全球每天都有大约 35 亿条谷歌搜索。并且由于每年互联网用户都在增长，每年使用搜索引擎的人数也随之稳步上升，很多消费者尤其是欧美地区的消费者在网购之前会在谷歌搜索该产品或服务类目的相关信息，寻找商品、网友建议、比较商品特征和其他信息来帮助他们做出购买决定。

2. 付费广告成本不断增加，SEO 是"免费的流量"

从成本上来讲，从自然排名中获得的流量是免费的（相比于搜索广告）。

如果商家通过 Facebook 或 Instagram 等付费广告渠道产生大部分销售额，这可能会侵蚀商品的利润空间。虽然产生自然流量需要时间，但它最终会成为我们的最佳获客渠道，使成本可被接受。让我们的产品在浩瀚的网络空间中被人找到就是 SEO 的用武之地。他为电子商务卖家提供了一种无须支付广告费用即可接触目标受众的方法。一旦人们访问我们的网站，就意味着我们可以用优质的商品、引人入胜的文案、图片吸引消费者下单。

3. 用户接受程度高，有助于树立品牌形象

搜索引擎排名指搜索引擎排出一个能够在网上发现新网页并抓取文件的程序。

比起关键词广告、Facebook 广告，消费者更倾向于相信自然搜索结果，光从自然搜寻的点阅率上就可以很轻易地看出来，自然搜寻排序前三名通常都会有 30%~50%以上的点阅率，但关键词广告即便排名在第一名，有时还是得不到超过 3%的点阅率，主因还是消费者更相信自然搜索结果，自然搜索结果的用户接受程度是广告排名的 50 倍以上。

（二）SEO 搜索引擎优化方式

SEO 优化主要分为以下几步：

1. 关键词分析（也叫关键词定位）

这是进行 SEO 优化最重要的一环，关键词分析包括：关键词关注量分析、竞争对手分析、关键词与网站相关性分析、关键词布置、关键词排名预测等。

对 SEO 优化来说，关键词优化是把网站里的关键词进行选词和排版的优化，达到优化网站排名的效果，使其在搜索引擎中的排名中占据有利的位置。这个步骤需要收集一系列不同搜索意图的关键词，要分析客户搜这个关键词背后的意图是什么，这些关键词大概可以给网站带来多少流量，关键词排名优化和竞争程度等。

2. 网站架构分析

合理的网站框架有助于用户和爬虫找到需要的内容，符合搜索引擎爬虫喜好，这有利于 SEO 优化实现更好的效果。一般建议使用扁平化的网站架构，也就是首页—栏目页—内页。

这种结构只需要三到四步即可让搜索引擎蜘蛛到达内容页成功抓取内容并建立索引。而且对用户来说，扁平化网站框架也可以在前台很直观地看到产品或文章属于哪个类目，避免了重复或者无效的点击。

3. 站内优化

站内优化是 SEO 的基础工作，主要包括 Title、URL、内链、图片等。

① Title。

Title 是指在搜索引擎结果页中我们网站展示的样子，如果想完整展示自己的标题，一般是建议小于 60 字符（580px）。取一个好的标题可以提高页面的点击率，但是页面排在首页或首位取决于你的内容质量是否够好，是否符合用户的搜索意图。

② URL。

虽然前方说过 URL 不是影响排名的重要因素，但一般还是建议用较短的 URL。如果你的文章名很长，可以适当删减部分关键词形成一个新的 URL。

③ 内链。

内链一般用于将相关文章关联起来，并互相传递权重。合理的网站内链接，能提高搜索引擎的收录与网站权重。

④ 图片。

搜索引擎不仅爬取网页上的文本，还会爬取图片。如果不进行优化，可能使页面加载缓慢。可以通过使用 JPG 或 PNG 格式的图片或缩小图片文件大小等方式进行优化。

4. 将站点地图提交至搜索引擎控制台并修复站点错误

在搜索引擎控制台上提交站点地图可以让商店被搜索引擎爬取和索引。这就意味着爬虫机器人会访问电子商务网站，探索主页，然后一路爬取你所有的产品类目、系列和产品页面，并再次返回，直到完成为止。它这么做是为了在搜索引擎结果页面中列出这些页面。

5. 内容更新

搜索引擎喜欢有规律的网站内容更新，网站想要有好的排名，离不开优质内容的更新。定期在网站上更新优质内容，有助于网站在搜索引擎上的排名，合理安排网站内容发布日程是 SEO 优化的重要技巧之一。

6. 高质量的友情链接

建立高质量的友情链接，对于 SEO 优化来说，可以提高网站 PR 值以及网站的更新率，都是非常关键性的问题。友情存在的意义在于表示其他网站给我们网站的"投票"，可以增加搜索引擎对网站的信任感。

7. 网站流量分析

网站正式开始优化之后，初期数据较少，但随着时间的推移，排名首页的关键词逐渐增加，带来的流量也在增加中。这时候我们就需要对网站数据进行分析，根据流量适当调整优化方案。从 SEO 结果上指导下一步的 SEO 策略，同时对网站的用户体验优化也有指导意义。

三、案例分析：揭秘跨境电子商务巨头 Anker

一块小小的充电插头和充电宝，到底有多大的能量？在国内默默无闻的品牌 Anker，走出国门竟然成了最受欢迎的充电宝品牌，国际化程度甚至超越腾讯、OPPO。

提及 Anker，无论是 3C 发烧友还是从事跨境出口电子商务的，几乎是无人不知、无人不晓。

Anker 是海内外众所周知的出口电子商务品牌，主打智能移动周边产品，如移动电源、充电器、蓝牙外设等，是在 2015 年被亚马逊评为"最受好评品牌"的中国品牌。目前通过亚马逊、eBay 和 Lazada 等平台已经迅速在海外做出影响力，而海翼以线上 B2C、线下批发和直销等模式，覆盖欧美、日本、东南亚、韩国等多个国家和区域市场。

Anker 作为最早布局全球化发展的中国品牌之一，专注打造技术领先、功能领先的充电配件品牌。

2011 年品牌注册以来，在海内外持续获得优秀的市场表现和消费者认可。2012 年起，Anker 陆续在亚马逊为主的各大平台包揽"#1 Best Seller"，并且逐年在各大主力市场占据行业领导地位。根据 2021 年 1 月数据，Anker 品牌在美国亚马逊平台上的销量仅次于苹果官方，排名第 2；而在日本亚马逊平台，Anker 则位居消费电子品类单品销量的第 1 名，目前在全球市场收获了超过 6 500 万忠实用户。

成为行业领先品牌，Anker 又是如何做到的？

2011 年，已经在谷歌工作五年的搜索引擎高级工程师阳萌决心从这家全球最大的搜索引擎巨头离职，开始在硬件领域创业。当时，阳萌发现，在欧美国家，笔记本电脑通常 2~3 年就需要更换新的电池，在亚马逊上搜索相关产品时，发现有两类排名比较靠前：一类是价格昂贵的原装电池，售价七八十美元；另外一类是杂牌电池，售价十几美元，但是评价不佳。

阳萌意识到，彼时市场存在一块空缺——有品牌且质量不错的电池，通过亚马逊这些电子商务平台，中国制造商拥有了商品直销美国的机会。

早期的 Anker 扮演的是一个贸易商的角色，做的事情就是在亚马逊上找用户需求量大但还没有知名品牌的产品，然后在深圳寻找供应商，生产出质量不错的产品贴上 Anker 的牌子，放在亚马逊上销售。

那时候，Anker 主要打的是信息差。阳萌称："当你发现一个别人还不知道的品类，就等于找到了一个商业机会，然后尽快去卖。"

比如在笔记本电池这个品类，当阳萌通过亚马逊推出了质量接近原厂，但定价却只有 30~40 美元的通用电池后，很快收获第一批用户、赚得第一桶金。Anker 也完成了从 0 到 1 的品牌打造。

那么这家中国企业后来如何在美国消费者中变得名声大噪？

(一) 产品品质

1. 技术优势

以 Anker 的 PowerPort 5 为例，它是一个只有纸牌大小、磨砂黑的矩形移动电源，带有五个 USB 端口。当它在 2015 年首次推出时，它是市场上唯一可以以最佳速度同时给 5 台设备充电的配件；或是 Anker 的 PowerCore 标准移动电源，它大约有一个信用卡的大小，只有一英寸厚，容量为 10 000 mAh，使用的是锂离子电池。在需要重新充电之前，它可以在短短 60 多分钟的时间内将完全没电的 iPhone 7 重新充满 4 次电。

Anker 的产品研发部门有超过 100 位的工程师，很多人有在国际知名企业工作的经验。这能确保 Anker 在生产产品时一直处在技术前沿和采用先进的技术标准。

2. 产品印象

除了产品的技术优势之外，Anker 移动电源的包装也能使它从同类产品中脱颖而出。其品牌经理表示，从客户收到产品到打开和使用它的各个环节体验上，Anker 每个设备包装都是经过精心考虑的。产品的包装外壳是一个带有白色和浅蓝色的盒子，正面印着一个全大写的 Anker 标志；内部是精心包装的轻质纸板。

除了红色外，Anker 销售的产品只有两种颜色可供选择：黑色和白色。所有这一切都是具有战略性的商业目的，是为了加强消费者对品牌以及产品的信任，加深品牌印象。

3. 注重长期目标

Anker 不看一些相对短期的指标，看得最多的是重复购买率。一个好的品牌一定是要能够不断把客户赢回来，靠的是过去给他们的好印象和好产品。Anker 在过去的几年里面，基本上保持每个月 0.5% 到更高一些的重复购买率，在一些主要的市场里面和一些主要的品类里面，目前保持超 40% 的市场份额。

4. 注重客户反馈

Anker 以客户为准绳，非常注意加入对欧美客户的研究，会收集亚马逊平台的客户评价和价格变化数据，这些数据能帮助产品经理了解问题所在，并预测出未来需求旺盛的产品。

这些消费者调查能帮助 Anker 迅速更新产品，比如它曾在 6 个月内推出 150 种新产品，一般新产品的库存在两个月内就会卖光。

(二) 站外营销

1. 官网展示

与其他的单纯平台卖家不同，Anker 非常重视自己官网和论坛的维护，不管有任何新的产品，都是官网营销先行，通过 anker.com、anker.com 以及 Anker 的客户管理系统，让顾客有较强的归属感和黏度。同时，对于慕名而来的新顾客，Anker 官网把产品展示页面的销售链接直接导入 Amazon 店铺中来，既化解了顾客购买时对第三方平台的疑虑和不信任，又把销售转化累积到 Amazon 店铺中，提升了销售排名。

2. 论坛推广

卖家们大多会在目标网站推广以此获取目标用户，Anker 采用的也是这种精准化营销策略，在比价网站和相关论坛上定位到目标用户，再以此将目标用户带到自己的独立站。

论坛对于 Anker 的作用为产品品牌的辅助推广，到 2013 年开始集中出现做 Amazon 联盟广告的论坛推荐 Anker 产品。目前，在 Amazon 联盟中搜"battery bank"出现的产品 70% 是 Anker 的产品，这也是论坛会选择推荐 Anker 的原因之一。

3. 社交网站

在 Facebook 或者 YouTube 上，都可以找到 Anker 的身影，但 Anker 深刻地理解到，站外流量的转化质量相比较站内来说，是有相当大差距的。所以，Anker 并没有在社交平台上做特别的推广，只是做了一些日常的品牌形象营销。

4. 网红推广

在 Anker 发展前期，Anker 充分利用了网络红人的影响力，以红人博客为入口，免费寄送产品给红人，红人在博客中写测评 Review；或者通过跟网站红人合作主写推荐性文章，给出链接指向 Amazon，根据引荐或成交给博客主提成，为官网和平台店铺导入了大量的流量，为其前期的销量带来了汗马功劳。

5. 注重 SEO 搜索

根据相关数据显示，Anker 的流量来源有七大渠道，它们所占流量比例分别为自然搜索（63.42%），直接访问（23.44%），推荐来源（5.91%），社交（2.97%），邮件（2.27%），付费搜索（1.97%），展示广告（0.02%）。自然搜索的流量份额排在了第一位，因此我们可以发现，Anker 在 SEO 上面花了不少心思。

独立站营销成功案例

拓展阅读　　知识与技能训练

学习单元六

跨境电子商务物流

【学习目标】

【知识目标】

了解跨境电子商务物流的现状和趋势。

熟悉国际物流的主要分类。

知道常见的物流清关面临的问题。

【技能目标】

能够针对常见物流清关出现的问题提出解决方案。

掌握国际物流运输中包装的注意事项。

学会跨境电子商务物流方案的选择。

【素质目标】

感受我国完备的基础设施建设对跨境物流的促进作用。

【思维导图】

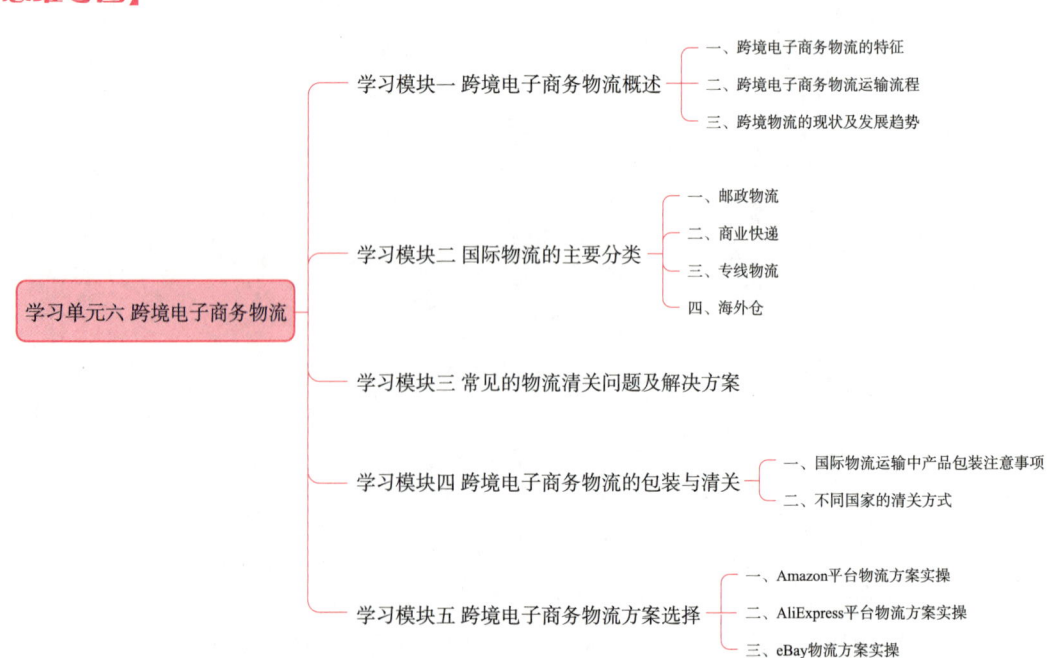

```
学习单元六 跨境电子商务物流
├── 学习模块一 跨境电子商务物流概述
│   ├── 一、跨境电子商务物流的特征
│   ├── 二、跨境电子商务物流运输流程
│   └── 三、跨境物流的现状及发展趋势
├── 学习模块二 国际物流的主要分类
│   ├── 一、邮政物流
│   ├── 二、商业快递
│   ├── 三、专线物流
│   └── 四、海外仓
├── 学习模块三 常见的物流清关问题及解决方案
├── 学习模块四 跨境电子商务物流的包装与清关
│   ├── 一、国际物流运输中产品包装注意事项
│   └── 二、不同国家的清关方式
└── 学习模块五 跨境电子商务物流方案选择
    ├── 一、Amazon平台物流方案实操
    ├── 二、AliExpress平台物流方案实操
    └── 三、eBay物流方案实操
```

学习模块一　跨境电子商务物流概述

一、跨境电子商务物流的特征

结合跨境电子商务及物流的概念与特点，跨境电子商务物流定义为：在电子商务环境下，依靠互联网、大数据、信息化与计算机等先进技术，物品从跨境电子商务企业流向跨境消费者的跨越不同国家或地区的物流活动。

跨境电子商务与跨境物流高度相关，二者存在长期稳定的均衡关系。

从长期来看，跨境电子商务与跨境物流的关系主要表现为相互正向促进作用，跨境物流是跨境电子商务平台取得消费者信任的重要一环，但也存在一定相互抑制关系，且跨境电子商务对跨境物流的长期依赖性要强于跨境物流对跨境电子商务的依赖。

与国内电子商务物流相比，跨境电子商务物流运输距离较远，且面临出口国和进口国两重海关，需要进行较复杂的检验检疫等清关商检活动，货物破损、丢失等风险相对较高，时间长而成本高，面临不同国家或地区的经济、文化、风俗、政治、政策、法律、宗教等环境因素差异的影响；而国内电商物流在运作流程上相对更加便捷，运送周期短，运作风险与成本低。

与传统国际物流相比，跨境电子商务物流是集产品、物流、信息流、资金流于一体的主动性服务，需要有更高的敏捷性和柔性，强调其整合化和全球化能力，更注重 IT 系统化和信息智能化。物流服务往往影响着消费者的整个购物流程和时效体验，跨境电子商务物流除了完成物品位移活动外，还能为消费者提供更多的增值服务。

综合来说，我国跨境电子商务物流与传统国际物流、国内电商物流诸多方面都存在差异，具有以下特点：

1. 距离远、时间长、成本高

这是跨境物流与国内物流的标志性差异。比如运往西班牙、巴西等新兴市场的物流时效往往在十几天甚至一个月之久。中国邮政小包等渠道价格上涨，对卖家影响较大，蚕食卖家利润。很多卖家不得已被迫改换其他渠道；但是专线等其他渠道往往难以保证清关的稳定性，从而对电商的物流绩效和买家的客户体验造成了很多不利影响。

2. 流程复杂，可控性差

除了基本的产品配送之外，其中还涉及国内头程交货、缴费、海关清关及当地派送；如果是海外仓形式的物流渠道还涉及海外仓库操作和分拣等。

3. 形式多样化

由于跨境物流所涉及的环节比较多，因此在各个层级也诞生了诸多形式，比如头程清关就可分为海运、陆运、空运、专线等。所以在选择跨境物流服务商时，一定要选择配套国际快递管理系统 XMS 的物流服务商，这样可随时掌握物流信息。

4. 竞争集中在东南沿海地区，中西部地区竞争较少

由于渤海地区、长江三角洲、珠江三角洲等东南沿海地区经济发达，跨境运输需求旺盛，该地区航运、航空运输等基础设施相对完善。因此，对货源的争夺和对运力资源的争夺最为激烈。在中西部地区，由于经济相对不活跃，跨境运输需求低、运输成本高，该地区的国际货运服务资源投入较少。

5. 区域内或单一行业竞争激烈，跨地区、跨行业的竞争较少

随着跨境电子商务的崛起带动物流行业的发展，竞争程度日益激烈，但受其自身资金实力、管理和技术能力的限制，以及国家物流市场相互分离等因素，竞争特点表现为某区域某行业企业之间的竞争。比如长三角地区，跨境物流公司之间的竞争；或者某单一行业之间资源的竞争，例如3C行业、电子产品制造业等。而跨地区和跨行业之间的竞争反而较少。

6. 由单一服务走向多元化服务

大部分跨境物流企业只能提供海运物流或者空运物流服务，能提供多式联运（如海空联运）和满足客户其他不同需求的跨境物流企业较少。在提供跨境物流服务时，局限于报关、订舱等传统服务，在提供运输方案优化设计、综合物流服务方面较少，因此同质化竞争现象较为严重。

随着跨境电子商务需求的增多，大多数跨境物流公司从单一的提供运输服务开始转向多元化服务，比如与海外仓储公司之间的合作就是鲜明的代表。在跨境物流这一链条上，提供头程清关、仓储、配送，以及与FBA相关的诸多衍生和替代服务，如海外仓贴标换标、一件代发等。

二、跨境电子商务物流运输流程

跨境电子商务物流需要强大的整合能力来实现端对端的全流程履约服务，主要由前端揽收、转运仓入库、头程收货、出口清关、国际运输、进口清关、海外仓储和分拣、尾程派送组成。

1. 前端揽收

在买家下单后，卖家将货物打包，并通过多种方式将包裹交给物流商（货代），或物流商直接上门取货。

2. 转运仓入库

物流商（货代）在收到产品后，将包裹运送到国内转运仓进行分拣入库。

国内转运仓入库流程主要分为入库—称重、量体积—安检—换标—装箱—压抛—QC（开箱验货抽检）—出库，一般现有的B2C即9610模式，国内转运仓会对商家运输包裹进行换单操作，即将商家头程面单换成尾程面单，并将货物清单发给头程，用于货物核对及清关。

（头程面单：商家寄件至转运仓。尾程面单：转运仓寄件至海外消费者）

3. 头程收货

头程一般是指使用铁路、空运、海运等运输方式，将商家的货物通过运输到目的国的服务商仓库/海外仓这一环节，通常也单指从国内转运仓到目的国的服务商仓库/海外仓这一段的物流运输。

头程收到货物，根据清单进行核对，将货物按照不同国家流向分类，打板后运输到海关清关，并提前预定航班（空运）、船期（海运）或卡车（陆运）。

4. 出口清关

头程提交清关资料，海关查验放行。

5. 国际运输

货物可根据时效要求，选择空运、海运、陆运的方式抵达海外。

- 空运：货物场站过磅、打板、安检，按预定的航班起飞。
- 陆运：货物运至边境后，换车并进行出口报关操作，放行后按计划离境。
- 海运：货物场站过磅，按预定船期装运上船启航。

6. 进口清关

货物抵达目的港后，地勤理货，并安排目的港海关对货物进行查验清关，并对应缴税货物征税。

7. 海外仓储和分拣

目的地物流商（货代）将清关放行后的货物提货并运至尾程服务商仓库/海外仓，对需要派送的货物进行分拣。

其中若商家选择海外仓运营，则在货物清关放行后海外代理会将货物运输至海外仓进行分拣和仓储，等客户下单后再安排尾程派送。

8. 尾程派送

货物从物流服务商仓库/海外仓送达消费者手中的运输过程被称为尾程物流。
尾程安排服务商派送至买家。

三、跨境物流的现状及发展趋势

（一）当下我国跨境物流的现状

1. B2B 跨境出口电商仍为跨境出口电商的主要方式，B2C 跨境出口电商物流增长也较为迅速

跨境电子商务出口物流行业的发展受益于疫情使得全球消费者消费行为线上渗透率提高。艾瑞测算，2020 年，B2C 跨境电子商务出口物流行业规模超过 4 000 亿元，而 2020 年 B2B 跨境电子商务出口物流规模超过 8 000 亿元。受疫情爆发并快速在全球蔓延的影响，跨境出口物流链路中的干线运输运力和尾程配送能力无法满足因疫情影响带来的线上消费需求的快速攀升，使得 2020 年跨境出口电商物流规模较 2019 年整体增长 84.3%。其中，B2C 跨境出口电商物流增长 103.6%，B2B 跨境出口电商物流增长 74.7%。2016—2025 年中国 B2C 及 B2B 跨境出口电商物流行业规模及增速如图 6-1 所示。

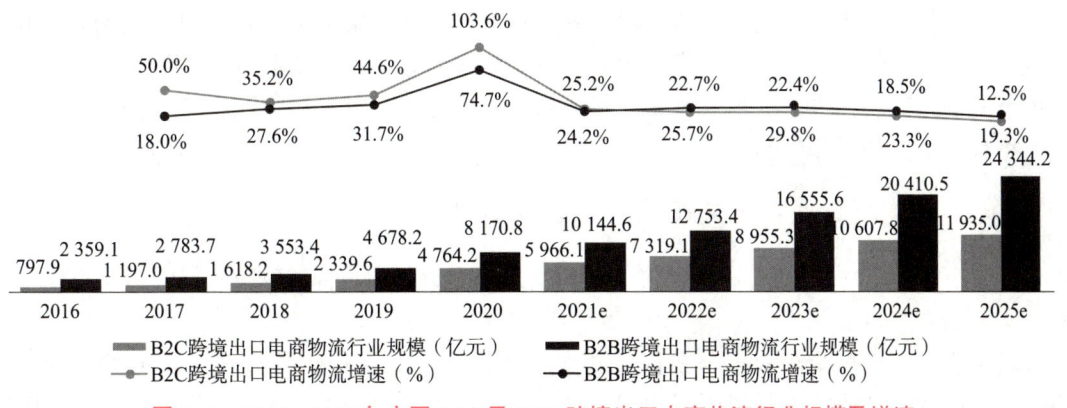

2016—2025年中国B2C及B2B跨境出口电商物流行业规模及增速

年份	B2C规模(亿元)	B2B规模(亿元)	B2C增速(%)	B2B增速(%)
2016	797.9	2 359.1	50.0	18.0
2017	1 197.0	2 783.7	35.2	27.6
2018	1 618.2	3 553.4	44.6	31.7
2019	2 339.4	4 678.2	44.6	—
2020	4 764.2	8 170.8	103.6	74.7
2021e	5 966.1	10 144.7	25.2	24.2
2022e	7 319.1	12 753.4	22.7	25.7
2023e	8 955.3	16 555.6	22.4	29.8
2024e	10 607.8	20 410.5	18.5	23.3
2025e	11 935.0	24 344.2	12.5	19.3

图 6-1　2016—2025 年中国 B2C 及 B2B 跨境出口电商物流行业规模及增速

2. 邮政作为我国最早提供跨境出口电商物流服务的企业，运费上涨使得市场竞争力下降，跨境专线模式获得发展机遇

跨境电子商务物流中的直邮模式涵盖跨境专线、邮政网络及国际商业快递模式三大类，在行业发展初期，以中国邮政和国际商业快递承接国内跨境物流需求为主。2016年，万国邮盟（UPU）对目的国终端费用做出了一系列调整，使得邮政网络之前对接的低货值、高货量的货物资源出口受到冲击。因此，部分跨境物流服务商提供类邮政的跨境出口物流业务，通过不断优化物流产品、整合物流资源，设计了在部分线路上成本低于邮政网络模式、而配送时效及包裹追踪能力上优于邮政网络的跨境专线模式。

3. 跨境直邮中涵盖邮政小包、跨境专线小包及国际商业快递

按照物流环节运营主体来进行区分，跨境电子商务出口物流中的直邮模式包含通过UPU的各国邮政网络完成跨境电子商务件出口的邮政小包、跨境专线服务商利用自营揽货、自排航班运力以及尾程配送的跨境专线服务，以及以DHL、FedEx、UPS为主导的国际商业快递服务。直邮物流服务商品因包裹可追踪能力、时效要求、计费方式的差异，在商品价格上有明显区别。海外卖家可以依据自身的实际需求进行选择。

4. 海外仓模式是跨境物流综合方案的一种优化，但其本身仍具有不足

仓配一体是整体电商行业的趋势，海外仓模式受国家政策和电商平台对物流需求的变化开始出现并快速发展。2020年，国务院办公厅发布《关于推进对外贸易创新发展的实施意见》，其中再次强调"支持建设一批海外仓，扩大跨境电子商务零售进口试点。"跨境电子商务平台通过借助第三方海外仓、自营海外仓等仓储资源实现电商订单的履约以及存储功能，减少消费者对头程及中间跨国运输高时效的不佳体验，并节约大件重货配送成本，提升产品销售转化率的同时也利于卖家积极参与海外市场的竞争。然而，海外仓作为一种对现有跨境物流服务方案的综合优化和整合，其自身也存在重资产运营、仓储资源周转等难题。因此，长期来看，海外仓与直邮模式将会并存。

5. 综合物流服务商 VS. 专业物流服务商

按商业模式划分，第三方物流服务商可以分为综合类物流服务商和专业类物流服务商。综合类物流服务商的标志性公司有递四方、纵腾集团、燕文物流、万邑通等，其综合性从产品和覆盖地区两个方面体现。从产品来看，综合类物流商提供从揽收、头程、清报关到海外配送的全链条服务，叠加可追踪性、时效性等差异化产品供客户选择；从覆盖地区来看，综合类物流服务商普遍覆盖欧、美、澳、亚的多个国家和地区。专业类物流服务商是指聚焦揽收、境内货代、头程、清报关、海外配送中的一个环节，或聚焦某个特定目标国的垂直化物流服务商，标志性公司如坤鑫货代。相较于专业类服务商，综合物流服务商受益于全链条服务带来的消费体验提升，其本身对专项服务的自营能力，及对专业物流服务商的资源整合能力，将获得更高的市场份额。

（二）跨境出口电商物流服务行业发展趋势

资源集中、一站式服务、资本赋能、数字化转型是跨境电子商务物流发展的四大趋势。

1. 资源集中

现阶段，跨境物流产业上下游高度集中，跨境物流服务提供商针对上下游议价能力较差，且跨境物流行业的资源利用率和组织效率低下，行业未来面临进一步整合。纵观未来，呈现出以下两大整合趋势：其一，电子商务平台直接对所有的关键物流节点和物流服务提供商进行整合；其二，行业内自发整合低效的物流资源。

2. 一站式服务

线上流量红利催生新型电商零售模式，新电商零售催生跨境物流"进化"体现在多样化的跨境电子商务平台上。这对基础跨境物流提出新的要求，促使传统跨境物流服务商向跨境物流综合解决方案提供商进化，并对基础设施升级，形成新的服务模式。

3. 资本赋能

行业红利引起资本市场的高度关注，大量资金流入跨境电子商务物流行业，推动物流公司打通新的物流节点、引进智能化设备等；同时，资本助力跨境物流企业加速物流资源整合，促使企业围绕行业上下游和周边进行增值服务布局，加速向一体化解决方案提供商转型。

4. 数字化转型

机器人与仓储自动化、大数据、人工智能和传感、云计算、无人机和自动驾驶技术、区块链技术等先进技术在跨境物流的核心节点将得到更多应用，进一步赋能跨境物流行业，提升消费者体验和降低运营成本。

（三）跨境电子商务物流面临的机遇与挑战

1. 加强海外仓布局

着重优化选址，增加海外仓数量，实现成本规模效应；另外，应增加仓储的 SKU 数量，保障供应链畅通。

2. 提升运营效率和数字化转型

跨境物流企业应着力于智能化转型，强调传统的货仓升级改造，以仓储自动化建设提升单仓运营效率，并应用大数据和云计算提升物流数据的可追踪性和透明度。

3. 开发定制化需求

中国跨境物流企业应满足定制化需求提供海外仓增值服务、一站式的跨境物流综合服务；由传统物流企业转型成为分销与供应链综合服务一体化服务提供商。

4. 目的地并购和供应链整合

为保障末端供应链的稳定，跨境物流企业应通过目的地并购、联盟、自建等方式，控制跨境物流主干线，保证尾货及时交付和运输稳定性。

学习模块二　国际物流的主要分类

一、邮政物流

据不完全统计，中国跨境电子商务出口业务 70% 的包裹都通过邮政系统投递，其中中国邮政占据 50% 左右的份额。邮政系统之所以如此受欢迎，主要是因为其涵盖的区域广，涉及各国的邮政系统，基本全球范围内都可以送达，但这同时也是一个弊端，多但是杂。所以，出口跨境电子商务在选择邮政发货时要留意出货口岸的差异性、货运的时效和稳定性等因素。

邮政物流包括中国邮政小包、中国邮政大包、香港邮政小包、EMS、国际 E 邮宝、新加坡小包、瑞士邮政小包等。其中中国邮政小包、国际 E 邮宝和 EMS 最为常用。

（一）中国邮政小包

中国邮政集团公司推出的中国邮政小包分平邮和挂号两种。挂号可以查询轨迹跟踪，如比利时小包、荷兰小包、新加坡小包、中国邮政小包、香港邮政小包等，适用于货值低、重量较轻、买家对到货时效性要求不高的商品。

国际挂号小包比平邮多一个挂号费用，可以提供网上查询追踪功能，时效较为稳定，计费方式一致，一单一件。其特点是成本低，物流性价比高，适用低价值量跨境电子商务商品配送；派送范围广，邮政网络基本覆盖全球，比其他任何物流渠道都要广；清关便利、查验率低、被税风险低。

在时效和稳定性方面，由于邮政小包价格便宜，因此处理优先级低。同时，出于成本考虑，邮政小包很多跨境干线运输并非直飞，而是可能会中途转运再飞往目的国，时效较慢，丢件率相对较高。

如果是走平邮小包，则完全无法追踪物流信息，丢件率很高，且丢件不赔。

在寄送要求方面，中邮小包一般 1 票 1 件，单票重量不超过 2 kg，体积要求长、宽、高不超过 90 cm，单边长度不超过 60 cm，小包不计泡，只记实重。

（二）国际 E 邮宝

国际 E 邮宝是中国邮政为适应国际电子商务寄递市场的需要，为中国电商卖家量身定制的一款全新经济型国际邮递产品。国际 E 邮宝和香港国际小包服务一样是针对轻小件物品的空邮产品，该业务限于为中国电商卖家寄件人提供发向美国、加拿大、英国、法国和澳大利亚的包裹寄递服务。

其特点是经济实惠，支持按总重计费，免收挂号费，起运量小，50 g 起收货物，不足 50 g 按 50 g 计算。

在时效和稳定性方面，走的是邮政清关方式，通关速度比较快，一般交付后，2~3 天内即可出港。目前开通的大部分国家都能在 15 天以内送达，像美国、英国、法国、德国这些国家，基本上在 8 天左右就能签收，帮助卖家提高物流得分。

在寄送要求方面，单票重量不超过 2 kg，体积要求长、宽、高不超过 90 cm，单边长度不超过 60 cm，圆卷邮件直径的两倍和长度合计不超过 104 cm，长度不得超过 90 cm。

（三）EMS

EMS 国际快递是各国邮政开办的一项特殊邮政业务。该业务在各国邮政、海关、航空等部门均享有优先处理权。以高速度、高质量为用户传递国际紧急信函、文件资料、金融票据、商品货样等各类文件资料和物品，同时提供多种形式的邮件跟踪查询服务。EMS 还提供代客包装、代客报关、代办保险等一系列综合延伸服务。

其特点是快递可发往全球 220 多个国家和地区，网点遍布多个国家和地区，通关能力强，效率高；快递只按实际重量收费，不考虑体积，也没有长途费和燃油附加费。

在时效和稳定性方面，EMS 国际快递是邮政旗下的全球快递业务，快递时效很快。尤其是美国与东南亚地区。

EMS 可邮寄的物品非常丰富，其他物流渠道无法邮寄的产品国际 EMS 快递可以邮寄，如化妆品、液体产品、书籍、食品、品牌产品、防疫产品、生活产品等。

二、商业快递

商业快递一般指的就是 DHL、UPS、FedEx、TNT 这四大巨头提供的国际快递服务。这四大国际快递拥有自建的全球网络，加上强大的 IT 系统支持以及遍布全球的本地化服务，可以为跨境网购用户提供最为良好的物流体验。

商业快递具有以下优势：

- 速度快、服务好、丢包率低，尤其是发往欧美发达国家非常方便。
- 有自建的全球物流网，时效高。
- 按时装运进出口货物，及时将货物运至目的地，履行进出口贸易合同，满足商品竞争市场的需求，提高市场竞争能力，及时结汇。
- 但是商业快递价格昂贵，且价格资费变化较大。一般跨境电子商务卖家只有在客户强烈要求时效性的情况下才会使用，且会向客户收取运费。

下面我们详细地看看关于这四大国际快递的特点：

（1）DHL。

DHL 是全球第一的海运和合同物流提供商。作为德国邮政全球网络旗下的知名品牌，DHL 的服务网络覆盖全球 220 多个国家和地区，在全球拥有 285 000 名员工，为客户提供快捷、可靠的专业化服务。5.5 kg 以下的物品在发往美洲、英国上有价格优势。

（2）UPS。

起源于 1907 年在美国西雅图成立的一家信差公司，以传递信件以及为零售店运送包裹起家；是世界上最大的几家快递承运商和包裹快递公司之一；适合发小件，尤其是对美国、加拿大和英国地区。发货到美国速度极快，6~21 kg 物品发往美洲、英国有价格优势。

（3）FedEx。

联邦快递是全球最具规模的快递运输公司，为全球超过 235 个国家及地区提供快捷、可靠的快递服务。联邦快递设有环球航空及陆运网络，通常只需一至两个工作日，就能迅速运送时限紧迫的货件，而且确保准时送达。但是整体而言价格偏高，31 kg 以上物品发送到东南亚国家速度快，价格也有优势。

（4）TNT。

全球领先的快递和邮政服务提供商，总部设在荷兰。TNT 快递成立于 1946 年，其国际网络覆盖世界 200 多个国家，提供一系列独一无二的全球综合性物流解决方案。此外，TNT 还为澳大利亚以及欧洲、亚洲的许多主要国家提供业界领先的全国范围快递服务，拥有较先进的电子查询网络。在西欧国家通关速度快，发送欧洲一般 3 个工作日即可到达。

三、专线物流

有些时候，物流服务商可以集中大批量到某一特定国家或地区的货物，这些货量带来的规模效应可以支撑其在两国之间开设专门的物流航班。所以，跨境专线物流一般就是通过航空包舱方式将货物运输到某一特定国家或地区，再通过合作公司进行目的地国国内的派送，是比较受欢迎的一种物流方式。

专线小包其实就是将优质的航空干线资源与商业清关或者邮政清关进行整合，为客户提供个性化的服务。专线小包是介于国际快递和邮政小包之间的细分市场，其价格要比邮政小包高但比国际快递低，但时效却要明显快于邮政小包、稍慢于国际快递。

（一）国际专线物流的优势

1. 运输时间短、降低运输成本

专线物流因为都是点对点的线性运输方式，在时间上能更好地节约成本，不会因为停靠、中转、中途卸货等其他因素造成时间延误或成本的附加。

2. 运输成本低

专线物流通常运输成本较低，在单价上相对更低一些；相较于快递来说，快递的运输成本较高，专线的目的是为了节约成本，但要建立在货量充足的前提下，不然就很可能会亏本。所以专线物流公司一般发车的时间不确定，货满车走，保证每趟专线的收益最大化。

3. 可承接物品丰富

国际专线可以承接的物品种类比较丰富，可以满足不同产品类型的需求。如电池产品、化妆品、纯电池等物品，都有相应的渠道可以运输。与一般的物流渠道相比较，可邮寄的物品种类是比较丰富的。

4. 固定的网点

专线物流公司会在城市设立多网点模式，更有利于专线运输到指定地点的货物运送与送达，货物有共同的集散中心，方便货物管理和集中运输。

（二）国际专线物流的劣势

相比邮政小包来说，运费成本还是高，在国内的揽收范围相对有限。针对国际专线的优缺点，大家可以自行选择适合自己的运输渠道。

1. 航班不固定

国际专线是通过集中货量进行发货的，为了节省运输成本，很多物流承运商是没有固定的航班的。一般情况下是通过收到的货量达到预估值再安排航班进行发货。因此，可能会影响到货物的时效。

2. 无标准赔偿方案

国际专线与商业快递和邮政相比，没有标准的赔偿规定。出现丢件的情况没有一个衡量的标准，赔偿力度比较低，托运人寄件的风险比较大。

3. 物流信息不详细

国际专线的网点比较少，因此跟踪信息不详细，货主不能及时地获得物流的信息动态。

目前，业内使用最普遍的物流专线包括美国专线、欧洲专线、澳洲专线、俄罗斯专线等，也有不少物流公司推出了中东专线、南美专线。

平台专线物流

四、海外仓

海外仓是指建立在海外的仓储设施。在跨境贸易电子商务中，海外仓是指国内企业将商品通过大宗运输的形式运往目标市场国家，在当地建立仓库、储存商品，然后再根据当地的销售订单，做出响应，及时从当地仓库直接进行分拣、包装和配送。

整个流程包括头程运输、仓储管理和本地配送三个部分。

- 头程运输：中国商家通过海运、空运、陆运或者联运将商品运送至海外仓库。
- 仓储管理：中国商家通过物流信息系统，远程操作海外仓储货物，实时管理库存。
- 本地配送：海外仓储中心根据订单信息，通过当地邮政或快递将商品配送给客户。

（一）海外仓运营模式

海外仓一般分为自营海外仓和第三方公共服务海外仓两种运营模式。

自营海外仓：自营海外仓模式一般是由跨境出口电商平台或者跨境出口电商企业建设并运营的海外仓库，仅为平台或者企业销售的商品提供仓储、配送等物流服务的物流模式，如前文提到的 Amazon 的 FBA，即属于自营海外仓模式。

第三方公共服务海外仓：第三方公共服务海外仓是指由第三方物流企业建设并运营的海外仓库，并且可以为众多的出口跨境电子商务企业提供清关、入库质检、接收订单、订单分拣、多渠道发货，后续运输等物流服务的物流模式，整个跨境电子商务物流体系是由第三方物流企业控制的。

（二）海外仓的优势与劣势

1. 海外仓的优势

（1）提高货物的配送速度。

商家通过海外仓发货，可以大大缩短发货周期，发货速度更快，提升买家购物物流时效，因为买家感知的只有尾程配送时效，其物流速度是国内发货无法比拟的，大大提高了商品的交付速度，减少了物流引起的各种纠纷和退款。

（2）提升买家购物体验。

大部分海外仓都提供退换货服务，相比直邮模式，海外仓退换货更方便，大大提高了店铺售后服务质量，提升买家的购物体验，避免了国内发货面临的退货和换货的困难，提升店铺和商品的回购率。

（3）避免物流旺季排仓爆仓的问题。

在物流旺季，各种渠道不仅价格大幅上涨，而且经常出现爆仓的问题，这是跨境电子商务卖家头疼的问题，海外仓库可以很好地避免这些问题。海外仓淡季库存，旺季销售，不再担心旺季仓位爆炸。

（4）降低物流成本。

相比直邮模式的干线航空运输，海外仓头程物流一般通过传统外贸方式即大宗物流进行运输，可以降低物流成本。同时，还可以通过海外仓的淡旺季进行错峰存储，提前备货至海外仓，节约物流成本。

（5）提升店铺销售，更有利于市场拓展。

海外仓发货快，退换货方便，买家下单后就会有人立即完成分拣、发货等一系列物流程序。大大提高了店铺的运作效率，从而提高了店铺的销量。这不仅有利于市场的扩张，还可以给商家腾出时间和精力进行新产品开发，拓展销售品类，突破"大而重"的发展瓶颈。

2. 海外仓的劣势

（1）仓储成本高。

虽然物流成本可以通过错峰集发降低，但自货物到达海外仓库以来，仓储成本一般按日收费。

（2）库存压力大。

一旦选择或市场把握有轻微错误，导致货物滞销，销售不良，仓库内挤压大量货物，不仅无法变现，而且会增加仓储成本，货物难以出售，进退两难。

（3）资金周转不便。

大量资金投入，如批量备货到海外仓库、备货资金、物流资金、仓储资金等，资金回流周期长，导致卖方资金周转不便，资金周转压力大。

其他专线
物流介绍

学习模块三　常见的物流清关问题及解决方案

清关（Customs Clearance），习惯上又称通关，是指进口货物、出口货物和转运货物进入一国海关关境或国境必须向海关申报，办理海关规定的各项手续，履行各项法规规定的义务；只有在履行各项义务，办理海关申报、查验、征税、放行等手续后，货物才能放行，货主或申报人才能提货。同样，载运进出口货物的各种运输工具进出境或转运，也均需向海关申报，办理海关手续，得到海关的许可。货物在结关期间，不论是进口、出口或转运，都是处在海关监管之下，不准自由流通。

清关是货代行业的常用口头用语，这里主要是指与进口相关的报关、报检、报关文件、运输、派送等一系列具体操作的统称。

清关是国际快递中必要经历的环节，我们可以理解为商检和申报两部分。商检是检查货物是否合规合法，申报我们可以认为是海关征收关税所需采集的数据。国际快递之所以快，是因为货物在出口国出国后，申报的数据已经上传到目的地海关系统，可以达到货物没有抵达目的地清关手续已经办理完毕的效率。出口时海关要求不能0申报，就是为了配合目的地清关，所以包裹无论大小都需要清关进口，必须注重选品和申报问题，合适的选品和如实的申报有利于清关顺畅。

（一）申报不符导致清关延误

1. 申报价值差异

当地海关认为申报价值过高或过低，与货物实际价值不符，会导致通关延误。它通常是由于发货人申报的价值太低而无法节省关税造成的。这样的后果是需要重新申报，可能会产生一些罚款。

若实际价值与货物申报价值相同，但当地海关不同意，则需提供货物价值证明。

2. 商业发票问题

若商业发票名称不详细，或者商品名称有误，需要卖家重新提供商业发票，重新申报。

（二）货物不能清关，被退回或者没收

发生这种事情通常是海关认为货物涉及侵权或者仿牌，或者是货物当地国家明令不允许进口等。

1. 涉及仿牌

如果货物是名牌或者上面有名牌的标志，此时需要提供品牌相关授权书。若无授权书，海关可以直接扣货或者责令退运给发货人。

2. 海关禁止出口商品

部分货物在目的国禁止进出口，如药品、活体动植物、贵金属等，需要联系专业的报关公司进行申报，一旦被海关查处，将有可能面临罚款。

应对措施：运输货物要严格按照海关的规定，提前了解目的国货品通关要求，并提前准备好需要提供的出口清单或相关认证等材料。

（三）收货人无法清关或者不配合清关

1. 收件人没有清关能力

常见的是收货人资质不足或者是没有协助清关方面的经验，如海关需要收件人配合提供相关文件等。

若因为收件人没有协助清关的经验导致的清关延误，可以找有资质有经验的快递代理公司或卖家协助收货人完成清关流程。

2. 收件人拒绝配合清关

如遇到这种问题，卖家应该及时催促收件人并询问具体原因，有时可能是因为收件人拒付关税。若关税金额较低，卖家与收件人可以进行协商，由收件人进行支付。或由卖家提前支付给收件人，再由收件人进行支付；如果发件人直接支付，将产生预付手续费。

如需要退回或销毁货件，那么就需要发送"相关退件函或弃件函"交由问题件跟进人向代理申请。最终处理结果以当地海关为准。由此产生的一切的费用与责任，若收件人不予以支付与承担，则将会转由寄件人支付与承担。

（四）VAT 等税务问题

VAT（Value Added Tax），是欧盟国家普遍采用的对纳税人生产经营活动的增值额征收的一种流转税。海外商家和个人纳税者在欧盟各国本地的经营和服务活动，都需要注册 VAT 税号并履行税务申报义务。VAT 适用于所有使用海外仓储的卖家，即便使用的海外仓储服务是由第三方物流公司提供，但从中国直邮的卖家将不受影响。

如果欧盟外的公司将欧盟外的商品运送储存在某一欧盟国家，则卖家必须在该国进行增值税的注册、申报和缴纳。

如果商品使用欧盟各国本地仓储进行发货或物品所在地为欧盟各国，就属于欧盟 VAT 销售增值税应缴范畴。如果使用的海外仓储服务是由第三方物流公司提供，也未在欧盟各国

当地开设办公室或聘用当地员工,也要交纳 VAT 增值税。

以英国为例,当货物进入英国,货物缴纳进口税(主要为进口增值税);当货物销售后,商家可以将进口海关增值税(Custom Duty)作为进项税申请退回,再按销售额交相应的销售税。

拥有当地国家的 VAT 号,便于卖家进行清关,可以享受 VAT 增值税抵扣、退税;也支持给买家开具 VAT 增值税发票,避免因不能开具发票而导致客户跑单、差评等情况发生,也可以享受商品销售国法律保护。

解决办法:随着一些国家对跨境电子商务进行征收 VAT,对于已经使用海外仓,但没有注册销售 VAT 的卖家,他们如果继续销售,将属于非法运营。每个层次的价格需要缴纳不同的税额,卖家应当对于税务制度有清晰的了解,为了产品的安全,一定要通过正规渠道报税清关。若卖家没有 VAT 账号,需了解清楚物流公司的资质和操作机制,尽量避免遭受损失。建议卖家自己注册 VAT 账号,按照税务制度如实缴税。

学习模块四　跨境电子商务物流的包装与清关

一、国际物流运输中产品包装注意事项

在运营跨境电子商务过程中,包装的好坏能直接影响运输质量。正确的包装有助于卖家节省物流成本,降低投诉率,从而获得客户的信任。

(一)包装原则

1. 适合运输

这是运输包装(运输包装也叫外包装,与商品包装/内包装/销售包装相对)的基本要求。运输包装必须结实、耐冲击、耐震动,同时要兼顾防潮、防盗、防丢失等功能。

2. 便于装卸

包装良好,容易搬运,便于装卸,有利于提高工作效率,同时能避免"野蛮装卸"可能给货物带来的损害和破坏。

如:要注意每件包装的重量、尺寸,太重或太大会导致不方便搬运和装卸;形状不规则不利于码放整齐,容易导致不必要的变形、破损;如果是托盘货或大件货物必须要用叉车或吊车才能装卸、搬运的,一定要方便机械操作,比如要有必要的插孔或起吊的孔或环等。

3. 保护产品、防潮防盗

保护产品是包装的最低要求,别的要求(如适合运输、便于装卸、美观大方等)都是在保护产品的前提下,才有意义。对于高价值但体积小的产品,尤其要注意防潮防盗的功能。如在外包装上贴上防盗封条,这样只要封条完好,就表明里面的产品没有丢失。

4. 适度和合理包装

根据货物的实际情况(重量、尺寸、形状、体积等)选用大小合适的包装箱、纸板以及包装填充物、封箱方式(是否缠打包带)以及加固方法等。一定要避免包装箱过大,造成内部留空太多,这极容易造成包装与货物的破损。当然,也不应过度包装,造成包装材料的不

必要的浪费。

5. 包装与物品融为一体

外包装要与内里的保护材料、缓冲物和产品本身融为一体。一个外包装包含多个小的内包装时，注意内容物之间或外包装与内容物之间要码放整齐、良好，有空隙时要用缓冲物或保护材料填充，避免由于有空隙导致不应有的碰撞、摩擦或挤压。

6. 注意货物朝向

如果不能侧放、倒放，必须正面朝上的货物，一定要在外包装上标识清楚，四面都要有"向上"等相关标识，在搬运、装卸、储存、运输过程中都要严格按照外包装上的箭头标识正确操作和处置货物。

7. 重心平衡

包装件的重心应该位于中心位置，重量分布尽量保持平衡，如果由于物品本身的问题无法保持重心在中心附近，最好标明哪边重。

（二）包装材料说明及包装注意事项

1. 外包装：运输容器

外包装是包装中的主要部分，托寄物必须有外包装，常见的外包装材料有文件封、包装胶袋、纸箱、蜂窝箱、木箱等。

- 文件封：适用于一般文件、文政等纸质类文件。
- 包装胶袋：适用于纺织类软性托寄物。
- 纸箱：适用于所有快件。
- 蜂窝箱/木箱：适用于重货以及特殊结构的托寄物，超过 50kg 需增加托盘便于叉车搬运。

2. 内包装：缓冲材料

内包装对寄托物起缓冲防护作用，可防止托寄物因碰撞、跌落而损坏，因此内包装材料要求具备良好的缓冲防护性能。常见的缓冲包装材料有：发泡材料（珍珠棉、泡沫等缓冲泡棉）、充气材料（气泡膜、葫芦气泡膜、气柱袋）、纸板间隔物（十字纸卡、井字纸卡）等。

- 发泡材料：常用于对易碎品的缓冲防护。
- 充气材料：常用于对轻小托寄物的缓冲防护。
- 纸板间隔物：常用于多个物品之间的间隔防护。

以下产品建议选择对应专业包材打包：

- 3C 电子、电视机、玻璃陶瓷、酒水、家具家电等易碎产品。
- 有尖锐突起部位的异形产品。
- 重量货产品>10 kg 的较重产品。

3. 内填充：辅助材料

内填充物的主要作用是对内装物品进行限位保持其不晃动，以及防止托寄物刮花磨损。常见的内填充材料有充气枕、泡沫边角料、气泡膜、薄膜、牛皮纸等。

- 泡沫边角料：常用于防止托寄物晃动。
- 气泡膜与葫芦气泡膜：既可用于防止托寄物晃动，也可防止托寄物表面刮花磨损。
- 充气枕、牛皮纸：常用于防止轻小托寄物晃动，托寄物不超过 1 kg。

4. 包装注意事项

- 使用旧的盒子或箱子时，必须处理掉包装外侧所有的唛头、标签、标识、号码、地址等信息，以及所有可能影响识别货物或操作指示的信息。
- 尽量避免使用容易破损、变形以及使用过的材料作为运输外包装。如：强度不够的塑料、编织袋等，已经有压痕、破洞或油污、水渍或已经受潮等强度不够的瓦楞纸箱。
- 旅行箱、公文包、行李袋、行李箱等一般不能直接作为外包装使用。
- 商品包装（内包装、销售包装）也不能直接作为运输包装。
- 任何杂志、报纸、海报等印刷品不能直接作为外包装（运输包装）。
- 根据货物属性、运输要求等确定是否使用打包带、铁箍以及木质包装等。
- 如果采用木质包装，一定要注意是否是免熏蒸的。如果需要熏蒸，木质包装上必须有IPPC的熏蒸标识，还要注意国外清关是否需要提供《熏蒸证书》。

二、不同国家的清关方式

对跨境卖家而言，货物顺利清关非常重要，但不同国家的进出口清关方式和清关政策也有所不同。下面我们以部分国家为例，了解不同国家在跨境电子商务进出口方面的清关政策。

（一）北美

1. 美国

美国提倡网购，快递包裹通关相对较快，低于200美元的包裹免征关税。但同时由于美国的法律政策规定，涉及个人用品安全和健康问题的货品检查严格。

2. 加拿大

产品的类别没有特别限制，但对于产品申报价值检查严格，大部分快递都有因低申报被征收关税的情况，且海关重新估价较高；低价值的货品，清关相对容易。

受冰冻气候影响，加拿大政府建议该国东岸的货物，冬季最好在哈利法克斯和圣约翰斯港口进行交货。

3. 墨西哥

海关清关相对较易，但如果无法清关，货品退货至发件人则需要很长时间。

（二）南美

1. 巴西

从现在的资料和市场上的反应来看，南美是全球最难清关的一类国家。南美清关规定复杂严格，除航空小包裹外的所有包裹，都拥有非常高的查验率，尤其是FedEx和DHL，可以说一见必查，并且要提供收件人的VAT登记号。

巴西海关规定，所有寄给当地私人的物品，同样的货物数量不能超过3 PCS，否则海关将拒绝清关而直接安排货件退回发货地（退件前不会有任何通知），所产生的一切运费均由发货人承担。

2. 智利

智利属于南美国家，市场上有对此国家清关易出问题的言论，从数据来看，有个别包裹被征收了关税。

(三) 欧盟

1. 爱尔兰

爱尔兰属欧盟区，对高于 22 欧元的包裹会征税，从以往的资料看，有少量包裹被查到，EMS 的安全系数高。

2. 德国

德国属欧盟区，对高于 22 欧元的包裹会征税。德国也是欧盟区相对特别的国家，海关的检验力度比其他欧盟区国家要大，EMS 时常因海关原因被退回。

3. 荷兰

荷兰属欧盟区，对高于 22 欧元的包裹会征税。对纺织品查得相对严，EMS 的安全系数高。

4. 法国/意大利/西班牙/比利时/丹麦/芬兰/挪威/瑞典/奥地利/斯洛伐克/希腊

属欧盟区，对高于 22 欧元的包裹会征税，从以往资料看，有少量包裹被查到，EMS 的安全系数高。

(四) 欧洲非欧盟区

1. 俄罗斯

俄罗斯是个很特别的国家，DHL 和 FedEx 等快递被查验的概率较大，但 EMS 的安全系数高，邮政通路正常。

2. 乌克兰

乌克兰的海关较为严格，除邮政的 EMS 和小包裹外，FedEx 和 DHL 的包裹都较难清关。

3. 英国

英国脱欧后，不再享有欧盟贸易边界，并于 2021 年开始实行新税改政策。取消低价值货物免征额。即申报价值低于 15 英镑或以下的货物也要缴纳相关税费。申报价值低于 15 英镑的个人物品，或申报价值低于 39 英镑的个人礼品，进口时不产生进口 VAT，但需向英国 HRMC 申报登记，并在进口清关时提供 VAT 及 EORI 号。

(五) 东南亚

1. 新加坡

对申报金额大于 400 新加坡币（约 320 USD）的包裹征收关税。从数据上看，到新加坡的包裹很少出现问题。

2. 菲律宾

对进口货物没有设定免征的额度，对所有包裹都可能征收关税，存在征税的不确定性。

(六) 大洋洲

澳大利亚

关于进口的包裹货品查验相对宽松，对低于 1 000 澳元的包裹免征关税，除一些违禁品和原木制品外，都比较容易清关。

（七）中东

沙特阿拉伯

所有货值超过 100 美元的进口货物必须采取正式清关方式，收货人须在船舶到港后 2 星期内提货，否则将予以拍卖。此外，沙特政府规定所有运往沙特的货物不准经亚丁转船。

（八）非洲

1. 南非

官方规定南非对纺织品需求要有进口证明，FedEx 联邦快递和 DHL 国际快递被查到的可能性相对大些，EMS 很少被查到和退回。

2. 尼日利亚

DHL 国际快递运费不高，但到目的地后会无故向收件人收取相关费用；单件超过 70 kg 或单票超过 300 kg 会被拒收。

3. 其他

如比较富裕的摩洛哥、埃及、加纳等都可以走 DHL 国际快递。

学习模块五 跨境电子商务物流方案选择

一、Amazon 平台物流方案实操

（一）FBA 与 FBM

在亚马逊上卖货，有 2 种发货模式：FBA 和 FBM。

1. FBA（Fulfillment by Amazon 亚马逊特有的一种发货服务）

FBA 分为三个部分：头程运输、仓储管理和尾程运输（本地配送）。这三部分都会产生费用。假设发货地是中国，目标国是美国，那么：

- 头程运输是指卖家在中国把货都打包好装箱贴标，然后通过物流把货一次性运到美国亚马逊的仓库。
- 仓储管理指的是，在客户下单前，亚马逊将帮卖家保管这批货物。
- 尾程运输（本地配送）指的是，当客户下单后，亚马逊帮卖家从仓库捡货然后派送给客户。

2. FBM（Fulfillment by Merchant 卖家自发货）

卖家无须将货物提前发送到亚马逊仓库，而是在客户下单后，直接从中国派送给美国客户。也有另外一种情况，卖家在美国某地租了一间仓库（海外仓），提前把货发到海外仓，当客户下单后，从海外仓发货给客户。

相对于 FBA，卖家通过 FBM 发货具有以下优势：

- 可以节省亚马逊仓储费用和配送费。

- 减少备货压力、资金压力，同时降低风险（不用一次性发很多货到海外）。
- 可以自己决定商品包装，发挥创意。

此处，我们将重点讲解如何设置 FBM 模板。

（二）FBM 运费模板设置

（1）进入 Amazon 卖家中心，左上角单击"设置"-"配送设置"，可以选择创建新的运费模板，也可以选择修改已经创建的模板。Amazon FBM 运费模板设置路径如图 6-2 所示。

图 6-2　Amazon FBM 运费模板设置路径

（2）选择创建新的配送模板，并命名模板，建议名称简洁易懂，方便区分。
Amazon FBM 运费模板-命名模板如图 6-3 所示。

图 6-3　Amazon FBM 运费模板-命名模板

（3）选择运费模型。
- 每件商品/基于重量：即按每件商品收费，加上按磅（LBS）收费。
- 商品价格分段式配送：即按售价阶梯设置不同运费。

Amazon FBM 运费模板-选择运费模型如图 6-4 所示。

（4）设置国内配送板块（四种）。

Amazon 配送服务级别简介如表 6-1 所示。Amazon FBM 运费模板-标准配送如图 6-5 所示。

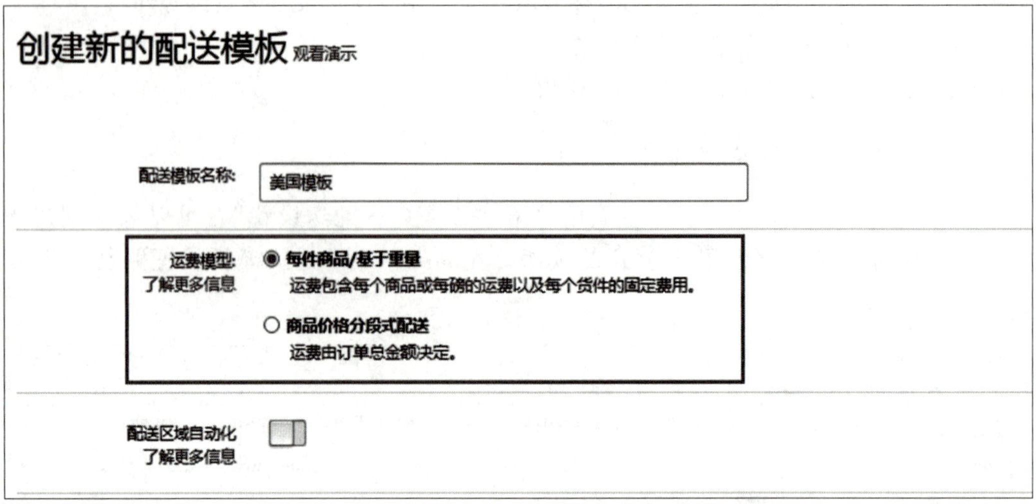

图 6-4　Amazon FBM 运费模板–选择运费模型

表 6-1　Amazon 配送服务级别简介

服务级别	SLA
标准配送	所有卖家必须提供标准配送服务，默认运输时间为 4 至 15 个工作日。如果您符合缩短配送时间的资格，您也可选择 3 至 5 个工作日的运输时间。详细请参阅缩短处理和调拨时间
加急配送	加急配送的默认运输时间为 2 至 6 个工作日。如果您符合缩短配送时间的资格，您也可选择 1 至 3 个工作日的运输时间。详细请参阅缩短处理和调拨时间
隔日达	隔日达的默认运输时间为 2 个工作日。并不是所有卖家都有资格提供"隔日达"服务。具体请参阅如何获取隔日达资格
次日达	次日达的默认运输时间为 1 个工作日。并且次日达不可用于 FBM/MFN 订单的美国国内配送设置。但"次日达"适用于 FBA 订单
国际配送	国际订单的配送时间为 3 至 6 周
国际加急配送	国际订单的配送时间为 3 至 7 个工作日

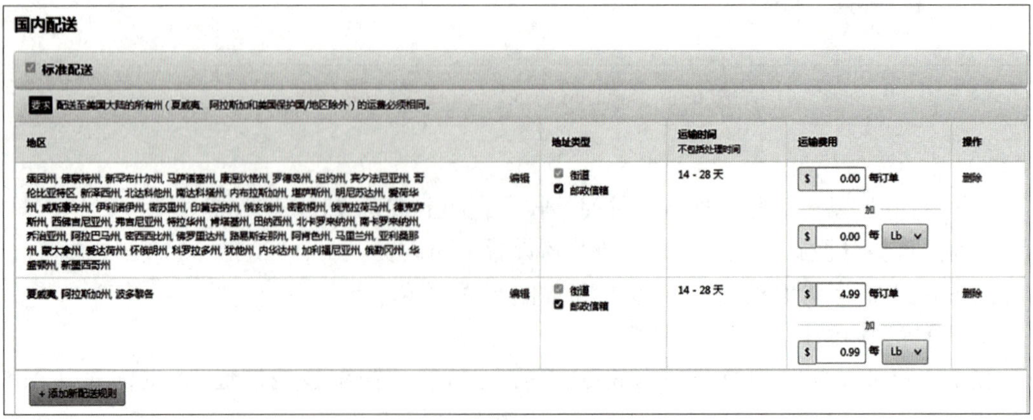

图 6-5　Amazon FBM 运费模板–标准配送

（5）选择配送地区。

每个站点的地区不一样，有些地方是偏远地区，要预先和货代沟通好，这些地方是否能配送，不支持配送的地区需要取消勾选。Amazon FBM 运费模板-选择可配送地区如图 6-6 所示。

图 6-6　Amazon FBM 运费模板-选择可配送地区

（6）国际配送。

从目标站点配送到邻国站点，例如美国站点，可以配送到加拿大。卖家根据自身实际情况设置。Amazon FBM 运费模板-国际配送如图 6-7 所示。

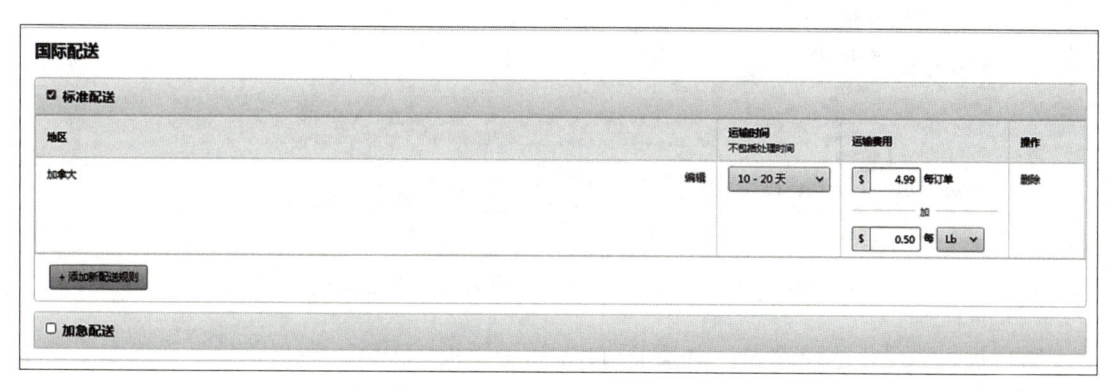

图 6-7　Amazon FBM 运费模板-国际配送

（7）单击保存，设置完毕。

（8）配置运费模板。

选择将 SKU 分配给模板，此处选择第一种——转至管理库存页面，将模板分配给所选 SKU。Amazon FBM 运费模板-将 SKU 分配给模板如图 6-8 所示。

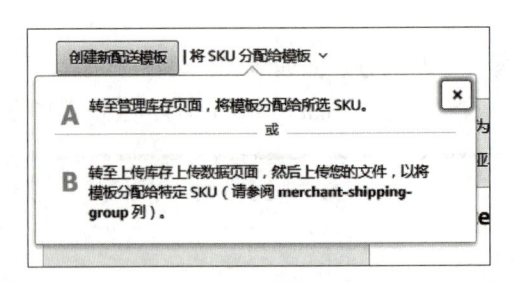

图 6-8　Amazon FBM 运费模板–将 SKU 分配给模板

（9）进入卖家中心–库存管理页，找到要设置的 Listing，单击"选择配送模板"，选择刚才设置的模板。Amazon FBM 运费模板–将 SKU 分配给模板–选择 Listing 如图 6-9 所示。

图 6-9　Amazon FBM 运费模板–将 SKU 分配给模板–选择 Listing

（三）设置 FBM 订单的退货地址

卖家如果在本地（如美国）有海外仓或者合作的第三方仓库，那么可以退回到本地（如美国仓库）。如果没有海外仓，那么也可以选择退回国内，只是运费相对较高。

（1）进入卖家中心，选择"订单"–"管理退货"–"退货设定"，或者在右上角单击"设置"–"退货设置"。Amazon FBM 运费模板–退货设置路径如图 6-10 所示。

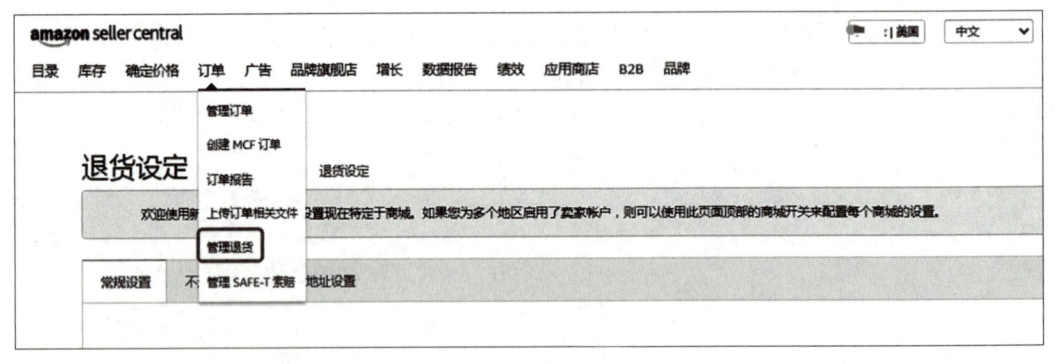

图 6-10　Amazon FBM 运费模板–退货设置路径

（2）进入"退货地址设置"。Amazon FBM 运费模板–退货设置–退货地址设置如图 6-11 所示。

（3）单击"设置地址"。

此处默认所有退货都发送到同一个地址，如果都是寄回国内，那么就可以设置一次国内的地址即可。但如果在不同的国家有不同的海外仓，则要分别设置，可以单击"添加新的覆盖内容"进行新地址的设置。Amazon FBM 运费模板–退货设置–添加新退货地址如图 6-12 所示。

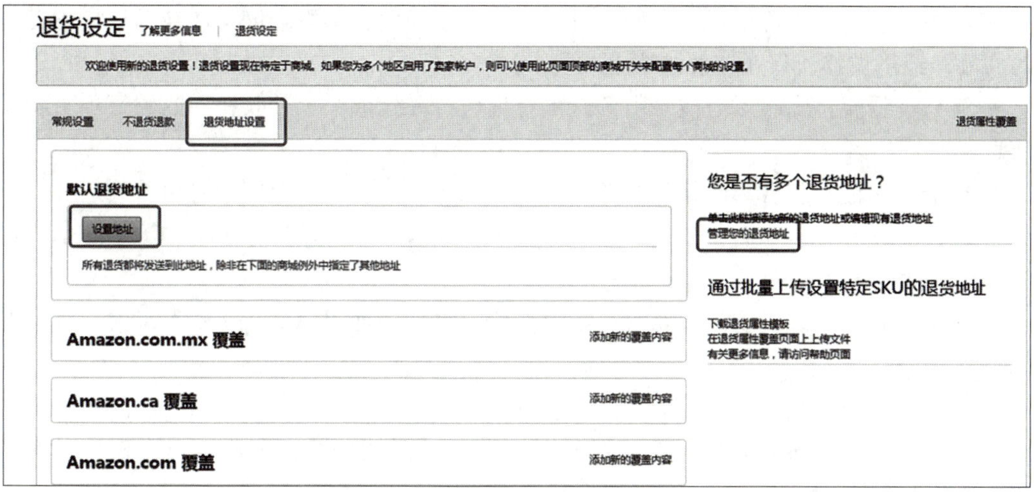

图 6-11　Amazon FBM 运费模板–退货设置–退货地址设置

图 6-12　Amazon FBM 运费模板–退货设置–添加新退货地址

当买家发起退货请求后，需要询问买家具体退货原因。如果买家执意要退货，可以权衡一下利弊；如果不需要买家将货物寄回，那就直接给客户退款；如果需要买家退货，需要综合考虑退货过程中产生的费用、整个过程的性价比、对客户的体验影响等因素。

二、AliExpress 平台物流方案实操

（一）物流线路

AliExpress 包含以下物流线路：

- 经济类物流：物流运费成本低，目的国包裹妥投信息不可查询，适合运送货值低重量轻的商品。经济类物流仅允许使用线上发货。
- 简易类物流：邮政简易挂号服务，可查询包含妥投或买家签收在内的关键环节物流追踪信息。
- 标准类物流：包含邮政挂号服务和专线类服务，全程物流追踪信息可查询。
- 快速类物流：包含商业快递和邮政提供的快递服务，时效快，全程物流追踪信息可查询，适合高货值商品使用。
- 线下类物流：线下物流线路可达国家查询，详情请通过 AliExpress 卖家中心查看。

（二）新建运费模板

（1）进入 AliExpress 卖家后台，选择"物流"-"运费模板"，新建运费模板，选择基础模式。AliExpress 运费模板-新建运费模板如图 6-13 所示。

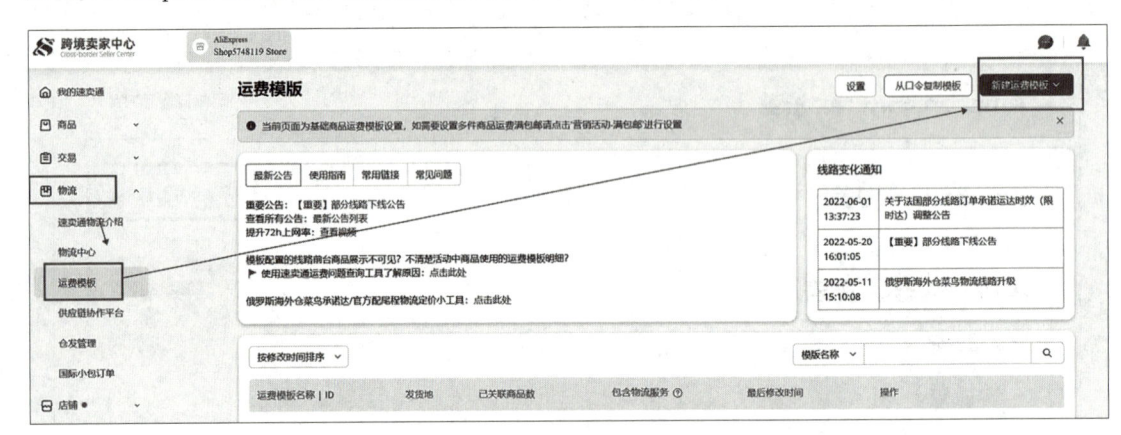

图 6-13　AliExpress 运费模板-新建运费模板

（2）填写模板基础信息。

运费模板名称只能输入英文和数字，可以根据快递物流方式或国家命名。发货地址默认为中国。除中国外其他国家的发货权限，需要去海外仓页面申请。AliExpress 运费模板-新增运费模板-模板信息如图 6-14 所示。

图 6-14　AliExpress 运费模板-新增运费模板-模板信息

(3)选择物流线路。

不同的线路下,会显示该线路支持的物流名称,可到达的目的地,以及支持的物流服务。

注意:设置的物流线路要符合"物流方案列表"和"速卖通物流政策",这样产品前台才会展示对应的物流线路。

AliExpress 运费模板-新增运费模板-选择物流线路如图 6-15 所示。

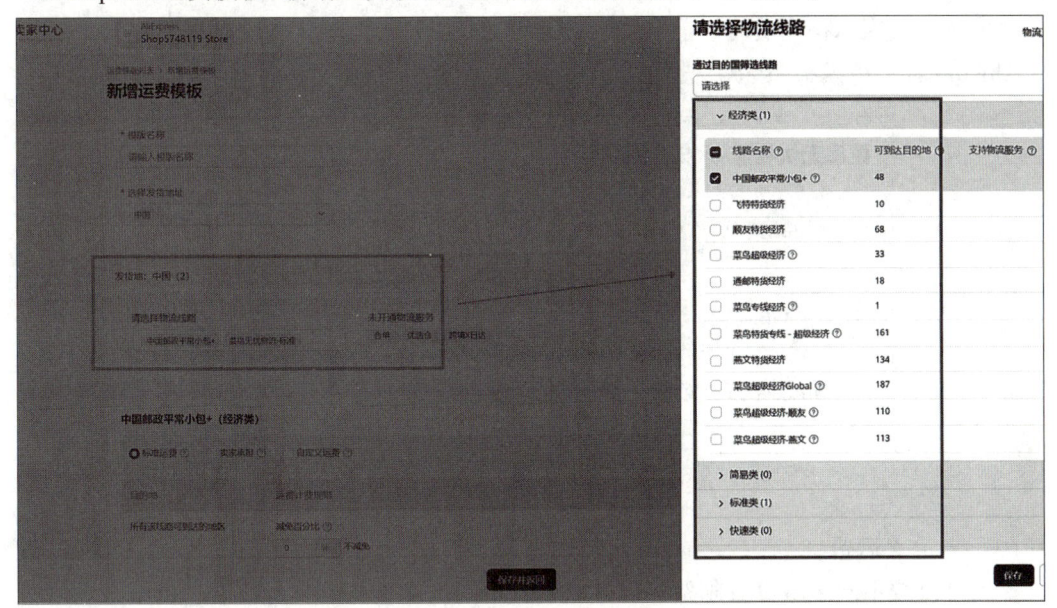

图 6-15　AliExpress 运费模板-新增运费模板-选择物流线路

(三)运费设置

卖家可以选择设置标准运费、卖家承担运费(即免运费)或自定义运费。

(1)标准运费。

所有该线路可到达地区按照固定报价计算,即平台会自动按照各物流服务提供商给出的官方报价计算运费。卖家也可以根据官方报价进行适当的减免。

减免百分比:就是在物流公司的标准运费的基础上给出的折扣。

比如:物流公司标准运费为 US$100,卖家输入的减免百分数是 30%,买家实际支付的运费就是 US$100×(100%-30%)= US$70。

AliExpress 运费模板-运费设置-标准运费如图 6-16 所示。

图 6-16　AliExpress 运费模板-运费设置-标准运费

商品运费计算如涉及无忧标准大包计费，暂无法识别，一般情况下，不建议使用标准运费。

（2）卖家承担运费（即免运费）。

即卖家包邮，所有该线路可到达的地区全部由卖家承担运费，包含后续该线路新增可到达国家。

卖家选择卖家承担运费时，前台展示的运费为0，买家无须支付运费。

AliExpress运费模板–运费设置–卖家承担运费如图6-17所示。

图6-17　AliExpress运费模板–运费设置–卖家承担运费

（3）自定义运费。

卖家可以按不同区域设置邮费，也可以设置不同折扣，根据自身的需求自由设置运费。

AliExpress运费模板–运费设置–自定义运费如图6-18所示。

图6-18　AliExpress运费模板–运费设置–自定义运费

选择自定义运费后，可以分别设置不同目的地的运费计费方式。

① 目的地选择。

首先添加目的地国家或者地区，可以按照按大洲或者按物流商分区选择目的地。

AliExpress运费模板–自定义运费设置–目的地选择如图6-19所示。

② 运费计算。

运费计算方式分为以下四种：

图 6-19　AliExpress 运费模板-自定义运费设置-目的地选择

- 标准运费。
- 卖家承担运费。
- 自定义运费。
- 不发货。

其中标准运费与卖家承担运费，与前文的设置是一样的。不发货即对选中的国家不发货。AliExpress 运费模板-自定义运费设置-运费计算方式如图 6-20 所示。

图 6-20　AliExpress 运费模板-自定义运费设置-运费计算方式

③ 自定义运费。

自定义运费分两种计费方式，按重量计费与按照数量计费。

AliExpress 运费模板-自定义运费设置-自定计费方式如图 6-21 所示。

设置完成后，单击"保存并返回"，即可设置成功。

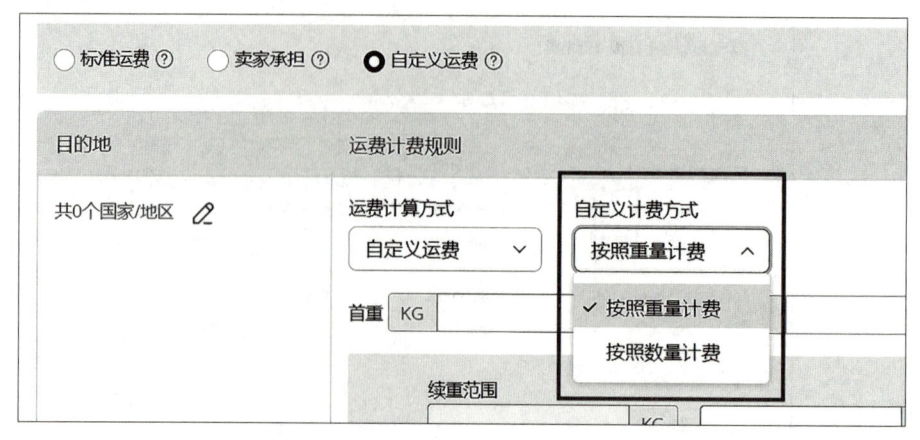

图 6-21　AliExpress 运费模板-自定义运费设置-自定义计费方式

三、eBay 物流方案实操

卖家可以在 eBay 后台统一创建并且储存相关业务政策设置（Business policy），来简化撰写、管理 Listing 的流程，提升工作效率。

在正式开始使用 Business policy 功能前，首先需要加入这个功能，卖家也可以从 seller hub-Listings 模块-Business policy 进入业务政策管理的页面。eBay 物流方案-加入 Business policy 如图 6-22 所示。

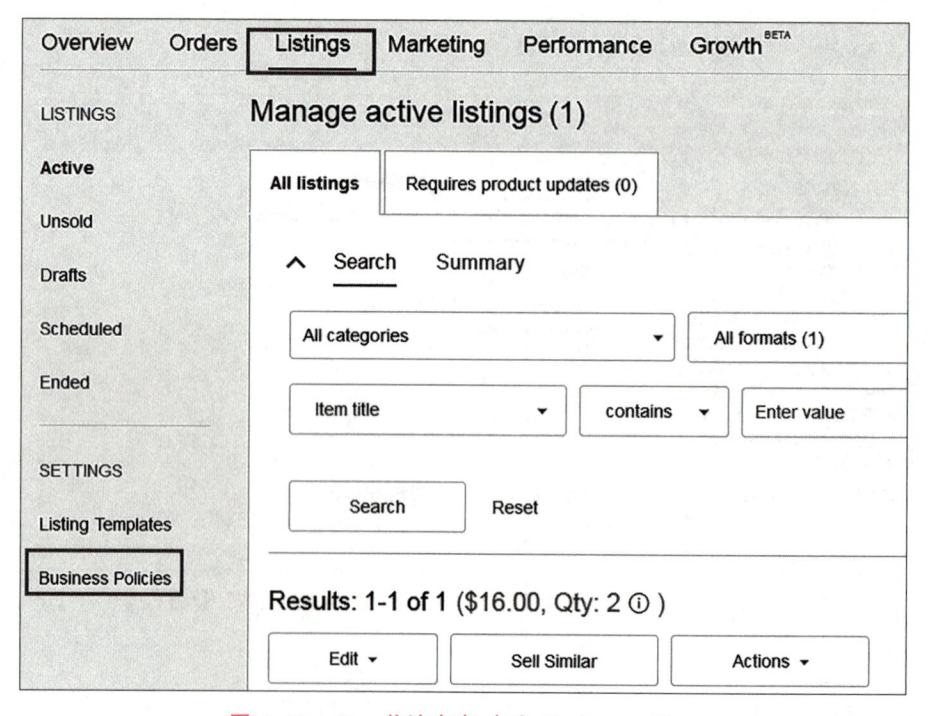

图 6-22　eBay 物流方案-加入 Business policy

（1）进入卖家中心，选择"物品刊登"-"设置"-"业务政策"。eBay 物流方案设置路径如图 6-23 所示。

图 6-23　eBay 物流方案设置路径

（2）进入账户管理页面，单击"Account"-"Business policies"。eBay 物流方案-账户管理-选择业务政策如图 6-24 所示。

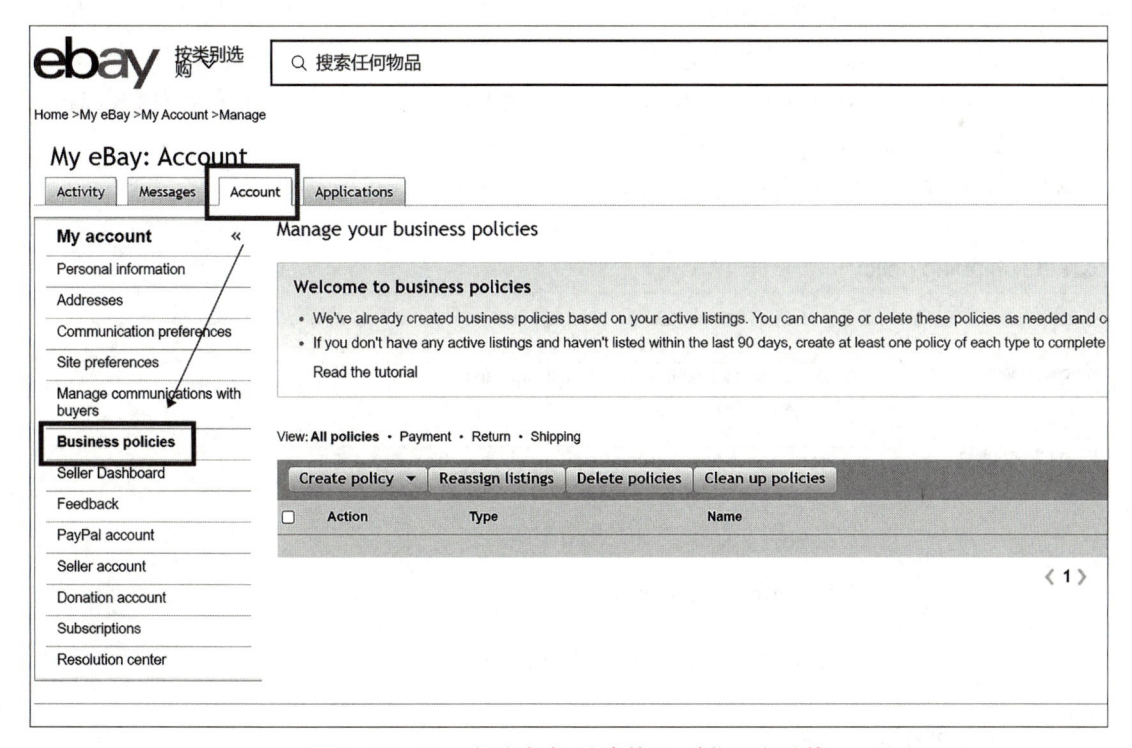

图 6-24　eBay 物流方案-账户管理-选择业务政策

（3）单击"Create policy"，在下拉列表中选择"Shipping"，创建物流政策。eBay 物流方案-业务政策-创建业务如图 6-25 所示。

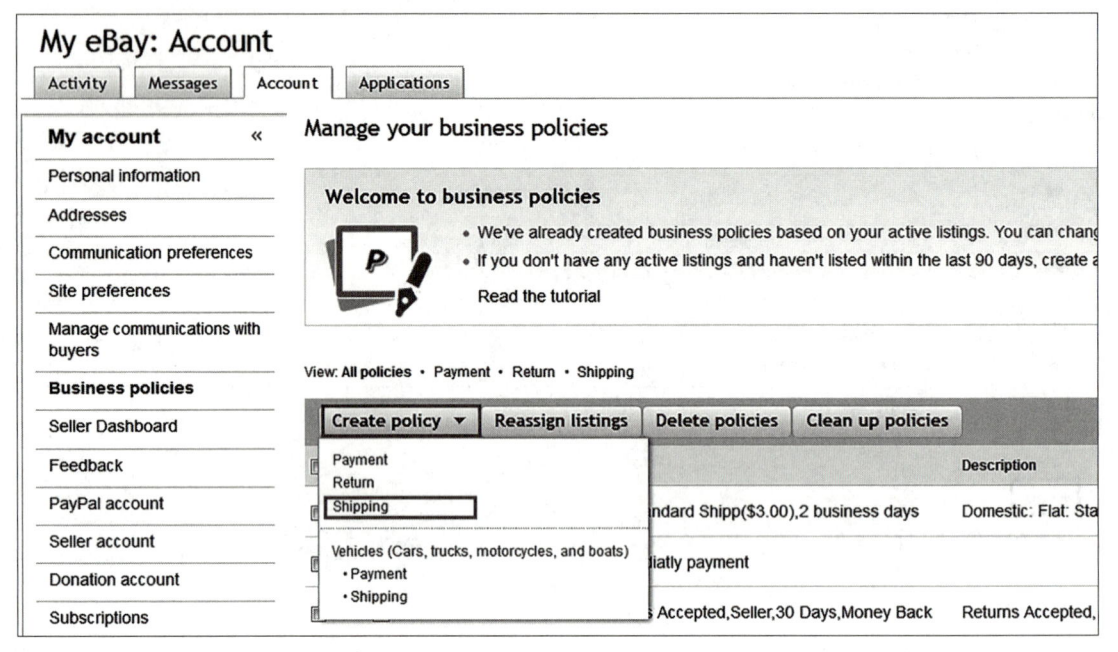

图 6-25　eBay 物流方案-业务政策-创建业务

（4）进入创建物流政策页面中。
- Policy name：输入对应的物流政策的名称。
- Policy description：输入物流政策说明，如要将正在设置的物流政策定为默认政策，可勾选"Set as default shipping policy"选项。

eBay 物流方案-业务政策-创建物流政策如图 6-26 所示。

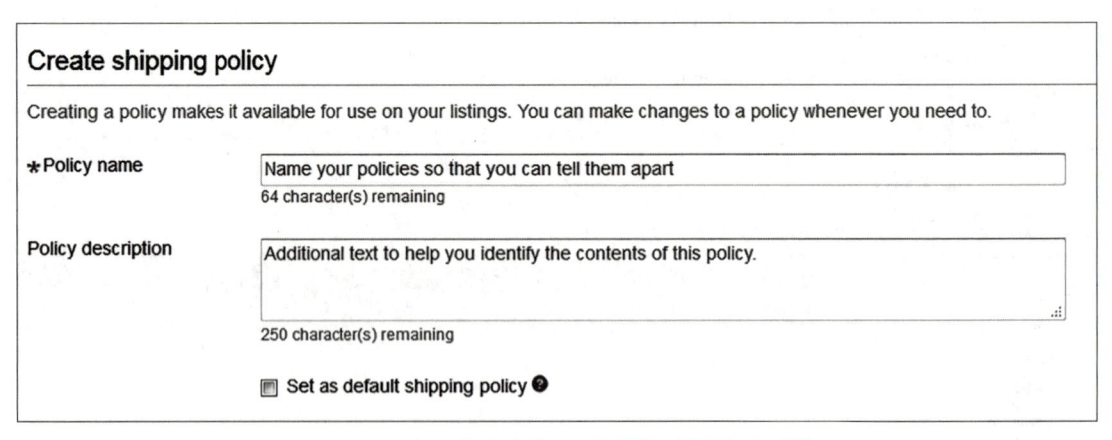

图 6-26　eBay 物流方案-业务政策-创建物流政策

（5）进入创建物流政策页面中。

在"Domestic shipping"中可设置货运细节：
- Flat：same cost to all buyers（为每件物品设定固定运费）。

- Calculated：Cost varies by buyer location（为不同地区的买家设置不同运费）。
- Freight：large items over 150 lbs.（为超过 150 磅的大型物品设置运费）。
- No shipping：Local pickup only（将物品设置为本地面交无运费）。

在"Services"下的复选框中可设置具体的运送服务。

在"Cost"下面的文本框中可填写物品运费，在"Each additional"下面的文本框中填写每增加一件物品所要多付的运费。同时，可勾选"Free shipping"将物品设置为包邮以增加物品曝光率。

eBay 物流方案-业务政策-运费设置如图 6-27 所示。

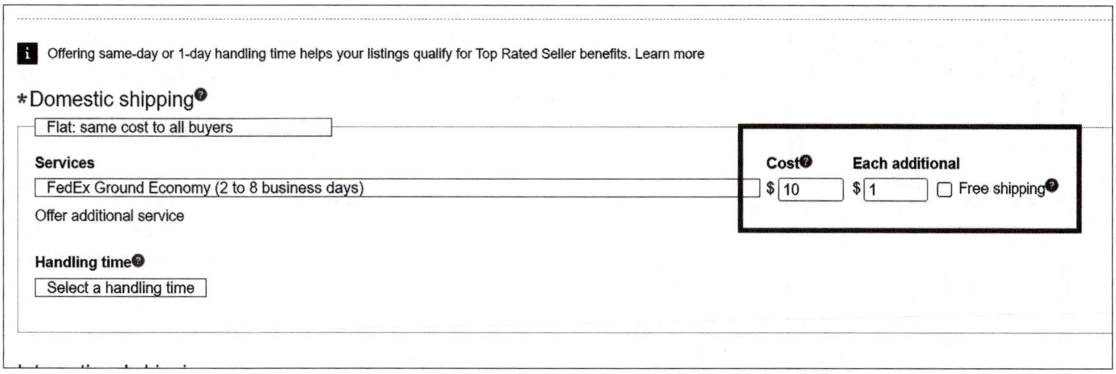

图 6-27　eBay 物流方案-业务政策-运费设置

（6）单击"Offer additional service"可增加更多运输服务，如不需要，可单击"Remove service"取消。

eBay 物流方案-业务政策-编辑运输服务如图 6-28 所示。

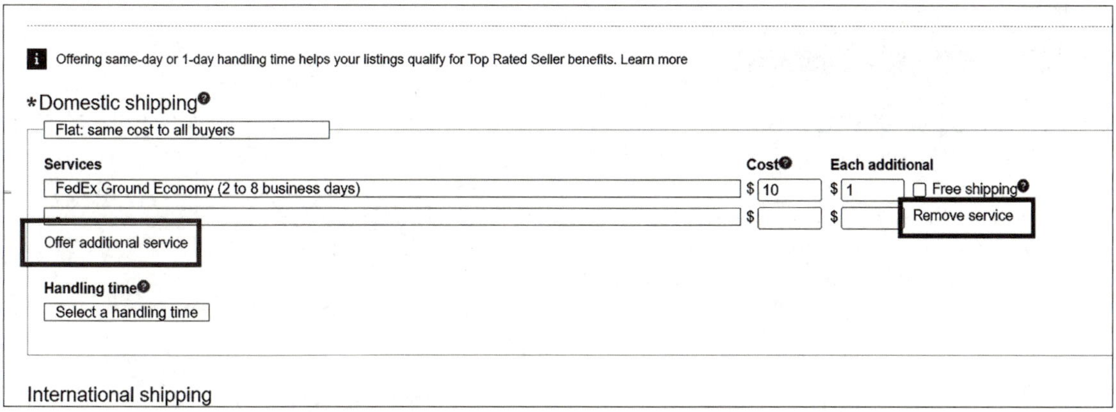

图 6-28　eBay 物流方案-业务政策-编辑运输服务

（7）在"Handling time"下的复选框中可选择物品的处理时间。

eBay 物流方案-业务政策-物品处理时间如图 6-29 所示。

（8）在"International shipping"区域中可设置国际货运细节，如果卖家提供国际航运，可在"International shipping"下的复选框中选择货运收费方式。eBay 物流方案-业务政策-设置国际货运如图 6-30 所示。

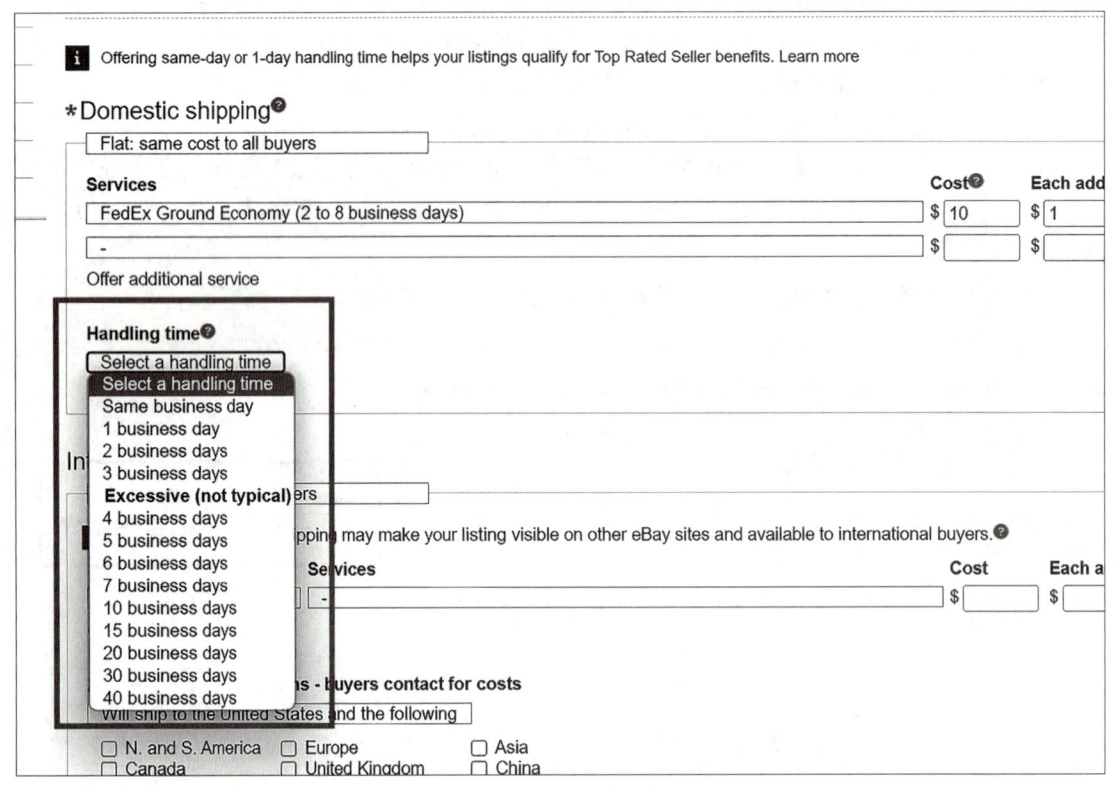

图 6-29　eBay 物流方案-业务政策-物品处理时间

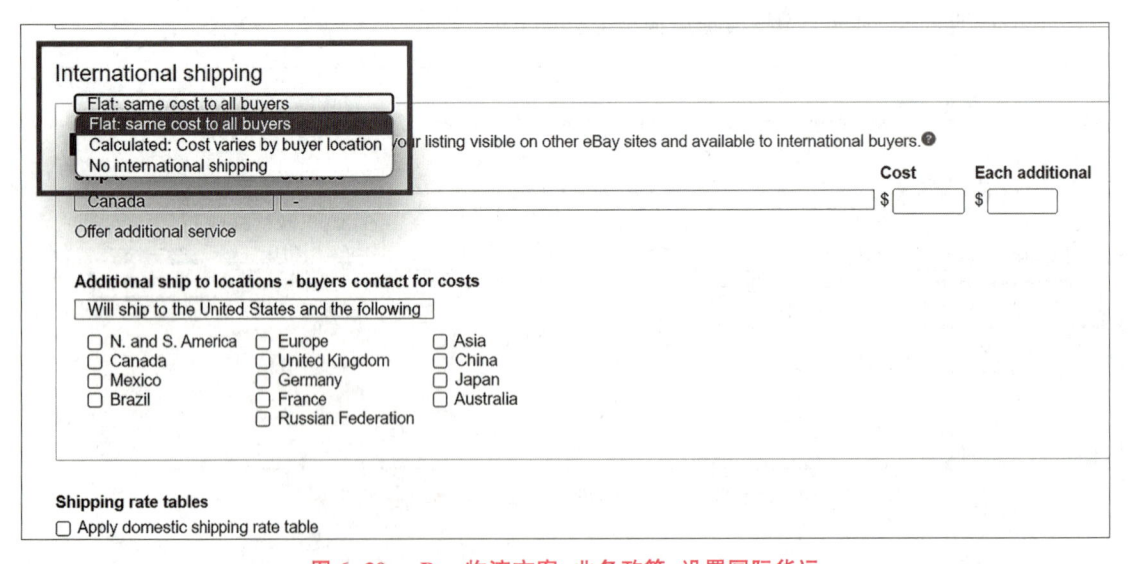

图 6-30　eBay 物流方案-业务政策-设置国际货运

（9）在"Ship to"下的复选框中可选要寄送的目的地，请谨慎使用"Worldwide"选项，因为部分国家可能无法送达，可选择"choose custom location"自定义目的地。eBay 物流方案-业务政策-国际货运-选择目的地如图 6-31 所示。

图 6-31　eBay 物流方案-业务政策-国际货运-选择目的地

（10）可在"Services"下的复选框中设置具体的物流服务，在"Cost"下的文本框中填写物品的运费，在"Each additional"下的文本框中填写每增加一件物品需多付的运费。eBay 物流方案-业务政策-国际货运-服务设置如图 6-32 所示。

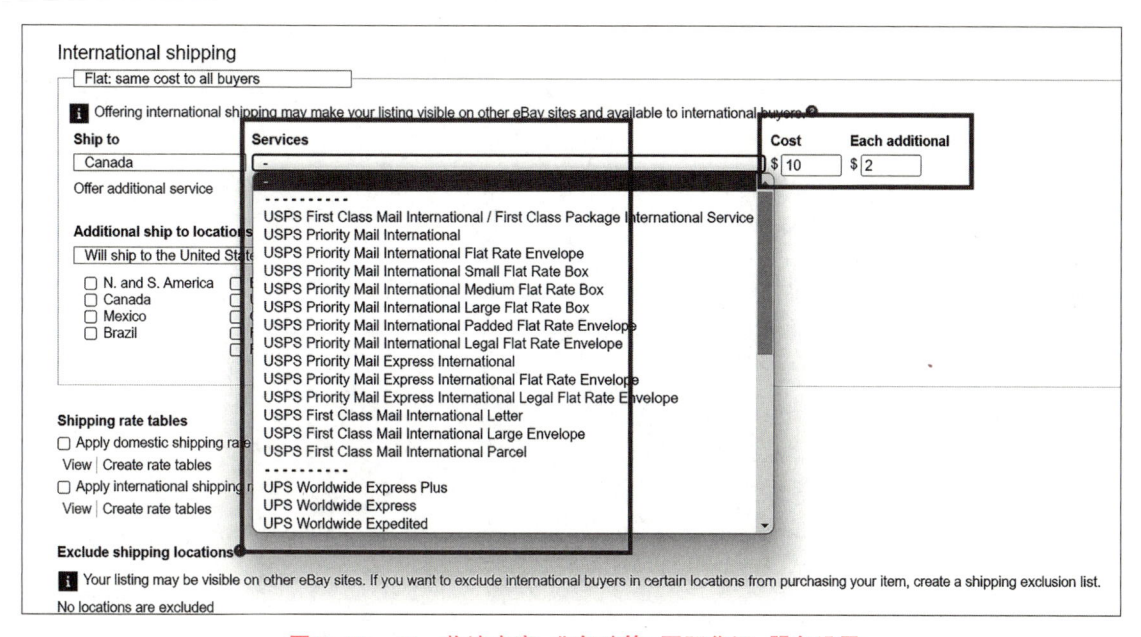

图 6-32　eBay 物流方案-业务政策-国际货运-服务设置

（11）可在"Shipping rate tables"区域编辑航运费率表；可在"Exclude shipping locations"中设置不能运达的国家/地区，可单击"Create exclusion list"来创建不能运达的国家/地区列表。eBay 物流方案-业务政策-国际货运-设置不能运达的国家/地区如图 6-33 所示。

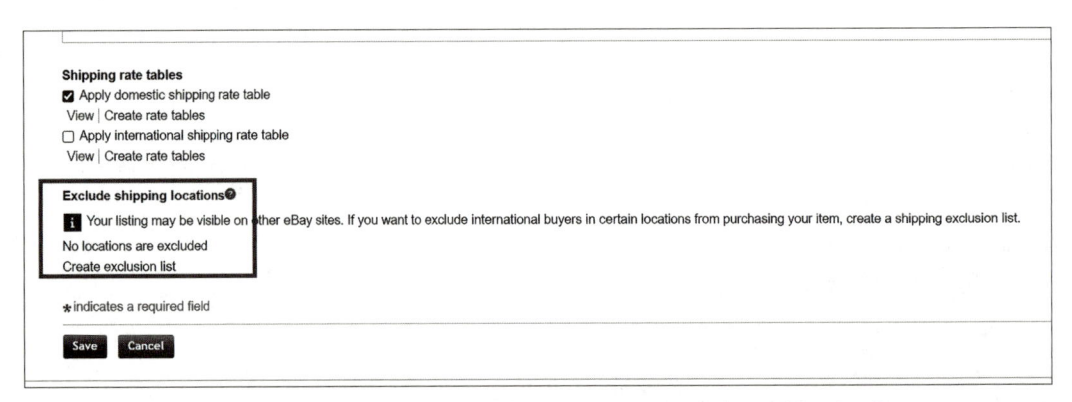

图 6-33　eBay 物流方案–业务政策–国际货运–设置不能运达的国家/地区

（12）设置完货运政策后，单击"Save"保存。

拓展阅读　　　知识与技能训练　　　Shopee 平台物流渠道实操

学习单元七

跨境电子商务支付

【学习目标】

【知识目标】

了解跨境电子商务退款的主要方式。

熟悉跨境电子商务常见买家支付方式。

知晓跨境电子商务支付风险。

【技能目标】

能够使用跨境电子商务退款方式对应的相关工具。

掌握防范跨境电子商务支付风险的方法。

学会操作不同地区常见买家的支付方式。

【素质目标】

了解跨境电子商务支付中国家对于金融风险的防范政策。

【思维导图】

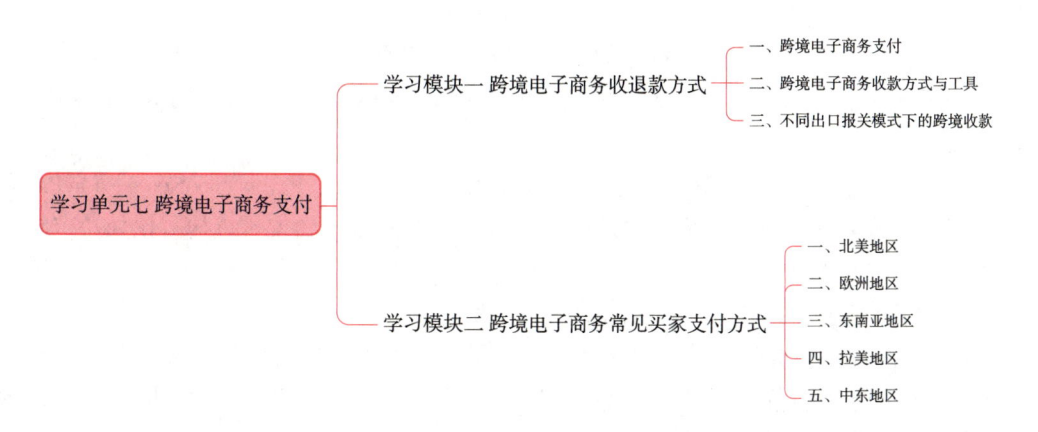

```
                                    ┌─ 一、跨境电子商务支付
              ┌─ 学习模块一 跨境电子商务收退款方式 ─┼─ 二、跨境电子商务收款方式与工具
              │                     └─ 三、不同出口报关模式下的跨境收款
学习单元七 跨境电子商务支付 ─┤
              │                              ┌─ 一、北美地区
              │                              ├─ 二、欧洲地区
              └─ 学习模块二 跨境电子商务常见买家支付方式 ─┼─ 三、东南亚地区
                                             ├─ 四、拉美地区
                                             └─ 五、中东地区
```

学习模块一　跨境电子商务收退款方式

一、跨境电子商务支付

在跨境电子商务的链路中，支付是最重要的环节之一。

（一）跨境支付的定义

跨境支付指两个或两个以上国家或地区之间因国际贸易、国际投资及其他方面所发生的国际间债权债务，借助一定的结算工具和支付系统实现的资金跨国或跨地区转移的行为。

通俗地讲，就是境内消费者在网上购买境外商家商品或境外消费者购买境内商家商品时，由于币种的不一样，就需要通过一定的结算工具和支付系统实现两个国家或地区之间的资金转换，最终完成交易。

以出口跨境电子商务为例，卖家在跨境电子商务平台上出售一款女装，美国、德国、日本、泰国等不同国家的消费者都很有兴趣并下单购买，不同国家的消费者在购买商品时会选择不同的支付方式如 PayPal、Visa 等，涉及的币种包含美元、欧元、日元、泰铢等，但是卖家在国内只能接收法定人民币，需要通过结算工具和支付系统，实现使用外币的支付通道收到外币，并且将收到的外币换成人民币给国内卖家结算，最终完成交易。

（二）跨境支付对象

跨境支付市场的主要参与对象包括：境内外银行、汇款公司、国际信用卡组织、跨境收款公司和第三方跨境支付公司。

- 境内外银行：指经营货币信贷业务的金融机构，比如中国银行、交通银行、建设银行等。
- 汇款公司：开展国际汇款业务的公司，比如全球速汇、MoneyGram 等。
- 国际信用卡组织：非银联组织的信用卡，比如 VISA、MasterCard、American Express、JCB 和 Diners Club 等。
- 跨境收款公司：开展国际收款业务的公司，比如 Pingpong、Payoneer、Skyee、PayPal 等。
- 第三方跨境支付公司：为境内外的消费者提供有限服务的支付机构，比如拉卡拉、易宝支付、汇付天下等。

跨境支付市场主要参与对象示意图如图 7-1 所示。

以第三方跨境支付为例，第三方跨境支付公司向中国人民银行申报跨境业务，并在对应的银行开立一个专用的备付金账户，境外买家付款后，货款先到达第三方跨境支付公司的备付金账户，买家确认收货之后第三方跨境支付公司再从备付金账户里打款给境内卖家的账户。

图 7-1　跨境支付市场主要参与对象示意图

二、跨境电子商务收款方式与工具

（一）跨境电子商务收款方式

1. 第三方支付

第三方支付指具备一定实力和信誉保障且取得《支付业务许可证》的独立非金融受理机构，通过与银行支付结算系统接口对接而促成交易双方进行交易的网络支付模式，如Paypal、Alipay、Payoneer 等都属于第三方支付，目前大部分跨境电子商务平台包括独立站都支持第三方支付。

优点：满足多数消费者的付款请求，是账户与账户之间的交易模式。

缺点：
- 主要基于信用卡，所以有 Chargeback 风险，一旦发生拒付，维权困难。
- 更倾向于保护买家利益。
- 商户账户容易被冻结，商家利益受损失。
- 难以覆盖没有信用卡的用户群体。

2. 国际信用卡

国际信用卡收款是指通过第三方信用卡支付公司集成如 Visa、MasterCard、JCB、美国运通（American Express）等国际信用卡支付网关来收款，用户填写如卡号等信息，直接完成支付的方式，不需要注册额外账号。

优点：迎合国外买家的消费习惯、用户人群大。

缺点：
- 一般需预留 10% 保证金、收费高昂、付款额度偏小。

- 黑卡蔓延，存在拒付风险。

3. 电汇

电汇（T/T）是通过银行电汇款项，是较为传统式的交易模式，分为前 TT 和后 TT，前者是交货前全部款项直接汇款到银行账户（利于进口商）；后者是先装货，见到提单传真后全额汇款（利于出口商）。

优点：适合大额付款，先付款后发货，保证商家利益不受损失。

缺点：

- 客户群体小，限制商家的交易量。
- 不适合中小额收款，需要买家支付额外费用。
- 先付款后发货，客户容易产生不信任。

4. 全球本地支付

本地支付也就是本地聚合支付，使用本地银行卡线上支付，如国内的支付宝、微信等这类电子钱包。本地支付能够提高消费者购物体验，提高成交率。

优点：支付方式多，覆盖更多用户。

缺点：

- 提现周期较长。
- 需要注册当地的收款账户，手续较为烦琐。

5. COD 货到付款

COD（Cash on Delivery）货到付款，是指买家下单后，物流公司将产品送到买家手中，买家收到货品时进行付款然后由物流商将产品货款交给卖家。COD 主要集中在东南亚地区，当地的信用卡普及不高，线上付款率比较低。所以货到付款相对普遍。

优点：COD 模式节省了中间环节，降低产品的库存及资金周转压力，大大缩短了资金周转提现周期，避免了资金链断裂的问题。

缺点：

- 由于是货到付款，买家收到产品时可能会拒收。
- 对交易双方的契约精神提出考验。
- 若某个地区产品的拒收率过高，容易亏损。
- COD 模式主要通过广告引导用户下单，无法累积稳定的消费者群体。

6. 香港离岸公司银行账户

卖家通过在香港开设离岸银行账户，接收海外买家的汇款，再从香港账户汇往大陆账户。

优点：接收电汇无额度限制，不需要像大陆银行一样受 5 万美元的年汇额度限制。不同货币直接可随意自由兑换。

缺点：香港银行账户的钱还需要转到大陆账户，较为麻烦。部分客户选择地下钱庄的方式，有资金风险和法律风险。

（二）常见跨境电子商务收款工具

1. PayPal

PayPal Logo 如图 7-2 所示。

PayPal 是美国 eBay 旗下的支付平台，在国际上知名度较高，使用范围广，国外买家使用率占 80% 以上，在国外网站收款界面非常活跃，有自己的收银台，可以集成到大的平台收款，也可以接到自己的独立站收款；类似国内的支付宝，资金周转快，即时支付，即时到账，有全中文操作界面，能通过中国的本地银行提现。

优势：
- 用户广，在全球 190 个国家和地区，有超过 2.2 亿的用户。
- 资金周转快。独有的即时支付及时到账特点，可以做到实时收款。
- 小额支付优势大，无年费、注册费费率也较低。

劣势：
- 大额业务手续费较高。
- 平台更倾向于买家的利益，对卖家不利。
- 每笔交易除手续费外还需要支付交易处理费。
- 账户容易被冻结，商家利益受损失。

2. Payoneer

Payoneer Logo 如图 7-3 所示。

图 7-2　Pay Pal Logo　　　图 7-3　Payoneer Logo

Payoneer 是一家总部位于纽约的在线支付公司，主要业务是帮助其合作伙伴，将资金下发到全球，其同时也为全球客户提供美国银行/欧洲银行收款账户，用于接收欧美电子商务平台和企业的贸易款项。

优势：
- 门槛较低，个人、公司均可线上完成开户。
- 多平台对接，已实现 9 大跨境电子商务平台对接。
- 阶梯价格，费率按照账户总入账额累积阶梯计算。

劣势：
- Payoneer 账户之间不能互转资金，无法通过银行卡信用卡充值。
- 从 Payoneer 到国内银行卡时，无法以美元入账。

3. WorldFirst

WorldFirst Logo 如图 7-4 所示。

万里汇 WorldFirst 是阿里巴巴旗下的外汇兑换公司，主要为企业及个人提供国际支付功能服务，支持 Amazon、Lazada 等平台收款。目前提现手续费 0.3%，最低为 0，是行内最低。自身有 B2B 收款模式，不过得限定需要主体是公司。

优势：
- 多种资金转出方式，银行账户、支付宝、第三方付款均可。
- 支持多店铺收款，店铺资产统一管理。

图 7-4　WorldFirst Logo

- 高效，人民币提现快速到账。

劣势：

- 支持对接的平台相对较少。
- 与客户沟通方式不灵活，主要通过邮件沟通。

4. PingPong

Pingpong Logo 如图 7-5 所示。

PingPong 作为中国内地跨境电子商务卖家打造的收款工具，同时，PingPong 也支持包括 Shopify、Wish 和 Shopee 在内的主流独立站，并支持 Visa、MasterCard、JCB、American Express 等主流国际银行卡收款，支持美元、加元、欧元、英镑、澳元、日元。

图 7-5 Pingpong Logo

优势：

- 拥有多国的支付牌照，美国、欧洲、日本、欧洲等地的支付牌照。
- 支持绝大多数平台。
- 支持独立站自建站收单、收款、提现。
- 实时汇率，零汇率损失。

劣势：

- 入账时间稍久。
- 只能收 B2 贸易货款，不能收个人款。
- 暂不支持部分主流货币。

5. 西联汇款

西联汇款 Logo 如图 7-6 所示。

图 7-6 西联汇款 Logo

西联汇款是国际汇款公司（Western Union）的简称，是世界上领先的特快汇款公司，迄今已有 150 年的历史，代理网点遍布全球近 200 个国家和地区。西联汇款手续费由买家承担，适合 1 万美元以下的小额支付。

优势：

- 对于卖家来说，手续费由买家承担，可先提钱再发货，安全性好。
- 到账速度快。

劣势：

- 由于对买家来说风险极高，买家不易接受。
- 买家和卖家需要去西联线下柜台操作。

- 对于小额收款手续费较高。

一般而言的话，中小卖家在大平台上都无须为支付方式选择纠结，大的平台都有固定的支付平台，这些支付平台都较为成熟稳定。而自建平台的卖家则要在支付平台的选择上进行深入比较与选择，要做好系统搭建和优化、渠道对接和支持，建立完善的跨境收单支付服务平台和清结算平台，保障客户的安全、方便使用，企业自身保障网上交易安全，节省成本、提高效益。

三、不同出口报关模式下的跨境收款

做跨境电子商务时，我们会遇到不同的代码，如9710、9810、9610、0110、1039等，这些代码所代表的是海关对于跨境电子商务业务在进出口方面的监管方式，针对不同的业务有不同的监管方式。

（一）9710

9710全称是跨境电子商务企业对企业直接出口。该监管方式适用于跨境电子商务B2B直接出口的货物，具体是指境内企业通过跨境物流将货物运送至境外企业或海外仓，并通过跨境电子商务平台完成交易的贸易形式，包括亚马逊、eBay、Wish、速卖通、阿里巴巴、敦煌等电子商务平台以及自建站。

9710模式（B2B直接出口）模式近似于0110模式（一般贸易），即境内企业通过跨境电子商务平台与境外企业达成交易，通过跨境物流将货物直接出口送达境外企业，并委托与跨境电子商务平台联网的银行或第三方支付机构收汇结算。

由此，在收汇环节，跨境电子商务企业可根据海关申报方式的不同来进行收结汇：以报关单形式申报的跨境电子商务商品，其货款收汇应参考"一般贸易"进行外汇申报；以清单形式申报的跨境电子商务商品，其货款收汇应参考网络购物进行外汇申报。

9710（跨境电子商务B2B直接出口）收付汇、结汇流程如图7-7所示。

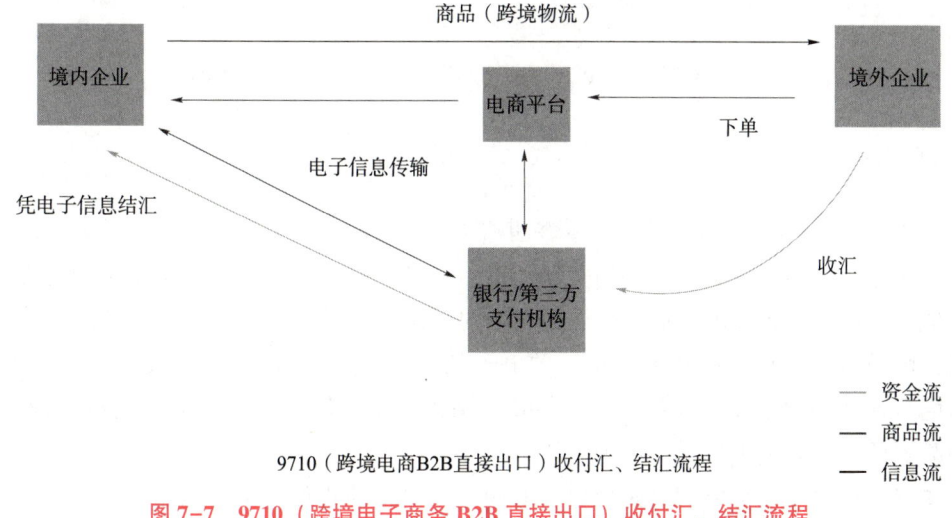

图7-7　9710（跨境电子商务B2B直接出口）收付汇、结汇流程

（二）9810

9810 全称是跨境电子商务出口海外仓。该监管方式适用于跨境电子商务出口海外仓的货物，也就是亚马逊 FBA、第三方海外仓或者自建海外仓都包含在内。

9810（跨境电子商务出口海外仓）模式下，境内企业先将商品批量出口至海外仓备货，境外消费者通过境外电子商务平台下单后，由海外仓直接发货给消费者。由于 9810 模式下的跨境电子商务商品在出口申报时尚未发生实际交易，故其在申报前向海关传输的为海外仓订仓信息而非交易订单，故外汇管理部门允许企业进行快速阳光结汇。此外，根据国家外汇局发布的《国家外汇管理局关于支持贸易业态新发展的通知》（汇发〔2020〕11 号），跨境电子商务企业出口至海外仓销售的货物，汇回的实际销售收入可与相应货物的出口报关金额不一致。

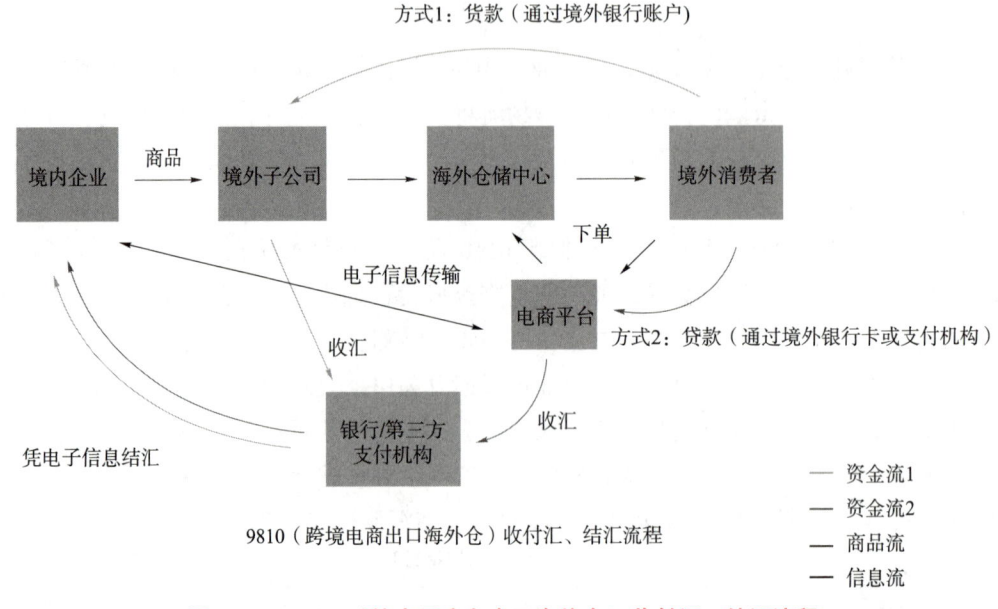

9810（跨境电子商务出口海外仓）收付汇、结汇流程如图 7-8 所示。

图 7-8　9810（跨境电子商务出口海外仓）收付汇、结汇流程

（三）9610

9610 全称是跨境贸易电子商务，俗称集货模式，即 B2C（企业对个人）出口，该监管能够化整为零，灵活便捷满足境外消费者需求，具有链路短、成本低、限制少的特点。该监管方式适用于境内个人或电子商务企业通过境内外跨境电子商务平台实现交易，并采用"清单核放、汇总申报"模式办理通关手续的电子商务零售进出口商品，也就是说，9610 出口就是境内企业直邮到境外消费者手中。9610 更适用于小批量、不宜备货、非标品等跨境电子商务商品，前期投入成本较低，更为灵活。

9610（跨境电子商务零售直邮出口）收付汇、结汇流程如图 7-9 所示。

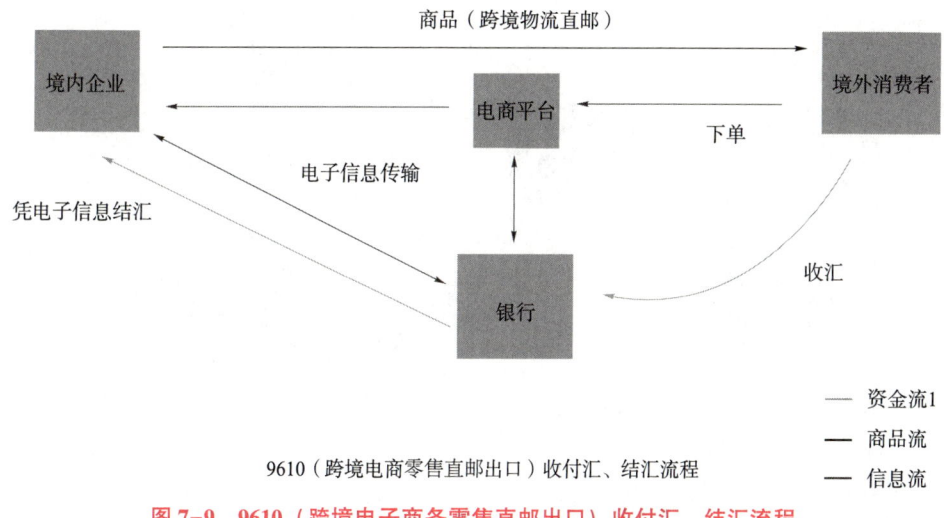

图 7-9　9610（跨境电子商务零售直邮出口）收付汇、结汇流程

（四）1210

1210（特殊区域零售出口）分为两种模式：传统模式和海外仓模式。传统模式指境内企业商品批量出口至区域，海关对其实行账册管理，境外消费者通过电子商务平台购买商品后，通过物流快递形式送达境外消费者。而海外仓指境内企业将商品批量出口至区域，海关同样对其实行账册管理；企业在区域内完成理货、拼箱后，批量出口至海外仓，通过电子商务平台完成零售后再将商品从海外仓送达境外消费者。在 1210 出口模式下，商品进入海关特殊监管区域即视同出口，可申请出口退税。跨境电子商务商家还可以将大量商品集中一次申报，待海外完成零售后再分批结汇，有效降低了退税成本和时效，提高了企业资金回笼速度以及企业资金运用效率。

1210（跨境电子商务零售出口）收付汇、结汇流程如图 7-10 所示。

跨境电子商务零售出口业务中，境内企业通过线上电子商务平台与境外消费者成交后，有以下两种收款方式：

（1）直接通过境外银行卡、境外第三方支付结算到境外子公司在海外开立的银行账户中，由境外子公司汇款至境内银行或第三方支付机构进行结汇。

（2）以电子商务平台作为主体收取货款，通过与平台绑定的银行或境内支付机构合作收汇，将境外销售额收入结算到境内企业账户。

两种收款方式都需要电子商务平台或者企业提供完整、真实的电子交易信息（订单、物流信息、支付信息），通过国际贸易"单一窗口"或"互联网+海关"的跨境电子商务通关服务和货物申报系统，向海关提交申报数据、传输电子信息，并对数据真实性承担相应法律责任，在完成货物交易并收到货款后，由和跨境电子商务平台联网的银行或第三方支付机构收汇，在境内企业、跨境电子商务平台以及银行或支付机构完成电子信息的传输比对核实后，结算外汇。

根据《通过银行进行国际收支统计申报业务指引（2019 年版）》，境内卖家通过境内

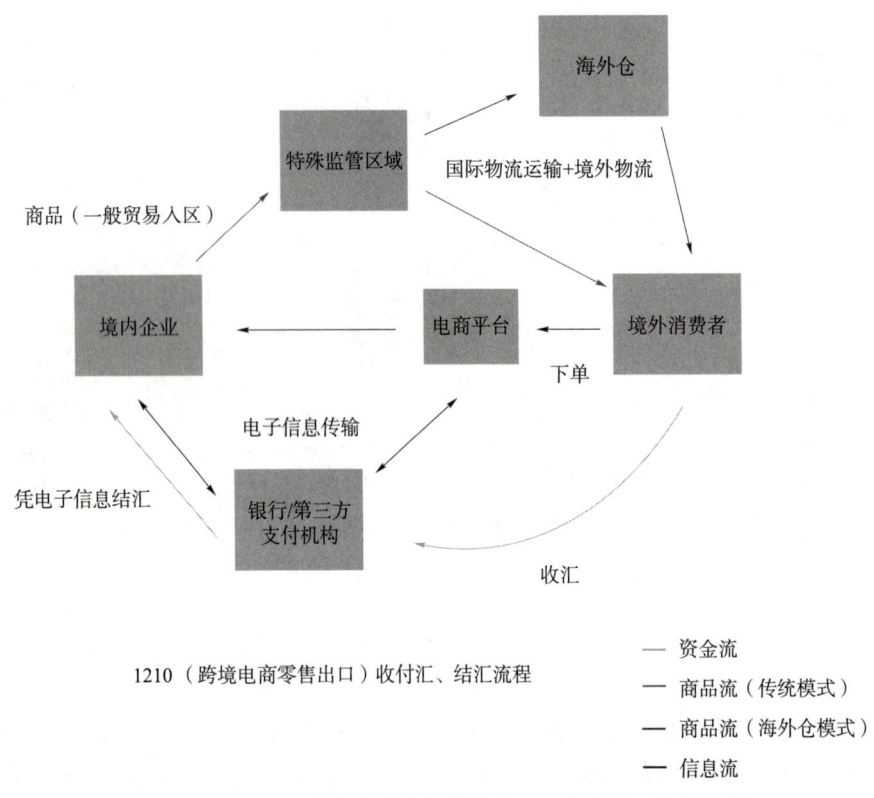

```
                            ┌─────────┐
                            │  海外仓  │
                            └─────────┘
                                ↑
                        ┌─────────────┐
                        │ 特殊监管区域 │  国际物流运输+境外物流
                        └─────────────┘
                            ↑         ↘
         商品（一般贸易入区）            ↓
    ┌─────────┐        ┌─────────┐   ┌───────────┐
    │ 境内企业 │←──────│ 电商平台 │←──│ 境外消费者 │
    └─────────┘        └─────────┘   └───────────┘
         ↑                  下单           │
         │    电子信息传输                  │
         │          ┌──────────┐           │
         └─────────│银行/第三方│←──────────┘
         凭电子信息结汇│支付机构 │    收汇
                    └──────────┘
```

── 资金流
── 商品流（传统模式）
── 商品流（海外仓模式）
── 信息流

图 7-10　1210（跨境电子商务零售出口）收付汇、结汇流程

外电子商务平台销售，并经由境外支付公司直接收款至其境内银行账户时，境内卖家应通过境内银行进行涉外收入的国际收支统计间接申报，具体申报在"122030-网络购物"涉外收支交易代码项下，并在交易附言中注明"境外平台+平台名称"或"境内平台+平台名称"字样。

学习模块二　跨境电子商务常见买家支付方式

一、北美地区

1. PayPal

PayPal 是目前全球最大的在线支付提供商，全球 203 个国家和地区拥有超过 1.5 亿用户，是跨国交易中最有效的付款方式。任何人只要有一个电子邮件地址，都可以使用 PayPal 在线发送和接收付款。PayPal 支持信用卡、余额、外币银行卡、电子支票等主流的付款方式。

2. Venmo

Venmo 是一个在美国非常流行的点对点电子支付方式，允许人们即时转账和收款。它最初是一个基于短信的支付系统，其平台是亲朋好友进行网络社交的好桥梁，有点类似中国国内的微信转账。2012 年，Venmo 被 Braintree 以 2 620 万美元的价格收购。随后，Braintree 和

Venmo 被全球领先的在线支付公司 PayPal Holdings Inc. 收购。目前，Venmo 这一支付系统已覆盖美国 200 多万个地区。

3. Apple Pay

Apple Pay 是苹果公司的移动支付和电子现金服务，集成于 Apple Wallet 应用中，仅能使用苹果公司推出的 iPhone、Apple Watch 和 iPad 等移动设备来进行款项支付。Apple Pay 覆盖约为 80% 的美国信用卡用户。

4. Zelle

Zelle 是一款免费的 APP，对接全美 30 多家银行，和其他个人对个人的支付服务比如 Apple Pay 和 Venmo 一起瓜分市场，各据一方。用户可以通过 Zelle，向任何其他银行的收款人汇款。如果商家的开户行已经是 Zelle 的合作商，则可通过银行 APP 直接访问，不需要单独下载 Zelle 的 APP 或额外创建账号。

二、欧洲地区

1. WebMoney

WebMoney（简称 WM）是由成立于 1998 年的 WebMoney Transfer Techology 公司开发的一种在线电子商务支付系统，其支付系统可以在包括中国在内的全球 70 个国家使用；是俄罗斯最主流的电子支付方式，俄罗斯各大银行均可自主充值取款。

2. Qiwi

Qiwi 是俄罗斯最大的支付服务商之一，创立于 2007 年，业务涉及亚、欧、美、非洲。用户可以通过 Qiwi Wallet 即刻支付购买产品，Qiwi Wallet 拥有较完善的风险保障机制，不会产生买家撤款。因此，买家使用 Qiwi Wallet 付款的订单，没有 24 小时的审核期限制，支付成功后卖家可立刻发货。

3. Sofortbanking

SOFORT 成立于 2005 年，总部位于德国慕尼黑，是欧洲一种在线银行转账支付方式，支持德国、奥地利、比利时、荷兰、瑞士、波兰、英国以及意大利等国家的银行转账支付。Sofortbanking 通过集成各个国家的银行支付系统，为电子商务提供了一个便捷、安全、创新的在线支付解决方案。

4. EPS

EPS 于 2005 年由奥地利几个主要银行共同建立，目前已有 300 多万终端用户，已成为当地最受欢迎的网上支付方式。EPS 电子支付是奥地利推出的一种新支付标准。EPS 电子支付与奥地利银行的在线支付系统相连，可以提供便捷、安全的在线支付解决方案。

5. iDeal

iDeal 平台是一种荷兰支付方式，无须信用卡和借记卡。与 2005 年荷兰的几大标志性银行一起提出并开发，iDeal 已经是荷兰最受欢迎的一种支付方式。在荷兰，超过 1 300 万参与银行的客户使用 iDeal，无须注册，用户只要拥有银行的账户便可以直接网上操作。

6. Multibanco

Multibanco 是葡萄牙本地的一种主流支付方式，付款形式可以是在线银行转账，也可以是线下 ATM 机转账，它连接了葡萄牙 27 家银行总共 12 700 台 ATM 机器，同时，它还有完整的 EFTPOS 网络，可以通过 tele Multibanco 和 monet 为移动电话和在线银行提供服务。

7. Przelewy24

Przelewy24（以下简称 P24）是波兰最常用的网银转账支付，有超过 95% 的网银用户使用。通过 P24，消费者可以通过自己的网上银行在线完成付款，P24 同时也为波兰 300 多家波兰银行提供在线支付服务。截至 2019 年 12 月，P24 合作商户已超 10 万家，95% 以上的波兰本地银行都支持 P24 支付。

8. Bancontact

Bancontact 起源于 1989 年。Bancontact 是比利时人最受信任的卡品牌。最新数据显示，68% 的线上付款都是经由 Bancontact 完成的。每位比利时银行账户持有人都有资格获得 Bancontact 卡，该卡可以和银行账户直接关联。Bancontact 支付操作流程简单，无拒付伪冒风险。

9. Dankort

Dankort 是丹麦最常用且最方便的支付方式。它是丹麦本地的一种卡，既可以用作借记卡又可以用作信用卡，但只限在丹麦境内使用。现在丹麦几乎所有的超市都可以免费使用 Dankort 支付。

10. Dotpay

Dotpay 成立于 2001 年，是波兰第一家在线支付解决方案提供商，支持网银转账，其发展历史已经超过了 15 年，其支付渠道涵盖线上支付和线下支付。通过 Dotpay 消费者可以选择快速转账、支付卡、BLIK、现金支付、在线分期付款和电子钱包等多种付款方式。

11. Boleto

Boleto 全称是 Boleto Bancário，是巴西一种账单付款方式，受巴西央行（Brazilian Federation of Banks）的监管。需要注意的是，Boleto 不是一家公司，这个和银联、支付宝不一样，因此不存在所谓的 Boleto 官方，Boleto 仅仅是一种付款方式而已。

三、东南亚地区

在东南亚地区，信用卡的使用率非常低，所以使用网银转账或者 ATM 机付款的会比较多。

1. Maybank2U

Maybank2U 是马来西亚常用的在线网银转账，成立于 1960 年，是马来西亚最大的银行和金融集团，在新加坡、印度尼西亚和菲律宾有分支机构，目前在上海和北京也开设了分行和分支机构。Maybank 提供的服务包括：客户银行、商业和企业银行、私人银行等，在马来西亚境内有 384 个分支机构和 2 800 多个 ATM。

2. eNETs

eNETs 是新加坡非常流行的一种本地支付，eNETs 是新加坡岛内唯一的专业支付网络运营机构，支持 DBS、POSB、UOB、OCBC、CitiBankSG 五家银行的借记卡支付，且不局限在新加坡本地支付，是符合当地人支付习惯的一种支付方式。

3. DOKU

DOKU 创始于 2007 年，是印度尼西亚首家电子支付公司，为印度尼西亚及世界范围内的商户及网络商店提供最全的电子支付选择。通过 DOKU 第三方网关支付功能，以银行账户资金进行账单支付、网络购物、跨行转账、手机账单支付等交易。

4. Dragonpay

Dragonpay 成立于 2010 年，是菲律宾一种网上银行转账和现金付款方式。通过 Dragonpay，消费者可以通过网上银行、银行柜台、ATM 转账或任何合作伙伴的分支机构完成付款。因为 PayPal 在菲律宾等发展中国家的渗透率非常低，所以 Dragonpay 作为替代的在线支付选项，提供了比传统信用卡更高的安全性和便利性。

5. TrueMoney

TrueMoney 是泰国的一款电子钱包，成立于 2016 年 11 月，由蚂蚁金服与泰国支付公司 Ascend Money 共同创立。TrueMoney 拥有超过 5 000 万用户，使用场景非常广泛，因此也被称为泰国支付宝。

四、拉美地区

1. Boleto

Boleto 是巴西最常用的一种现金付款方式。由于巴西的在线信用卡支付使用率不高，国内在线支付主要是通过银行转账和 Boleto 支付，买家在网站下了单之后需打印一份支付账单，在 3～5 天内到银行、ATM 机等地方或者网上银行授权银行转账，Boleto 通常是巴西企业以及政府部门唯一支持的支付方式。

2. OXXO

OXXO 是墨西哥人常用的一种账单付款方式，无须银行账户或信用卡也可以完成付款。消费者选择 OXXO 付款方式，OXXO 会生成带有条形码的 INVOICE 账单，消费者到附近的 OXXO 便利店支付现金即可完成付款，付款后，需要一个工作日左右才能确认到账。

3. Rapipago

Rapipago 支付是 1996 年由阿根廷领先的金融服务公司 GIRE 发布的支付产品。Rapipago 是阿根廷的一种账单付款方式，也是一种非银行收款渠道，可以用于缴水电费、教育费用、税收等，也是阿根廷人网购付款的主要支付方式。

4. Redcompra

使用银行转账付款是智利人主要的网购支付选择。Redcompra 是智利流行的一种借记卡支付，支持 15 家智利主流银行进行付款，凭借其简单、现代和安全的特点，目前已经成为智利最受欢迎的付款方式之一，并改变了很多智利人的购买习惯。

5. PSE

PSE 全称 Pagos Seguros en Línea（Safe Online Payments），意思是安全的在线支付，是哥伦比亚首选的支付解决方案。因为哥伦比亚人普遍习惯使用银行转账付款，而 PSE 支付正好迎合了哥伦比亚人的付款习惯。

6. Mercadopago

Mercadopago 成立于 2004 年，是拉丁美洲一种常用的电子钱包支付，也是拉丁美洲最大的支付平台，覆盖巴西、墨西哥、阿根廷、智利、哥伦比亚和委内瑞拉，向超过 9 000 万名注册用户提供本地化支付方式。

五、中东地区

1. CashU

CashU 是一种中东和北非地区特定的付款方式，被称作是中东的网银。中东有成千上万的供应商和商家使用 CashU 作为支付选项，以接触北非和黎凡特地区数百万年轻的在线买家。从本质上讲，CashU 基本上是一张预付卡。中东地区的消费者可以去不同的地方用现金为他们的卡充值，然后他们可以使用同一张卡在网上购物。

2. Boku

由于中东地区信用卡的普及率较低，因此当地用户的信用卡支付习惯没有被培养起来，基于此状况下运营商支付或许是最稳定的一种支付手段。尤其是针对社交 & 棋牌游戏中的小额支付，Boku 即是此市场中的佼佼者，是目前中东最稳定的小额支付方式。

3. Onecard

Onecard 于 2004 年成立于沙特阿拉伯，可以通过信用卡、PayPal、银行转账、手机等方式充值到 Onecard 账号，也可以在线下实体店购买 Onecard 充值卡。Onecard 不仅是中东地区的主流网上支付方式之一，还提供移动通信服务，股票市场的解决方案和提供教育资源等服务。

跨境电子商务支付风险与防范

4. Masary

Masary 是一家埃及公司，成立于 2009 年，现在是埃及领先的支付服务商和集成商。市场占有率达 30%，目前在埃及全境拥有超过 60 000 销售网点，每日处理交易超过 100 万次。

拓展阅读　　　知识与技能训练

学习单元八

跨境电子商务知识产权与法律法规

【学习目标】

【知识目标】

了解知识产权的概念及特征。

熟悉不同电子商务平台的知识产权保护规则。

知晓知识产权信息查询的途径。

【技能目标】

能够使用不同平台的知识产权规则维权。

掌握知识产权信息查询工具的使用方法。

学会基础的关于知识产权的法律法规。

【素质目标】

具备知识产权保护意识。

学会维护自身知识产权。

【思维导图】

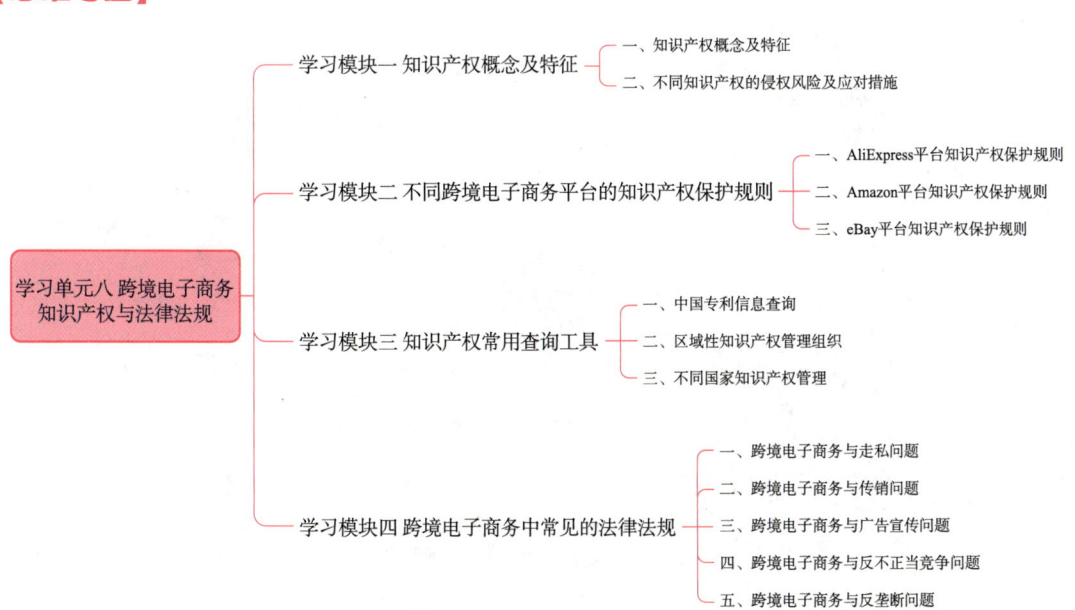

```
学习单元八 跨境电子商务知识产权与法律法规
├── 学习模块一 知识产权概念及特征
│   ├── 一、知识产权概念及特征
│   └── 二、不同知识产权的侵权风险及应对措施
├── 学习模块二 不同跨境电子商务平台的知识产权保护规则
│   ├── 一、AliExpress平台知识产权保护规则
│   ├── 二、Amazon平台知识产权保护规则
│   └── 三、eBay平台知识产权保护规则
├── 学习模块三 知识产权常用查询工具
│   ├── 一、中国专利信息查询
│   ├── 二、区域性知识产权管理组织
│   └── 三、不同国家知识产权管理
└── 学习模块四 跨境电子商务中常见的法律法规
    ├── 一、跨境电子商务与走私问题
    ├── 二、跨境电子商务与传销问题
    ├── 三、跨境电子商务与广告宣传问题
    ├── 四、跨境电子商务与反不正当竞争问题
    └── 五、跨境电子商务与反垄断问题
```

学习模块一　知识产权概念及特征

一、知识产权概念及特征

(一) 知识产权概念

知识产权（Intellectual Property），是基于创造成果和工商标记依法产生的权利的统称，是关于人类在社会实践中创造的智力劳动成果的专有权利。各种创造比如发明、文学和艺术作品，以及在商业中使用的标志、产品外观等，都可受到知识产权保护。

知识产权是指民事主体对智力劳动成果依法享有的专有权利。在知识经济时代，加强对知识产权的保护显得尤为重要和迫切。世界贸易组织中的《与贸易有关的知识产权协定》（以下简称 TRIPs 协定）明确规定：知识产权属于私权。我国《民法通则》也将知识产权作为一种特殊的民事权利予以规定。

2021年1月1日实施的《民法典》中第一百二十三条规定：民事主体依法享有知识产权。知识产权是权利人依法就下列客体享有的专有的权利。

1. 作品

著作权是指文学、艺术、科学作品的作者对其作品享有的权利，包含人身权及财产权。版权的取得有两种方式：自动取得和登记取得。自动取得是《保护文学和艺术作品伯尔尼公约》所确立的原则，也是世界上大多数国家版权法确立的版权取得原则。

如文学作品、建筑作品、摄影作品、影视作品都属于著作权的一种。

2. 发明、实用新型、外观设计

发明，是指对产品、方法或者其改进所提出的新的技术方案，应当具备新颖性、创造性和实用性。

发明知识产权涵盖范围如图 8-1 所示。

图 8-1　发明知识产权涵盖范围

实用新型是指对产品的形状、构造或者其结合所提出的适于使用的新的技术方案。
实用新型知识产权涵盖范围如图 8-2 所示。

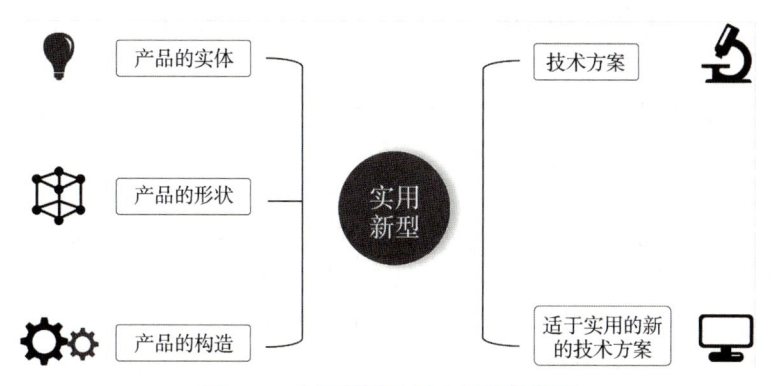

图 8-2　实用新型知识产权涵盖范围

外观设计是指对产品的整体或者局部的形状、图案或者其结合以及色彩与形状、图案的结合所作出的富有美感并适于工业应用的新设计。外观设计知识产权涵盖范围如图 8-3 所示。

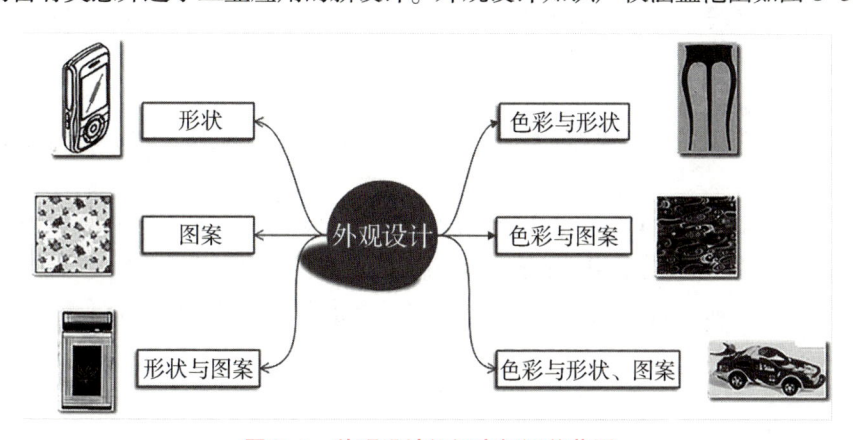

图 8-3　外观设计知识产权涵盖范围

3. 商标

商标是企业所使用的、旨在确认他们自身为其产品和服务来源，并将他们同其竞争者区别开来的标志。行之有效的商标战略是任何产品或服务成功的关键。商标作为始终如一及可信赖的质量保证，代表着产品或服务在消费者中所享有的良好声誉。

商标不应同公司和商业名称混淆。公司和商业名称确认的是公司或企业，而商标确认的是公司的产品或服务。然而，基于商标所使用的环境，相同的名称或用语可以同时作为商业名称或商标。如可口可乐等，既是公司产品，也是企业名称。

4. 地理标志

地理标志可理解为原产地标志、特产标志（或"名称"）。最常见的情况就是，地理标志包括商品产地的名称。地理标志不仅限中国，世界各个国家或地区都有独特的地理标志，世界贸易组织（WTO）与成员国签订的《与贸易有关的知识产权协议》（简称 TRIPS）第二部分第三节规定了成员对地理标志的保护义务。

TRIPS 协议对地理标志的定义："地理标志是指证明某一产品来源于某一成员国或某一

地区或该地区内的某一地点的标志。该产品的某些特定品质、声誉或其他特点在本质上可归因于该地理来源。"

在我国，农产品是这方面的典型，它们具有根源于产地的品质，受气候和土壤等当地特定因素的影响。

如云南白药、云南普洱、西湖龙井、黄山毛峰、六安瓜片、安溪铁观音、泸州老窖、贵州茅台酒等一批熟知名称，都算是地理标志。

5. 商业秘密

按照中国《反不正当竞争法》的规定，商业秘密（Trade Secret, Business Secret）是指不为公众所知悉、能为权利人带来经济利益，具有实用性并经权利人采取保密措施的技术信息和经营信息。具有以下几种特性：

（1）秘密性。

不为公众所知悉，即商业秘密的秘密性，是指权利人所主张的商业秘密未进入公有领域，非公知信息或公知技术。

（2）价值性与实用性。

能为权利人带来经济利益（价值性）、具有实用性，是指该信息具有确定的可应用性，能为权利人带来现实的或者潜在的经济利益或者竞争优势。

（3）保密性。

保密性是指商业秘密经权利人采取了一定的保密措施，从而使一般人不易从公开渠道直接获取。

商业秘密与专利是两种重要的知识产权，其中技术秘密与专利存在重合和交叉，也就是同一个知识产权内容，既可以用商业秘密进行保护，也可以用专利保护。实践中，权利人应根据具体需要加以选择。如王老吉的凉茶配方，可以是专利，也可以是商业秘密。

6. 集成电路布图设计

集成电路指半导体集成电路，即以半导体材料为基片，将至少有一个是有源元件的两个以上元件和部分或者全部互连线路集成在基片之中或者基片之上，以执行某种电子功能的中间产品或者最终产品。通俗地说，它就是确定用以制造集成电路的电子元件在一个传导材料中的几何图形排列和连接的布局设计。

集成电路布图设计实质上是一种图形设计，但它并非是工业品外观设计，不能适用专利法保护；它既不是一定思想的表达形式，也不具备艺术性，因而不在作品之列，不能采用版权法加以保护。

由于现有专利法、版权法对集成电路布图设计无法给予有效的保护，世界许多国家就通过单行立法，确认布图设计的专有权，即给予其他知识产权保护，我国也制定了《集成电路布图设计保护条例》及实施细则。

7. 植物新品种

我国植物新品种的审批机关是国务院农业、林业行政部门，农业农村部负责农作物新品种的审批，国家林业和草原局负责林木新品种的审批。它们按照职责分工，共同负责植物新品种权的受理和审查。对符合条件的植物新品种，授予申请人植物新品种权。

申请品种权的植物新品种应当属于国家植物品种保护名录中列举的植物的属或者种，应具备新颖性、特异性、一致性与稳定性，具备适当的名称，并与相同或者相近的植物属或者种中已知品种的名称相区别。

8. 法律规定的其他客体

（二）知识产权特征

知识产权具有如下特征：

1. 客体具有非物质性

这是知识产权的本质属性，是知识产权区别于物权、债权、人身权和财产继承权等民事权利的首要特征。知识产权的客体是具有非物质性的作品、创造发明和商誉等，它具有无体性，必须依赖于一定的物质载体而存在。知识产权的客体只是物质载体所承载或体现的非物质成果。这就意味着，获得了物质载体并不等于享有其所承载的知识产权；其次，转让物质载体的所有权不等于同时转让了其所承载的知识产权；最后，侵犯物质载体的所有权不等于同时侵犯其所承载的知识产权。

2. 特定的专有性

专有性又称排他性，是指非经知识产权人许可或法律特别规定，他人不得实施受知识产权专有权利控制的行为，否则构成侵权。即知识产权的权利主体依法享有独占使用智力成果的权利，他人不得侵犯。正是由于知识产权权利主体能获得法定垄断利益，才使知识产权制度具有激励功能，促使人们不断开发和创造新的智力成果，推动技术的进步和社会的发展。

知识产权的专有性与物权的专有性存在诸多差异，表现在以下几个方面：

（1）专有性的来源不同。

由于作品、发明创造等非物质性的客体无法像物那样被占有，人们难以自然形成对知识产权利用应当由创作者或创造者排他性控制的观念。相反，知识产权的专有性来自法律的强制性规定。

（2）侵犯专有性的表现形式不同，保护专有性的方法不同。

对物权专有性的侵犯一般表现为对物的偷窃、抢夺、损毁或以其他方式进行侵占，而对知识产权专有性的侵犯一般与承载智力成果的物质载体无关，而是表现为在未经知识产权人许可或缺乏法律特别规定时，擅自实施受知识产权专有权利控制的行为。

（3）专有性受到的限制不同。

知识产权受到的限制远多于物权，如《著作权法》就规定了"合理使用""法定许可"，均构成对著作权专有性的限制。此外，还有时间性、地域性的限制等。

3. 时间性

知识产权的时间性是指有多数知识产权的保护期是有限的，即依法产生的知识产权一般只在法律规定的期限内有效，一旦超过法律规定的保护期限就不再受保护了。有关智力成果将进入公有领域，成为人人都可以利用的公共资源；商标的注册也有法定的时间效力，期限届满权利人不续展注册的，也进入公有领域。须注意的是，商标权的期限届满后可通过续展依法延长保护期；少数知识产权没有时间限制，只要符合有关条件，法律可长期予以保护，如商业秘密权、地理标志权、商号权等。

4. 地域性

地域性即知识产权只在特定国家或地区的地域范围内有效，不具有域外效力。除非有国际条约、双边或多边协定的特别规定，否则知识产权的效力只限于本国境内。其原因在于知识产权是法定权利，同时也是一国公共政策的产物，必须通过法律的强制规定才能存在，其权利的范围和内容也完全取决于本国法律的规定，而各国有关知识产权的获得和保护的规定不完全相同，各国的知识产权立法基于主权原则必然呈现出独立性，各国的政治、经济、文化和社会制度的差异，也会使知识产权保护的规定有所不同。所以，除著作权外，一国的知识产权在他国不能自动获得保护。一国的知识产权要获得他国的法律保护，必须依照有关国际条约、双边协议或按互惠原则办理。

二、不同知识产权的侵权风险及应对措施

（一）商标权的侵权风险及规避措施

1. 商标侵权

商标侵权行为指行为人未经商标权人许可，在相同或类似商品上使用与其注册商标相同或近似的商标，或者其他干涉、妨碍商标权人使用其注册商标，损害商标权人合法权益的其他行为。

具备下述四个构成要件的，构成销售假冒注册商标的商品的侵权行为：

（1）必须有违法行为存在，即指行为人实施了销售假冒注册商标商品的行为。

（2）必须有损害事实发生。即指行为人实施的销售假冒商标商品的行为造成了商标权人的损害后果。销售假冒他人注册商标的商品会给权利人造成严重的财产损失，同时也会给享有注册商标权的单位等带来商誉损害。无论是财产损失还是商誉损害都属损害事实。

（3）违法行为人主观上具有过错。即指行为人对所销售的商品属假冒注册商标的商品的事实系已经知道或者应当知道。

（4）违法行为与损害后果之间必须有因果关系。即指不法行为人的销售行为与造成商标权人的损害结果，存在前因后果的关系。

2. 如何避免商标侵权

商标一经注册后，申请人便可享有该商标的商标专用权。如何更好地保护商标专用权，不仅需要行政执法部门的协调，更是企业的重要工作。防止他人侵犯、危害自己的注册商标专用权是企业必须重视的问题之一。为了避免侵权，需注意并做好以下几个方面的工作：

（1）密切关注商标注册情况。

在商标申请期间，一定要密切关注商标注册情况，同时还应注意查阅《商标公告》，一旦发现他人申请注册的商标与自己的商标相同或近似，应当及时提出异议或争议。

（2）经常对商标信息进行检索。

企业需要经常对市场进行调查，要求各地推销商及分公司注意市场上同类产品企业标识包装。一旦发现侵权嫌疑，需要及时加以制止；如果确定对方侵权，有必要的话还可以向工商行政管理机关投诉或向法院起诉。

（3）加强商标标识的管理。

通过调查显示，工商部门查处的假冒商标案中，有不少与注册人对商标标识、包装物的管理不善有很大关系。有些商标注册人因保管不善，导致商标标识物被盗、流失；而有些则是因为对废次标识物（包括印制过程中和使用过程中出现的废次标识物）没有进行有效的销

毁，甚至还有一些人会将这些标识物卖给收废品的；有些是未对标识物印刷厂、纸箱厂等进行严格审查，这些标识物加工厂违背法律、合同和良心，会将商标加印数量转卖给他人等；以上这些因素都是导致商标侵权案件发生的常见问题。

（二）专利权的侵权风险及规避措施

1. 专利侵权

侵犯专利权的情形包含但不局限以下几种情况：

（1）行为人为生产经营目的，擅自以制造、使用、许诺销售、销售、进口等方式使用发明和实用新型专利。

（2）行为人为生产经营目的，擅自制造、许诺销售、销售、进口他人外观设计专利产品。

（3）侵犯专利权的其他情形。

根据我国《中华人民共和国专利法》第十一条：

发明和实用新型专利权被授予后，除本法另有规定的以外，任何单位或者个人未经专利权人许可，都不得实施其专利，即不得为生产经营目的制造、使用、许诺销售、销售、进口其专利产品，或者使用其专利方法以及使用、许诺销售、销售、进口依照该专利方法直接获得的产品。

外观设计专利权被授予后，任何单位或者个人未经专利权人许可，都不得实施其专利，即不得为生产经营目的制造、许诺销售、销售、进口其外观设计专利产品。

2. 如何避免专利侵权

（1）保密性。

企业在开发新产品时，应将项目组的人员减少到最低限度，并要求其承担保密义务。项目的名称可采用代号。在申请专利之前不召开任何形式的发布会，不发表论文，也不召开鉴定会。这样做的目的是不让竞争对手了解本企业的开发动向和意图，特别是新产品的技术方案，以避免竞争对手抢先申请专利，从而造成本企业的侵权行为。

（2）专利调查。

发展日新月异，专利文献也以每年100万件的速度增长，而且绝大部分的创造发明都属于改进型发明，所以在申请专利和实施专利之前必须进行查新，避免落入他人专利的保护范围。那种未经过查新就认为自己的发明属于率先创新的乐观态度和不会有相同发明存在的侥幸心理是万万要不得的。未经过查新的创造发明即使能够取得专利权，那么它的法律稳定性也是不牢固的。有可能得而复失，并因涉嫌侵权而受到法律的追究。

（3）抢先申请。

专利申请必须先发制人，特别是在采用先申请原则的国家。我国《专利法》第九条规定：两个以上的申请人分别就同样的发明创造申请专利的，专利权授予最先申请的人。因此，企业在制订专利申请战略时，不仅要采取预防措施，而且更重要的是应主动出击、抢占制高点。这样就会使相同的发明创造不会再被授予专利权。这样就会大大降低本企业侵犯他人专利权的概率。

（4）文献公开。

在新产品获得专利权后，仍需继续研究对该新产品进一步改进的各种技术方案，并将那些本单位近期不准备实施，但一旦被其他企业抢先获得专利权又会妨碍本单位实施的其他可能方案及时向社会公开。以防止其他企业采用外围专利战略与自己对抗,限制本企业的发展和造成侵权行为。

(5) 专利收买。

就是收买竞争对手的专利为己所用,避免对方以专利侵权为由对自己不断改进的新产品提起诉讼。

(三) 著作权的侵权风险及规避措施

1. 著作权侵权

版权也就是著作权,根据著作权保护的特点,著作权侵权行为的认定可分为以下几步:

(1) 对原告作品的分析。

按照我国法律的规定,著作权的产生采取自动保护原则,即作品一经创作完成,著作权即告产生。因此,与专利、商标等其他类型的知识产权侵权认定不同,著作权侵权认定还涉及权利的有效性问题。一部拥有有效著作权的作品必须同时具备下述条件:属于著作权法保护的作品范围;具备独创性;能以某种有形形式复制。只要有任何一个条件不具备,原告作品就不受著作权法保护。这样,被告当然未侵权。如果原告作品同时符合上述条件,则该作品享受著作权法保护。

(2) 对被控侵权作品及被告使用方式的分析。

对被控侵权作品的分析,可适用以下两个标准:一是"接触",即接触前一作品的机会;二是"实质相似",即应受著作权保护部分实质相似。其中,后者是认定的重点。在认定原、被告的作品是否"实质相似"时,应将原告作品中受著作权保护的部分与被告作品的相应部分进行对比,判定两者是否实质相似。

对于"复制"这种最普遍的使用作品的方式,根据我国《著作权法》第五十二条第二款的规定,按照工程设计、产品设计图纸及其说明进行施工、生产工业品,不属于《著作权法》所指的"复制"。由此可知,在我国,将平面作品以立体形式再现不构成对平面作品的侵权。

2. 如何避免著作权侵权

(1) 加强著作权的登记保护。

及时地完成重要作品的备案登记,对于一些符合条件的作品,还可以通过申请外观设计专利来获得多种形式的保护,及时保护自身版权。

除了经营者自己收集使用外,大多数版权资料可能来自外部采购,需要在合同中明确知识产权权属、许可使用范围、侵权责任承担,必要时要求供方提供知识产权权属证明,避免涉嫌侵权。

(2) 建立版权规范制度。

设立负责著作权管理的专职部门或人员,以研究政府的知识产权政策,合法利用政府政策红利,积极参与行业协会的活动,获得专业服务及管理知识。

设立企业知识产权使用部门,制定版权使用的审批流程、检索流程、发布流程,从源头和使用上规范,进一步降低版权侵权使用风险。

(3) 做好著作权宣传培训工作,培养员工的著作权保护意识和侵权防范意识。

对作品采取技术措施,防止、限制未经权利人许可浏览、欣赏作品、表演、录音录像制品，通过信息网络向公众提供作品、表演、录音录像制品等行为。

企业可以在日常工作中积累免费的正规版权素材库，便于日后经营活动中使用。亦可以类似人民网的倡议一样，业内建立合作同盟，实现互联互通。

学习模块二　不同跨境电子商务平台的知识产权保护规则

如果有一天，商家在售产品突然被下架，则很有可能是触碰到了平台政策和销售法规的两条红线，其中，知识产权是非常重要的平台规则，每个平台都非常重视知识产权保护，以及品牌侵权。

一、AliExpress平台知识产权保护规则

全球速卖通平台严禁用户未经授权发布、销售涉嫌侵犯第三方知识产权的商品或发布涉嫌侵犯第三方知识产权的信息。

若卖家发布涉嫌侵犯第三方知识产权的信息，或销售涉嫌侵犯第三方知识产权的商品，则有可能被知识产权所有人或者买家投诉。平台也会随机对店铺信息、商品（包含下架商品）信息、产品组名进行抽查，若涉嫌侵权，则信息、商品会被退回或删除。根据侵权类型执行处罚。AliExpress平台知识产权保护规则如表8-1所示。

表8-1　AliExpress平台知识产权保护规则

侵权类型	定义	处罚规则
商标侵权	严重违规：未经注册商标权人许可，在同一种商品上使用与其注册商标相同或相似的商标	三次违规者关闭账号
	一般违规：其他未经权利人许可使用他人商标的情况	1）首次违规扣0分 2）其后每次重复违规扣6分 3）累达48分者关闭账号
著作权侵权	未经权利人授权，擅自使用受版权保护的作品材料，如文本、照片、视频、音乐和软件，构成著作权侵权。 实物层面侵权： 1）盗版实体产品或其包装 2）实体产品或其包装非盗版，但包括未经授权的受版权保护的作品 信息层面信息： 产品及其包装不侵权，但未经授权在店铺信息中使用图片、文字等受著作权保护的作品	1）首次违规扣0分 2）其后每次重复违规扣6分 3）累达48分者关闭账号
专利侵权	侵犯他人外观专利、实用新型专利、发明专利、外观设计（一般违规或严重违规的判定视个案而定）	1）首次违规扣0分 2）其后每次重复违规扣6分 3）累达48分者关闭账号 （严重违规情况，三次违规者关闭账号）

（1）速卖通会按照侵权商品投诉被受理时的状态，根据相关规定对相关卖家实施适用处罚。

（2）同一天内所有一般违规及著作权侵权投诉，包括所有投诉成立（商标权或专利权：被投诉方被同一知识产权投诉，在规定期限内未发起反通知，或虽发起反通知，但反通知不成立；著作权：被投诉方被同一著作权人投诉，在规定期限内未发起反通知，或虽发起反通知，但反通知不成立），及速卖通平台抽样检查，扣分累计不超过 6 分。

（3）同三天内所有严重违规，包括所有投诉成立（即被投诉方被同一知识产权投诉，在规定期限内未发起反通知；或虽发起反通知，但反通知不成立）及速卖通平台抽样检查，只会作一次违规计算；三次严重违规者关闭账号，严重违规次数记录累计不区分侵权类型。

（4）速卖通有权对卖家商品违规及侵权行为及卖家店铺采取处罚，包括但不限于以下情形：

- 退回或删除商品/信息。
- 限制商品发布。
- 暂时冻结账户。
- 关闭账号。对关闭账号的用户，速卖通有权采取措施防止该用户再次在速卖通上进行登记。

（5）每项违规行为由处罚之日起有效期为 365 天。

（6）当用户侵权情节特别显著或极端时，速卖通有权对用户单方面采取解除速卖通商户服务协议及免费会员资格协议、直接关闭用户账号及速卖通酌情判断与其相关联的所有账号及/或采取其他为保护消费者或权利人的合法权益或平台正常的经营秩序，由速卖通酌情判断认为适当的措施。该等情况下，速卖通除有权直接关闭账号外，还有权冻结用户关联国际支付宝账户资金及速卖通账户资金，其中依据包括为确保消费者或权利人在行使投诉、举报、诉讼等救济权利时，其合法权益得以保障。"侵权情节特别显著或极端"包括但不限于以下情形：

- 用户侵权行为的情节特别严重。
- 权利人针对速卖通提起诉讼或法律要求。
- 用户因侵权行为被权利人起诉，被司法、执法或行政机关立案处理。
- 因应司法、执法或行政机关要求速卖通处置账号或采取其他相关措施。
- 用户所销售的商品在产品属性、来源、销售规模、影响面、损害等任一因素方面造成较大影响的。
- 构成严重侵权的其他情形（如以错放类目、使用变形词、遮盖商标、引流等手段规避）。

商家可在 AliExpress 平台卖家中心-违规-我的处罚中查看知识产权违规情况。AliExpress 商家知识产权违规查询如图 8-4 所示。

二、Amazon 平台知识产权保护规则

Amazon 非常重视知识产权，商家发布的商品如果侵犯他人知识产权——即使是卖家在不知情的情况下侵犯了知识产权，Amazon 仍然会采取措施，可能导致取消商家的商品信息，或者中止或取消商家的销售权限，商家账户可能会受到警告或被暂停。

Amazon 认为，商家有责任确保他们提供的商品合法，且自身已获得相关的销售或转售

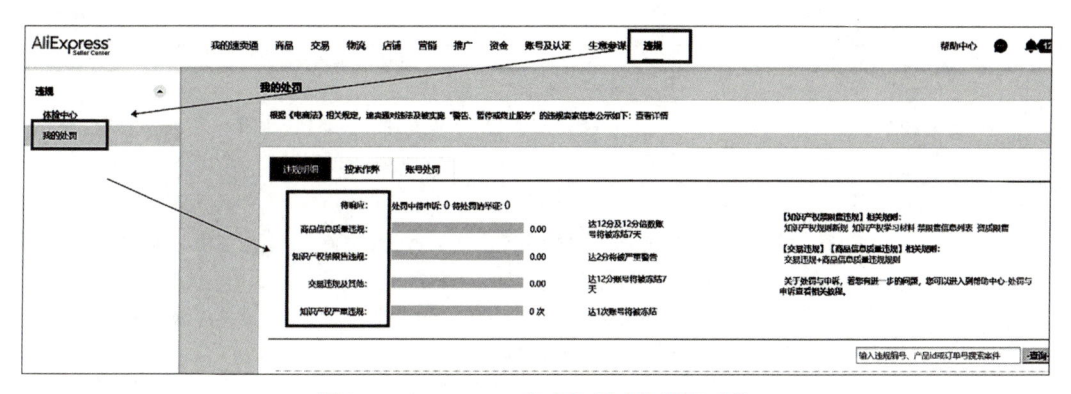

图 8-4　AliExpress 商家知识产权违规查询

授权。

如果 Amazon 认为商品详情页面或商品信息的内容属于违禁、涉嫌违法或者不当内容，则可能会予以删除或修改，且不事先通知。

（一）卖家知识产权政策

当商家在亚马逊商城销售商品时：
- 必须遵守所有适用于商家商品和商品信息的联邦、州和地方法律以及亚马逊的政策。
- 不得侵犯品牌或其他权利所有者的知识产权。

（1）回复知识产权侵权通知。

如果商家收到侵权通知或警告，但认为权利所有者或亚马逊的处理有误，商家可以提起申诉或提出异议。Amazon 商家对知识产权通知提起申诉或提出异议如表 8-2 所示。

表 8-2　Amazon 商家对知识产权通知提起申诉或提出异议

通知或警告的类型	采取的措施
对于从未在亚马逊上发布的产品	回复收到的通知。说明从未发布过被举报的商品。Amazon 将展开调查，以确定其中是否存在差错
如果与权利所有者建立了关系	如果持有的许可证或其他协议允许使用通知中指出的知识产权，请联系提交投诉的权利所有者，请其撤回投诉。如果 Amazon 收到权利所有者的撤回请求，可能会恢复内容
商品或包装上的商标或假冒侵权行为	使用卖家账户中显示的账户状况控制面板提供可证明商品真伪的发票或订单编号。然后，Amazon 将重新评估此通知，内容也可能会恢复
商品详情页面上的商标或假冒侵权行为	修改商品详情页面，以确保其没有侵犯商标，然后转至账户状况页面提交申诉。或者如果认为商品被错误下架，可转至账户状况页面提交申诉——请提供证明文件（例如授权书和许可协议）。然后，Amazon 将重新评估此通知，也可能会恢复内容

续表

通知或警告的类型	采取的措施
专利侵权	回复收到的通知，并说明认为处理有误的具体原因。还可以提供法院指令，证明商品未侵权，或者宣称的专利无效或无法执行
版权侵权	可以根据《数字千年版权法》提交反驳通知。反驳通知必须发送至在版权警告中提供的电子邮件地址，其中必须包含： 手写签名或电子签名。可以通过电子方式签名，具体为键入姓名，并指示其用作签名："/s/卖家名称" 指明已被移除或禁止访问的材料，以及材料被移除或禁止访问之前出现的具体位置。ASIN 通常已足够提交一份声明，说明确信材料是由于存在错误或判断有误而被移除或禁用，如所言不实，甘受伪证罪处罚。 提供姓名、地址和电话号码，并且提交声明，说明同意接受卖家地址所在司法辖区的联邦地方法院管辖权；或者，如果位于美国境外，则声明受美国华盛顿西区地方法院的管辖，并且将接受举报涉嫌侵犯版权的个人或其代理人提供的流程服务

（2）多项知识产权侵权警告。

如果商家收到多个知识产权侵权警告，且商家认为自己销售的是非侵权商品，请通过卖家平台提交申诉，并提供以下信息：

涉嫌侵权的 ASIN 列表和以下至少一项（如适用）：

- 证明商品真伪的发票（可以删除定价信息）。
- 证明商品真伪的亚马逊订单编号。
- 权利所有者提供的授权书（非转发的电子邮件）。
- 认定商品未侵犯宣称的知识产权或宣称的知识产权无效或无法执行的法院命令。

（3）账户暂停。

如果账户因收到针对商品或内容的知识产权侵权通知而被暂停，商家可以向 Amazon 提供一份切实可行的行动计划。

（二）Amazon 防伪政策

在 Amazon 上出售的商品必须是正品。严禁销售假冒伪劣商品，包括非法复制、仿造或制造的商品。如果 Amazon 卖家销售假冒伪劣商品，Amazon 会立即暂停或终止商家的销售账户（以及任何相关账户），并销毁 Amazon 在亚马逊运营中心存储的所有假货库存，一切损失由商家自行承担。

销售和/或贩卖假冒商品还可能会导致商家面临执法机构处理/刑事检控和民事诉讼。每个商家和供应商都有责任确保其采购、销售和配送的商品均为正品。禁售商品包括私售、假冒或盗版商品或内容，非法复制、翻印或制造的商品，以及侵犯第三方知识产权的商品。

此外，在确认买家收到正品订单之前，亚马逊不会向卖家付款。如果确认有人使用亚马逊账号销售假货、行骗或参与其他违法行为，将进行扣分。

三、eBay 平台知识产权保护规则

eBay 上不允许刊登侵犯他人知识产权的物品或产品。eBay 创建了保护知识产权（VeRO）方案，以便知识产权持有人可以举报侵犯他们知识产权的物品刊登或产品。为确保 eBay 的利益，eBay 会将侵权物品从网站上移除，因为这些违法物品会削弱买家和卖家对 eBay 的信任。此外，eBay 也不允许刊登怂恿或允许版权或商标侵权的物品。

例如：
- 旨在规避版权保护的软件或设备。
- 旨在允许视频游戏机玩盗版视频游戏的破解芯片。
- 刊登品牌的包装，并建议用其包装伪造物品以作为真品出售。
- 不允许刊登卫星和电视解码器、破解芯片以及用于解锁、非法加载或以其他方式免费访问付费内容的其他设备和软件。
- 有关如何免费访问付费内容的服务或信息。

如果商家违反了 eBay 的知识产权政策，可能面临以下关于 eBay 的处罚，例如：
- 以管理方式结束或取消物品刊登。
- 在搜索结果中隐藏或撤销所有物品刊登。
- 降低卖家评分、购买或销售限制以及账户冻结等。
- 被 eBay 采取措施的物品刊登或账户的所有相关已付或应付费用均不会退还或以其他方式退回至商家的账户。

需要注意的是，只有知识产权持有人可以举报侵犯他们版权、商标或其他知识产权的 eBay 物品刊登。拥有知识产权的卖家可以在举报侵犯知识产权（VeRO）页面进行举报。不是知识产权持有人的用户也可以通过联系产权持有人的方式来提供帮助，并鼓励他们与 eBay 联系。

VeRO 是 eBay 设立的已验证权利所有者计划，该计划允许知识产权（IP）权利的所有者及其授权代表报告可能侵犯这些权利的 eBay 列表。VeRO 体现了 eBay 的承诺，即提供一个安全的买卖场所，尊重业主的权利。

如果商家的 Listing 涉嫌侵权并被 eBay 删除，eBay 会向商家发送一封电子邮件，详细说明 Listing 被删除的原因以及如何直接联系权利所有者以获取更多信息。如果商家对 Listing 被删除的原因有疑虑或疑问，可以直接联系权利所有者。

以下情况联系 eBay：
- 商家在删除通知电子邮件中找不到权利所有者的电子邮件地址。
- 商家向权利所有者发送了电子邮件，但他们在 5 个工作日后仍未回复。
- 商家有责任确保他们在 eBay 上列出的任何物品都是真实的，并且列表描述没有侵犯他人的权利。

同样，商家也可以参与 VeRO 计划，商家经过验证后，可以创建一个个人资料页面，允许与 eBay 社区共享有关的知识产权的信息。

可以提供有关的信息：
- 知识产权清单，包括品牌、商标和版权。

- 侵犯公司知识产权的潜在后果。
- 销售带有知识产权的产品的条件。
- 如果有问题或疑虑，提供联系方式。
- 其他常见问题。

如果商家想要获取免费的 VeRO 参与者个人资料页面，可以直接联系 vero@ebay.com 了解更多信息并开始该过程。

义乌百美电子商务有限公司的 VeRO 参与者资料如图 8-5 所示。

BONSNY®

Intellectual Property

We actively enforce our intellectual property rights with all content including designs, photographic images, text or use of our trademark BONSNY®. All intellectual property of BONSNY® or its licensors and are protected by copyright laws and treaties around the world.

Copyright.

You may store, print and display the content found on the world wide web solely for your own personal use. You are not permitted to copy, publish, manipulate, or otherwise reproduce, alter in any format, any of the content of our protected works which appears online or any 3rd party sites. Nor may you use any such content in connection with any business or commercial enterprise.

We work hard to produce a fun brand and product details for our retail customers and constantly strive to continually improve our service.

Trademark and warranty

We currently hold various trademarks around the world inc Europe UK Australia United states and China

If your listing has been removed through the vero programme it means you have infringed on our intellectual property rights. There is information on intellectual property rights on both ebay and .gov sites which is concise and easy to understand. We spend a lot of time having to protect our rights including counterfeit goods around the world so we cannot always reply to any messages sent.

All such rights are reserved by BONSNY® Weveni® and Newei® and its licensors.

图 8-5　义乌百美电子商务有限公司的 VeRO 参与者资料

学习模块三　知识产权常用查询工具

一、中国专利信息查询

（1）国家知识产权局。

国家知识产权局，网址 https://www.cnipa.gov.cn/。

知识产权局网也称国家知识产权网，它是为全国知识产权服务的国家权威性网站，收录了 1985 年 9 月 10 日以来公布的全部中国专利信息，包括发明、实用新型和外观设计三种专利的著录项目及摘要，并可浏览到各种说明书全文及外观设计图形。知识产权局网收录了 103 个国家、地区和组织的专利数据，以及引文、同族、法律状态等数据信息，其中涵盖了中国、美国、日本、韩国、英国、法国、德国、瑞士、俄罗斯、欧洲专利局和世界知识产权组织等。

（2）香港特别行政区政府知识产权署。

香港特别行政区政府知识产权署，网址 https：//www.ipd.gov.hk/en/home/index.html。

知识产权署辖下的商标注册处、专利注册处、外观设计注册处和版权特许机构注册处，分别负责商标、专利、外观设计和版权特许机构注册的事宜。商标注册处于 1874 年成立，是世界上历史最悠久的商标注册处之一。

（3）CPRS 专利之星检索系统。

CPRS 专利之星检索系统，网址 https：//www.patentstar.com.cn/Search/Index。

专利检索服务 CPRS 由中国专利信息中心开发研制，系统功能包括智能检索，表格检索，专家检索，检索结果统计分析，检索记录管理，专利数据定制推送，英汉机器翻译，汉英机器翻译，专利同族展示，著录项目信息、全文图形、代码化数据的浏览与下载等功能。

（4）广东省知识产权保护中心专利检索分析系统。

广东省知识产权保护中心专利检索分析系统，网址 https：//www.gpic.gd.cn/。

系统收录了涵盖欧专、世界知识产权组织、中国、美国、日本、德国等 104 个国家、地区或组织专利数据，总数超过 1.2 亿条。其中，中国发明、实用新型、外观专利涵盖了包括专利全生命周期数据以及运营、复审、无效、法院判例等补充数据，可检索字段达 300 多个。

（5）incoPat 全球科技分析运营平台。

incoPat 全球科技分析运营平台，网址 https：//www.incopat.com/。

全球科技分析运营平台是具有自主知识产权的商业专利信息平台，率先将全球专利数据深度整合，并翻译为中文，incoPat 详细收录并汉化 158 个国家、组织和地区自 1782 年以来的 1.7 亿项专利技术，并不断更新增长。

（6）中国及多国专利审查信息查询。

中国及多国专利审查信息查询，网址 http：//cpquery.cnipa.gov.cn/。

中国专利审查信息查询是为满足申请人、专利权人、代理机构、社会公众对专利申请的查询需求，而建设的网络查询系统，多国发明专利审查信息查询服务可以查询中国国家知识产权局、欧洲专利局、日本特许厅、韩国特许厅、美国专利商标局受理的发明专利审查信息。

（7）重点产业专利信息服务平台。

重点产业专利信息服务平台，网址 http：//chinaip.cnipa.gov.cn/。

为十大重点产业（钢铁、汽车、船舶、石化、纺织、轻工、有色金属、装备制造、电子信息以及物流业）提供公益性的专利信息服务，平台共收录了美国、日本、英国、法国、世界知识产权局、欧洲专利局等国家、地区和组织的专利文献信息，数据总量达到 3 337 万余条，全面涵盖了十大重点产业所涉及的专利文献。

（8）中国知识产权网专利信息服务平台。

中国知识产权网专利信息服务平台，网址 http：//search.cnipr.com/。

中国知识产权网专利信息服务平台包括中、日、英三个版本，囊括全世界 100 余个国家、地区和组织的专利数据资源，集专利检索、分析、预警、信息管理和机器翻译等功能于一身，是用户获得专利数据、进行专利数据挖掘、制定知识产权战略的有力工具。

二、区域性知识产权管理组织

（1）WIPO 世界专利数据库。

WIPO 世界专利数据库，网址 https：//euipo.europa.eu/。

世界知识产权组织的免费专利数据库，包含 3 000 多万条专利信息，其中包括 200 多万条 PCT 专利。该数据库提供多种专利检索方式，还可以浏览每周公布的专利文献、核苷酸/氨基酸序列目录等检索。大部分专利有全文。

（2）欧盟知识产权局。

欧盟知识产权局，网址 https：//euipo.europa.eu。

该局负责欧盟商标和外观设计的注册和管理，并通过统一申请为企业和个人提供在整个欧盟的商标和设计保护的专有权。这个欧盟机构的工作不仅限于注册，还包括统一商标和设计的注册实践，以及开发通用的知识产权管理工具。

（3）欧洲专利局（EPO）。

欧洲专利局（EPO），网址 https：//www.epo.org/。

欧洲专利局（European Patent Office，EPO）根据《欧洲专利公约》设立，负责审查授予可以在 42 个国家生效的欧洲专利（European patent），总部位于德国慕尼黑，在海牙、柏林、维也纳和布鲁塞尔设有分部。

（4）欧盟商标查询系统（EUTMS）。

欧盟商标查询系统（EUTMS），网址 https：//eutms.gippc.com.cn/。

2020 年 9 月 25 日，国家知识产权局与欧盟知识产权局签订中欧商标信息交换协议，这是我国在商标领域第一个国际数据交换合作项目，该项目将助力我们企业的商标品牌海外布局，系统提供中文界面的商标名称、申请人、商标号码基本信息的检索功能，实现对商标基本信息、商品与服务信息、优先权信息、分类信息、流程信息等数据信息的浏览，并允许用户对单条商标检索结果下载。

（5）欧亚专利局（EAPO）。

欧亚专利局（EAPO），网址 https：//www.eapo.org/en/。

欧亚专利局（EAPO）是一个政府间组织，负责审查授予可以在欧亚专利组织成员国家生效的欧亚专利（Eurasian Patent），总部位于莫斯科，官方语言为俄语。

（6）非洲知识产权组织（OAPI）。

非洲知识产权组织（OAPI），网址 http：//www.oapi.int。

非洲知识产权组织（OAPI）是由前法国殖民地中官方语言为法语的国家组成的地区性联盟。OAPI 对专利实施和执行统一的立法，统一的立法被视为每个成员国的国内法律。各成员国放弃了自主审查注册专利的权利，OAPI 颁发的专利保护证书自动在各成员国生效。

（7）Google Patents 谷歌专利搜索。

Google Patents 谷歌专利搜索，网址 https：//patents.google.com/。

谷歌专利搜索（Google Patents），是谷歌于 2016 年 12 月 14 日发布的一项新的搜索服务 Patent Search，可以让用户搜索到所有美国的专利，包括他们的图片信息、专利号、发明人，以及发布日期，目前涵盖了 17 个专利局，提供了超过 8 700 万项专利。

三、不同国家知识产权管理

（1）美国专利商标局：https：//www.uspto.gov/

（2）加拿大知识产权局：http：//www.cipo.ic.gc.ca/

（3）德国专利商标局：https：//www.dpma.de/

（4）法国工业产权局：https：//www.inpi.fr/

（5）意大利专利商标局：http：//www.uibm.gov.it

（6）英国知识产权局：https：//www.gov.uk/

（7）瑞典专利注册局：https：//www.prv.se/

（8）丹麦专利商标局：http：//www.dkpto.dk/

（9）匈牙利知识产权局：http：//www.hipo.gov.hu/

（10）瑞士联邦知识产权局：https：//www.ige.ch/de/

（11）俄罗斯联邦知识产权局：http：//rospatent.gov.ru/

（12）西班牙知识产权：http：//www.oepm.es/es/index.html

（13）日本 JOP：https：//www.jpo.go.jp/

（14）韩国专利数据库：http：//eng.kipris.or.kr/enghome/main.jsp

（15）澳大利亚：https：//www.ipaustralia.gov.au/

（16）拉脱维亚（LRPV）：https：//www.lrpv.gov.lv/

（17）印度（IPO）：http：//www.ipindia.gov.in/

（18）马来西亚（MyIPO）：http：//www.myipo.gov.my/

（19）沙特阿拉伯（SPO）：www.kacst.edu.sa/eng/IndustInnov/SPO

（20）菲律宾知识产权局：http：//www.ipophil.gov.ph/

（21）巴西国家工业产权局：https：//www.gov.br/

（22）南非公司与知识产权局：https：//www.cipc.co.za/

（23）埃及专利局：http：//www.egypo.gov.eg/

（24）新加坡知识产权局：https：//www.ipos.gov.sg/

学习模块四　跨境电子商务中常见的法律法规

一、跨境电子商务与走私问题

　　行政法或者刑法上的"走私"是指违反法律、行政法规，逃避海关监管，偷逃应纳税款、逃避国家有关进出境的禁止性或者限制性管理的行为。此外，以下两种行为也按走私行为论处：一是明知是走私进口的货物、物品，直向走私人非法收购的；二是在内海、领海、界河、界湖、船舶及所载人员运输、收购、贩卖国家禁止或者限制进出境的货物、物品，或者运输、收购、贩卖依法应当缴纳税款的货物，没有合法证明的。与传统的走私行为相比，跨境电子商务走私往往具有不同的特点和表现形式。

(一) 跨境电子商务走私的特征

在首届世界海关跨境电子商务大会的研讨中，参会各方一致认为跨境电子商务具有电子化、个性化、碎片化、高频次、低货值等不同于传统贸易的特点。与此等商业模式相对应，跨境电子商务走私的主要方式为利用国家税收优惠政策，采取伪报贸易方式、瞒报数量、低报价格或雇佣"水客"闯关的涉税走私、通关走私。其特征可以概括为以下几个方面。

1. 科技化

跨境电子商务走私因通过互联网进行整套交易环节，所以具备更高的科学技术应用能力。许多不法分子采取线上交易、保税进口、流动分销、遥控指挥等手段作案，以逃避海关追缉。跨境电子商务将智能化、集成化、协调化、网络化的商业特征融入走私方式中，以降低被查获的概率。

2. 碎片化

跨境电子商务走私手段虽然多样，但核心要义即在于"化整为零""蚂蚁搬家"，将本应以货物方式进口的商品通过拆分数量，或调低价格，或以多人、多批次的方式违法携带入境。与碎片化走私特征相对应的是跨境电子商务海关法律风险的累积性。实践中，如跨境电子商务企业或代购者的违法起初未被海关发现，等到海关查获时，漏缴的税款额可能已然累积到巨大数目。

3. 主体多元化

参与跨境电子商务的主体本身就具有多元性，相对于传统外贸，可能构成电子商务走私的主体不仅包括供货商、电子商务企业，还可能包括跨境电子商务平台、物流和仓储企业、采购者、支付平台甚至还有"水客"，这些主体都存在因明知走私行为而继续参与交易进而被认定为共犯的可能性。

4. 走私方式多样化

随着跨境电子商务的不断发展，商业模式的不断创新，也出现了许多新的走私方式，常见的有"刷单"走私、低报价格、伪报品名、退货漏税等。

5. 以通关走私、走私普通货物为主

跨境电子商务走私主要是利用税收优惠政策，采取伪报、低报的方式偷逃应纳税款，后续走私、间接走私和水上走私较为罕见。大多数跨境电子商务走私的对象是普通货物，常见的有奶粉、药品等，走私违禁品的情况较少。

(二) 跨境电子商务走私行为

1. 伪造单证+伪报贸易的方式——"刷单"走私

跨境电子商务进口可享受更低的税率，但这一税收优惠仅限于境内消费者个人自用的商品。有的不法商家为了偷逃税款，将本属于 B2B 且应以一般贸易方式进口的商品以跨境电子商务零售进口的名义和方式进口，享受本不能享受的优惠税率。这样的做法属于伪报贸易性质走私行为，是目前跨境电子商务领域最主要的走私犯罪类型。而实施这一行为，最典型的手法是刷单，即利用他人的真实身份信息，通过跨境电子商务交易平台在单次交易限值内下单订购，享受优惠税率进口，货物的实际购买人与名义上的购买人并不一致。有可能构成走私普通货物、物品罪，也有可能构成走私国家禁止进出口货物、物品罪。

2. "推单"走私

推单是指一些与海关没有联网平台的跨境电子商务主体采用委托的方式，将其接收到的消费者的订单推给与海关联网的跨境电子商务平台，由这些平台向海关进行申报，从而实现海关"三单一致"的要求。推单行为本身并不必然违法违规，但当跨境电子商务经营者委托其他平台进行推单时，为了逃避或减少海关关税的征收，经营者故意隐瞒商品的真实信息，将本应当按照一般贸易进口方式进口的商品伪报成跨境电子商务方式进口，伪报贸易方式构成走私或走私罪。

3. 不同类型的低报价格

成交价格是海关核计税款的主要依据之一，因此低报价格也是常见的走私方式之一，但跨境电子商务零售中的低报价格可能有不同于一般低报的目的和手段。在低报手段上，常见做法不局限于传统的伪造合同、发票等交易单证，贴着限值价格报，还包括利用技术手段，打着秒杀或巨大折扣的旗号，自销自买，已买入后再二次加价卖出等，此种行为有可能构成违法走私普通货物、物品罪。

4. 伪报瞒报

伪报和瞒报在性质上相同，是指不法分子在向海关进行入境申报时，虚假陈述、隐瞒商品真实情况，采用不予真实申报或者隐瞒商品价格、数量、产地、品牌类目等方式，由此来达到少缴纳甚至不缴纳税款的行为。例如在《跨境电子商务零售进口商品清单》上的商品能享受跨境电子商务零售进口的新税收政策，如果商家将清单外商品伪报为清单内商品，则不仅是利用不同商品间税率的差异偷逃税款，更是在冒用跨境电子商务零售进口的税收优惠政策，将本应以一般贸易方式报关的货物伪报成了跨境电子商务零售商品。

5. 其他走私方式

跨境电子商务还可能被认定构成走私的情形包括以下几个方面：

夹藏违品：如某男子在某电子商务自营网站上选购了24支"仿真枪"，卖家将其藏匿饮水机箱体内部报关进口，经鉴定，其中20支具有致伤力，被认定为刑法规制的枪支。

故意退货漏税：消费者在电子商务平台上下单后，商家会备货并将订单推送给海关审核，同时扣税。由于从推单到海关审核出海关特殊监管区域需要时间，期间许多消费者会由于各种原因选择退货退款，很多电子商务企业选择将消费者退货的商品存储在国内仓库而非退回原保税区仓库。这种行为实质上是将以跨境电子商务模式低税率进口的商品进行二次销售，海关缉私部认为这是典型的二次销售、伪报贸易方式的走私。

法律拟制类走私：如一些跨境电子商务企业为了节省商业成本，通过电子商务平台上的海外代购商店从职业买手或者水客手中购买走私商品，在电子商务平台上进行销售，也将被认定为走私。

二、跨境电子商务与传销问题

传销是指组织者或经营者发展人员，通过发展人员或者要求被发展人员以交纳一定费用为条件取得加入资格等方式获得财富的违法行为。传销的本质是通过虚构事实及高额收益，骗取他人购买不存在任何价值的商品，或投资虚构出来的项目，而其每一级人员所获得的所谓返利，均是来源于下线缴纳的入门费或商品购买费。

多年来传销的形式不断推陈出新。特别是随着互联网经济尤其是电子商务经济的出现和发展，也出现了很多新型的传销模式——或者说很多经营模式涉嫌传销，这在近年来也引起了广泛的关注。互联网传销往往具有违法或犯罪场所虚拟化、地域分散化、手段多样化、行为高智商化的特征。传销活动的各个环节通常在线上进行，成员通过网络进行联系和拓展，所涉及的范围非常广泛。而且这些行为往往包装在"新型商业模式"之下，并搭建诸如跨境电子商务平台之类的网络平台进行活动，流程复杂、分工多样，很难直接判断是属于正常的创新型经营模式，还是属于传销行为。

（一）传销的表现形式

1. 交纳入门费用

入门费，即要求被发展人员以交纳费用或者以认购商品等方式变相交纳费用，取得加入或者发展其他人员加入的资格。实际中，直接要求交入门费的情形较少，更多地体现为要求被发展人员购买特定的商品（例如大礼包、精选商品等）从而成为会员。虽然法律对大多数商品售价并没有限制，买卖出于自愿，但是如果购买特定商品是为了取得会员的资格，进而拥有进一步发展下线会员的权利（这时与发展下线会员的权利相比，购买的特定商品往往相当于一种额外的附赠品），而且购买特定商品的价格中会有很大一部分会作为对邀请者（邀请会员入会的老会员）及其上线的奖励，那么这种福利很有可能就是入门费。

2. 发展人员加入

在传销模式下，每一个新会员加入都会通过直接交纳或认购特定商品的方式交一笔入门费，该入门费可以让其直接或间接的上线以及经营者都能分享到利益。新会员加入后也将积极发展新会员，并从直接或间接发展的下线新会员那里获得入门费的分成利益。当一个商业模式以这样的激励方式建立起来的时候，其本质更多的就是"拉人头"，经营者和各级会员会受到激励发展新的会员加入，并从中获利。

3. 层级团队计酬

即会员与被其发展的会员组成上下线关系，并且以其下线会员的业绩（如发展新会员和销售商品）计算上线会员的报酬。形成上线和下线关系是传销模式的一个重要特征，形成上下线关系的目的就是上线（包括直接和间接上线）可以从下线的业绩（包括发展新会员和销售商品的业绩）中获得分成。

事实上，上述三个特征互相依托。实践中构成传销的活动往往都具备这三个特征。入门费用为整个传销模式带来收益的基础，使得该模式的存在和发展成为可能；层级团队计酬使得每一级的会员都有充分的激励去发展新会员，因为会员层级越高，下线会员越多、业绩越好，其分享的收益也越多。最终在这样的激励导向下，传销模式就显示出拉人头的特征，会员数量不断膨胀，而且只有不断膨胀整个传销体系才能运转，一旦停止膨胀，整个传销体系收益减少，模式就很难再维系下去。

（二）传销的法律责任

传销是一种严重的违法行为，任何组织和个人不得为传销提供出租房屋、经营培训场所等便利条件。凡提供的，都要承担相应的法律责任。按照《禁止传销条例》第二十六条第一款规定，为传销行为提供经营场所、培训场所、货源、保管、仓储等条件的，由工商行政管理机关责令停止违法行为，没收违法所得，处5万元以上50万元以下的罚款。通过中介公司将房屋出租给传销人员聚集、培训，那么中介公司也要承担相应的法律责任。

对于为网上传销行为提供互联网服务器及信息服务的，按照《禁止传销条例》第二十六条第二款规定，由工商行政管理机关责令停止违法行为，并通知电信等有关部门依照《互联网信息服务管理办法》予以处罚。可责令停业整顿、吊销经营许可证、关闭网站。情节严重构成犯罪的，还要依法追究其刑事责任。

为传销活动设计运作方案、计算机软件，提供技术服务的组织和个人，其行为属于为传销活动提供便利条件的行为，应当承担相应的法律责任。

需要注意的是，上述违法行为的构成不要求当事人明知或应知，实施为传销提供条件的行为即属违法。但对提供社会公共服务的单位，如金融、邮政、电信、公共交通等单位，非明知或应知时不构成违法。

三、跨境电子商务与广告宣传问题

想在一众跨境电子商务企业中脱颖而出，广告与宣传是必不可少的一环。不过，由于商务形式涉及主体、生产和销售环节横跨境内与境外，同时相关跨境电子商务平台针对跨境电子商务企业还制定了一系列规则，一定程度上，法律的理解与适用、责任的承担等，成了包括境外公司在内的开展跨境电子商务业务的企业在合规道路上遇到的难点。

根据《中华人民共和国广告法》（2021年修订）第二条的规定，在中华人民共和国境内，商品经营者或者服务提供者通过一定媒介和形式直接或者间接地介绍自己所推销的商品或者服务的商业广告活动，都应受到广告法的规制。即，即使作为广告主的跨境电子商务企业注册在中国境外，其在境内电子商务平台发布广告或面向境内的消费者或公司发布广告时，即可能会被认为该广告行为发生在中国境内，而受到中国法律法规对于跨境电子商务产品广告宣传活动的规制。

实践中，市场监管部门已经做出了跨境电子商务企业在中国境内平台发布广告"必须符合中国广告法律法规的相关规定"的解释。国家市场监督管理总局在2021年11月26日提出的《互联网广告管理办法（公开征求意见稿）》中，更是第一次正式将跨境电子商务明确列入互联网广告合规的监管范围，提出"在境内无代表处或者分支机构的境外广告主，通过跨境电子商务平台发布或者委托发布跨境电子商务零售进口商品广告的，广告主应当书面委托一家为其向海关提供申报、支付、物流、仓储等信息的境内市场主体承担广告主责任"。

跨境电子商务中常见的违法广告类型有以下几点：

1. 虚假广告和虚假宣传

虚假广告作为广告违法领域的重灾区，跨境电子商务企业也应格外谨慎对待。除《广告法》通过第四条"广告不得含有虚假或者引人误解的内容，不得欺骗、误导消费者。广告主应当对广告内容的真实性负责"，《合同法》第二十八条"广告以虚假或者引人误解的内容欺骗、误导消费者的，构成虚假广告……"对虚假广告行为进行了定义外，前述《反不正当竞争法》也通过第八条第一款"经营者不得对其商品的性能、功能、质量、销售状况、用户评价、曾获荣誉等作虚假或者引人误解的商业宣传，欺骗、误导消费者"，明确规定了虚假宣传的情形。

一般来说，虚假宣传的范围大于虚假广告，所以，即使在不构成虚假广告的情况下，企业也有可能因为构成虚假宣传而受到市场监管部门的处罚。实践中，市场监管部门会将企业是否能够提供证据证明其产品功能及宣传内容一致、宣传/广告内容是否对一般消费者有误导性等，作为判断虚假广告或虚假宣传的依据。

由于各国法律法规对于广告真实性及证明程度要求不尽相同，这就导致境外的跨境电子商务企业将在其所在国广告法语境下并不会被认定为虚假的产品描述或宣传内容用于在中国境内进行的产品宣传时，很可能出现"水土不服"，而被认为宣传/广告违法。此时，若企业无法拿出包括有资质的检测机构发行的检测报告等证据充分证明广告宣传内容的真实性，该宣传就很有可能构成中国法语境下的虚假广告（宣传）。

2. 医疗用语的误用

《广告法》除了对广告宣传内容的真实性有严格的要求之外，对于特殊领域，也有特别规定。如《广告法》第十七条规定，除医疗、药品、医疗器械广告外，禁止其他任何广告涉及疾病治疗功能，并不得使用医疗用语或者易使推销的商品与药品、医疗器械相混淆的用语。

实务上，常见的可能会被认为属于医疗用语的词语包括：中药、西药、药方、复方、药物、消炎、抗炎、活血、解毒、抗敏、防敏、脱敏、祛瘀、抗菌、抑菌、除菌、灭菌、防菌、抗病毒等。

由于跨境电子商务面向国内消费者出售的商品中，美容产品、健康食品、日化品等占据很大比例，加之部分跨境电子商务企业在进行产品宣传，或根据《关于完善跨境电子商务零售进口监管有关工作的通知》（商财发〔2018〕486号）的要求在网站上添加产品中文电子标签时，选择了直接翻译产品在其所在国销售时所用的宣传用语和标签，此时，"误触"上述医疗用语的风险不可谓不高，企业对此应格外审慎。

尤其应该注意的是，近年来，消费者对于消毒、抗菌、抗病毒等方面的产品的需求猛增，"抗菌""抗病毒"等词汇也成为监管的重点，企业因此违法甚至被处罚的亦不在少数。

3. 损害国家尊严

有时虽然广告内容真实且不存在禁用词汇，跨境电子商务企业仍可能在不经意间违反《广告法》等相关法律法规的规定。

常见且容易被忽视的情形包括《广告法》第九条第（四）项所规定的"损害国家的尊严或者利益"。典型的损害中国公共利益和国家尊严的行为包括地图的缺失、行政区划的错分等，这种情况在跨境电子商务企业介绍其企业事业版图的时候最为常见；以及广告宣传的文案、图片等中可能有伤害中国人民感情的内容等。若原产品包装上包含损害中国公共利益和国家尊严的内容，也有可能遭致处罚。

特别要注意的是，损害国家尊严的广告行为亦容易伤及民族感情，更可能发展成为对该跨境电子商务企业产品的抵制活动，甚至可能给跨境电子商务企业的事业发展带来毁灭性的打击。

4. 其他

除了前文重点列举的几点之外，跨境电子商务企业在进行广告宣传活动时，还应避免恶意贬低同类商品；避免使用"第一""最好"等绝对性用语；对于可能涉及医疗用语或特殊商品的宣传更要严格注意。此外，由于电子商务的特殊性，跨境电子商务企业在跨境电子商务平台发布广告时，还应该遵守《互联网广告管理暂行办法》（2016年）的规定。《互联网广告管理暂行办法》第七条要求互联网广告应该具有可识别性，显著标明广告。因此，跨境电子商务企业进行网络宣传、或在与KOL合作对产品进行宣传时，需要在页面中明确标明广告字样，以避免因此遭到行政处罚。

近年来，电子商务蓬勃发展，越来越多的企业特别是境外企业看到了庞大的中国消费市场，选择通过跨境电子商务的形式，面向中国的消费者推广和销售产品。随着现有法律的修订和新法规的不断出台，中国对广告的管理要求日趋规范严格，跨境电子商务企业在进行产品的描述、推广等活动时，也应谨记入乡随俗，严格按照中国《广告法》等相关法律法规的要求对其内容进行审查，并可事先咨询相关专业人士，以最大限度降低广告违法风险。

四、跨境电子商务与反不正当竞争问题

不正当竞争是违反公认商业道德的竞争行为，与不法限制竞争或垄断行为合称不公平竞争行为。不正当竞争属于过度的、扰乱秩序的竞争，我国和德国、日本等大陆法系国家专门制定了《反不正当竞争法》，同时针对限制、排除竞争的垄断行为制定《反垄断法》或《反限制竞争法》。

过去的几年是电子商务高速发展的时期，大量的经营者投身其中，参与竞争。而对新事物来说，初期监管措施不完善易导致无序竞争的情况。比如，当前跨境电子商务平台要求平台内企业"二选一"的情况时有发生，这不仅是对公平竞争秩序的一种破坏，也是对体量庞大的中小微跨境电子商务企业发展的一种人为限制，更有可能触犯我国《反不正当竞争法》及相关规定。

根据2019年《反不正当竞争法》第二章，经营者的不正当竞争行为包括以下几类：混淆行为、商业贿赂、虚假宣传等欺骗、误导消费者的行为，侵犯商业秘密，不正当有奖销售，诋毁商誉，利用网络妨碍、破坏其他经营者合法提供的网络产品或者服务正常运行的行为。该章按照类别对不正当竞争行为进行了列举，包括跨境电子商务商家在内的经营者应当履行反不正当竞争义务，不得实施上述各类行为。

跨境电子商务商家的不正当竞争行为体现在店铺与产品页面、价格制定、订单和客户评价等方面，主要包括山寨仿冒、刷好评刷订单、打折促销前价格欺诈、定价虚高等行为。相比于传统实体店经营者，其不正当竞争行为技术含量更高，形式更为丰富和多变。笔者将在下文就跨境电子商务经营活动中常见的不正当竞争行为进行论述。为促使跨境电子商务商家履行《反不正当竞争法》第二章项下的义务，第四章"法律责任"中明确了各类行为所对应的监管措施和罚款金额范围以惩戒不正当竞争行为。

（一）跨境电子商务常见的不正当竞争行为

1. 市场混淆行为

《反不正当竞争法》第六条规定，经营者不得实施混淆行为，以引人误认为是他人商品或者与他人存在特定联系。电子商务领域常见的涉及市场混淆的行为可以分为以下三类：域名抢注和混淆并高价出售牟利、严重抄袭的网页混淆行为以及通过人工方式借助他人商业标志的搜索关键词混淆等。

2. 虚假宣传行为

虚假宣传是电子商务领域常见的行为。每年电子商务促销期间，"秒杀价、一元购、最低折扣、好评率99%、无差评、全网销量第一"等用语对成交量、成交额等内容进行了虚假宣传。互联网虚假宣传行为种类多样，具有强迫性、可识别性差、受众范围广等特点，通过贬低别人、抬高自己来引诱消费者购买其产品或服务，损害了其他经营者的合法权益。

3. 商业诋毁行为

商业诋毁行为也称为商业诽谤或诋毁商誉的行为，指为达到排挤竞争对手的目的，捏造事实，以误导方式损害或可能损害竞争对手商业信誉、商品声誉的行为。《反不正当竞争法》第十一条规定，经营者不得编造、传播虚假信息或者误导性信息，损害竞争对手的商业信誉、商品声誉。在电子商务领域编造、传播虚假、误导信息相对更为容易。

4. 恶意投诉行为

恶意投诉是电子商务领域相对特殊的问题，且在跨境电子商务经营中，恶意投诉的情形也是比较常见的。恶意投诉的主体，可能包括消费者、竞争者知识产权代理公司等。恶意投诉不仅使得商家的声誉受损，损失客户的信任，并且还有可能使商家面临电子商务平台下架等处罚。

5. 虚假网络流量问题

在网络经济的背景下，数据蕴含着巨大的经济价值，而数据的流动产生流量。对于跨境电子商务平台来说，如果平台有巨大的点击量，有大量的订单和评论，这一方面可以吸引更多的消费者，使消费者对此平台产生信任；另一方面也会误导其他的供应商或者经营者，使其对电子商务平台的经营情况产生错误的认识。在跨境电子商务领域，最普遍的虚假网络流量形式是"刷单炒信"。其中包括商家自身或组织他人为自己的店铺故意给予好评和故意给予竞争对手差评的情况。此外，还包括移动短视频、直播推广及搜索竞价排名中的"欺骗性点击"，商家可能通过恶意点击竞争者的付费推广广告，导致其进行无效的宣传。

6. "二选一"行为

在某电子商务巨头的垄断案中，该电子商务平台因为实施"二选一"被国家市场监督管理总局处以巨额罚款。"二选一"是否构成垄断行为的认定要结合市场支配地位等因素，因此比较严格，而且《中华人民共和国反垄断法》（下称《反垄断法》）惩罚性较强，适用的范围有限，不可能完全规制实践中广泛出现的"二选一"行为。但是，即便不构成垄断行为，"二选一"行为仍有可能因为构成不正当竞争而受到《反不正当竞争法》的规制。

7. 比价软件的不正当竞争

比价软件是一种网络购物常用的工具，其通过抓取电子商务平台上的商品信息并整理归类，设置价格对比、价格变动走势、用户评价等功能，为消费者在网购中作出最佳选择提供便利。这些软件有时候表现为一种插件。一方面比价软件无疑可以降低消费者的搜寻成本，有利于消费者选择物美价廉的商品，给消费者带来一定的福利，同时还可以促进电子商务经营者的商品和服务质量；但是另一方面，比价软件也有可能被认定为使消费者对服务主体产生混淆、干扰电子商务平台的正常经营，被认定为不正当竞争。

此外，商业贿赂、侵犯商业秘密、违法有奖销售、商业诋毁等都是典型的不正当竞争行为。电子商务经营者在经营过程中要符合相关法律的要求。

（二）跨境电子商务不正当竞争风险防范与合规建议

作为新兴商业模式，跨境电子商务发展势头迅猛，在运营效率提升的同时不断压低交易成本。但业务模式和运营中的合规问题关系着企业的长远发展，切不可盲目逐利而触碰法律红线，否则除了出现民事诉讼纠纷、行政处罚、刑事风险等不利后果外，还可能面临品牌和商誉的毁灭性打击，危害自身业务的可持续发展。在风云变幻的激烈竞争中，跨境电子商务企业只有熟悉行业规则注重合规价值，才能在合规的框架内走得更远。

随着我国相关法律法规的日渐完善以及消费者消费理念的日趋成熟，接下来将是更加完善和严格的监管。事实上，商务部也明确表示将加强对电子商务不正当竞争的约束。对于跨境电子商务从业者而言，无序竞争很可能要承担相应的法律责任。跨境电子商务在进行宣传和推销时，需要更加遵守中国的法律法规，尊重中国消费者的多样性选择以及遵循本地市场的发展规律和变化，才能走得更长远。

五、跨境电子商务与反垄断问题

垄断是自由竞争中生产高度集中的必然结果，垄断有合法与非法之分，对于非法的垄断各国都制定了相关的法律进行规制。一般来说，垄断包括行为与状态两种含义，前者主要指滥用支配地位、组织联合等形式，后者主要指经济力的集中。在跨境电子商务中，《反垄断法》规制的主要是垄断行为。反垄断对维护市场竞争秩序而言非常重要，在各国都得到相当的重视。特别是随着互联网行业近十多年的飞速发展，各国都出现了许多巨头企业，由于它们的垄断行为所带来的负面影响也愈加明显。因此，近几年各国对于互联网企业的反垄断执法也愈加频繁。作为互联网行业的一员，跨境电子商务也不例外。

2020年12月召开的中共中央政治局会议明确提到了"要求强化反垄断和防止资本无序扩张"，这也被认为是《反垄断法》生效以来，中共中央政治局首次明确表示强化反垄断。2020年公布的《反垄断法》修订案（公开征求意见稿）中新增互联网经营者市场支配地位认定标准，并加大了对违法行为的处罚力度。2021年2月，《国务院反垄断委员会关于平台经济领域的反垄断指南》出台，对于平台经济的垄断问题作了较为详细的规定。

（一）跨境电子商务平台反垄断监管重点

《反垄断法》及其配套法律法规规定的予以防止和制止的垄断行为包括经营者达成、实施垄断协议；经营者滥用市场支配地位；经营者实施具有或者行政机关和法律、法规授权的具有管理公共事务职能的组织滥用行政权力排除限制竞争的行为。

1. 垄断协议

根据《国务院反垄断委员会关于平台经济领域的反垄断指南》第五条的规定，平台经济领域的垄断协议是指经营者排除、限制竞争的协议、决定或者其他协同行为。具体而言，垄断协议又包括横向的垄断协议与纵向的垄断协议。在电子商务平台领域，前者是指平台经营者之间达成的固定价格、分割市场、限制产（销）量、限制新技术（产品）、联合抵制交易等协议；后者是指平台经营者与交易相对人达成固定转售价格、限定最低转售价格等垄断协议。

事实上，虽然实践中电子商务平台之间直接达成固定价格或分割市场之类的垄断协议的可能性不大，但是在电子商务经济中类似协同行为的情况比较普遍。在网络条件下，消费者可以非常快速地对不同电子商务经营者的商品、服务的销售价格和销售方式进行比较，因此相对竞争对手处于劣势的电子商务经营者往往会调整自身的价格或销售方式（比如通过发放优惠券、满减等活动以实际上降低价格），以使得与竞争对手的做法趋向一致，从而在事实上产生协同的效果。

此外，电子商务平台如果包括自营和平台内经营者，若两者之间达成上述协议，也有可能涉嫌垄断。同样，若自营电子商务平台与其供应商达成相关协议也可能构成垄断协议。

2. 滥用市场支配地位

滥用市场支配地位所包含的情形非常广泛，也是跨境电子商务平台最可能涉及的垄断行为，具体行为包括不公平价格行为、低于成本销售、拒绝交易、限定交易、搭售或者附加不合理交易条件、差别待遇等。

以下几种跨境电子商务领域常见的可能涉及滥用市场支配地位的行为：

（1）"二选一"行为。

二选一行为包含跨境电子商务平台对平台内经营者做限定交易行为以及不合理限制行为。"二选一"实质上是一种独家交易行为，从其行为表现来看，可能构成《反垄断法》第十七条第一款第（四）项所规制的限定交易，即"没有正当理由，限定交易相对人只能与其进行交易或者只能与其指定的经营者进行交易"。

我国《电子商务法》和《网络交易监督管理办法》（国家市场监督管理总局今第37号）都禁止电子商务平台干涉平台内经营者自主经营的行为，严禁平台利用服务协议、交易规则以及技术等手段，对平台内经营者在平台内的交易、交易价格以及与其他经营者的交易等进行不合理限制或者附加不合理条件，或者向平台内经营者收取不合理费用。

（2）"价格战"。

实践中，电子商务平台为了抢占市场份额、排挤竞争对手，经常会通过低价以吸引消费者。如具有市场支配的电子商务平台无正当理由，以低于成本的价格销售商品，则有可能会被认为构成滥用市场支配地位。电子商务平台在进行低价竞争之后，第一种情形是可能平台自行承担相应的成本；第二种情形是将成本转嫁给平台内经营者或者供货商（平台自营的情况），强行要求其承担优惠券的费用或降低供货成本，但无论如何，这种做法都有可能涉嫌滥用市场支配地位。

（3）滥用卖家数据。

在电子商务领域，数据有着重要的经济价值，而电子商务平台掌握着大量的数据，如果没有法律规制，将可以利用这些数据来获得相对于竞争者的优势。比如亚马逊曾通过数据处理系统集纳汇总了大量卖家数据如订单数量、卖家收入、卖家报价的点击量等，通过分析这些数据，亚马逊自营业务可以"跟卖"平台最畅销的商品，或者比照卖家数据优化商品定价，此举违反欧盟反垄断法，扭曲了欧盟网络零售市场的竞争。

3. 经营者集中

根据《反垄断法》经营者集中是指以下几种情形：经营者合并；经营者通过取得股权或者资产的方式取得对其他经营者的控制权；经营者通过合同等方式取得对其他经营者的控制权或者能够对其他经营者施加决定性影响。

法律并不完全禁止经营者集中，而是禁止具有或者可能具有排除、限制竞争效果的集中，然而随着国内电子商务巨头的发展壮大，其投资触角也在不断延伸，这些电子商务平台往往涉及多个行业，且电子商务市场也与其他许多市场都存在交叉，因此不仅是电子商务平台之间的集中可能涉及垄断问题，与相关的企业也可能会违反经营者集中的管理规定。

（二）跨境电子商务平台反垄断合规建议

跨境电子商务在经营中应该了解相关反垄断法律法规的规定，避免被认定垄断行为。无论是国内还是国外，目前电子商务领域的反垄断执法都更加严格，唯有合规经营才能更好地在市场中生存。

企业具有市场支配地位本身并不构成垄断行为，关键是不要滥用此种地位。比如不能利用这种地位进行低买高卖的行为，或者通过低于成本价销售的方式，以阻碍竞争对手进入市场等。一言以蔽之，即遵循公平竞争的市场规制。

目前，电子商务巨头都大量进行资本投资，在这过程中，也要注意合规经营，比如要了解所进行的投资行为是否符合申报的经营者集中标准，如果符合的应当及时申报，否则可能面临更大的损失。

此外，平台之间、平台与平台内经营者之间、平台与供应商之间等，不应通过某种协议甚至默契以进行固定价格、分割市场的活动，各经营者应该独立地进行商业竞争。

总而言之，对于跨境电子商务企业来说，在我国的投资、经营过程中，应该了解我国的相关法律法规规定——不仅是《反垄断法》，还包括一系列行政机关发布的法律文件，并且要了解相关的政策动向。最后，也应该了解反垄断执法的相关案件，比如某电子商务巨头的反垄断案等，这必然会对之后的相关执法有重要的影响。

因此，电子商务平台企业在进行相关的投资、经营活动前，应该经过专业的评估或论证，避免触犯法律的规定。

拓展阅读　　　　　　知识与技能训练

参 考 文 献

[1] 海关总署公告．关于跨境电子商务零售进出口商品有关监管事宜的公告．[2016] 26号．

[2] 商财发．关于完善跨境电子商务零售进口监管有关工作的通知．[2018] 486号．

[3] 中华人民共和国商务部．中国电子商务报告（2021）[M]．北京：中国商务出版社，2021．

[4] 冯晓鹏．跨境电商大监管 [M]．北京：中国海关出版社有限公司，2022．

[5] 杨昕．数字经济背景下我国跨境电商税收问题研究 [J]．会计师，2023（3）：4-6．

[6] 成榕．"一带一路"倡议视域下中俄跨境电商发展模式与路径研究文献综述及思路 [J]．财经界，2016（17）：29-30．

[7] 董丹．"丝路电商"视角下俄罗斯海外仓建设的现状及对策 [J]．对外经贸实务，2020（10）：85-88．

[8] 徐晋，张祥建．平台经济学初探 [J]．中国工业经济，2006（5）：40-47．

[9] 金虹，林晓伟．我国跨境电子商务的发展模式与策略建议 [J]．宏观经济研究，2015（9）：40-49．

[10] 许迅安．新时期中国跨境物流海外仓建设发展现状及策略研究 [J]．对外经贸实务，2019（9）：89-92．

[11] 孙琪．我国跨境电商发展现状与前景分析 [J]．商业经济研究，2020（1）：113-115．

[12] 沈中奇．贸易摩擦背景下我国出口跨境电商发展的影响因素——基于十大跨境电商出口贸易国的实证分析 [J]．商业经济研究，2020（5）：135-138．

[13] 许美贤，余伟．共享经济视角下的跨境电商物流海外仓发展对策研究 [J]．物流工程与管理，2020，42（1）：32-35．

[14] 李书峰，刘畅．"一带一路"背景下沿线国家电商物流的渠道选择与发展 [J]．价格月刊，2020（3）：72-76．

[15] 孙晋．数字平台的反垄断监管 [J]．中国社会科学，2021（5）：101-127．

[16] 周文，韩文龙．平台经济发展再审视：垄断与数字税新挑战 [J]．中国社会科学，2021（3）：103-118．

[17] 谢尧雯．基于数字信任维系的个人信息保护路径 [J]．浙江学刊，2021（4）：72-84．

[18] 李元旭，胡亚飞．新兴市场企业的跨界整合战略：研究述评与展望 [J]．外国经

济与管理，2021，43（10）：85-102.

[19] 张占江. 个人信息保护的反垄断法视角［J］. 中外法学，2022，34（3）：683-704.

[20] 邹琨. 数字劳动的生产性问题及其批判［J］. 马克思主义理论学科研究，2020（1）：46-54.

[21] 雷尚君，谭洪波. 数字平台参与服务价值共创的机理及路径研究［J］. 价格理论与实践，2021（5）：177-180.

[22] 范欣，蔡孟玉. "双循环"新发展格局的内在逻辑与实现路径［J］. 福建师范大学学报：哲学社会科学版，2021（3）：19-29.

[23] 郭艳华. 发达国家批发零售业的发展趋势与启示［J］. 广东行政学院学报，2008（2）：77-81.

[24] 陈玲. 市场平台的界说：概念界定、结构及功能［J］. 经济问题探索，2009（3）：130-134.

[25] 庄雷. 纵向多边网络的产业链组织模式的研究［J］. 产业经济评论，2015（3）：40-48.

[26] 涂永前，徐晋，郭岚. 大数据经济、数据成本与企业边界［J］. 中国社会科学院研究生院学报，2015（5）：40-46.

[27] 辛杰，屠云峰，张晓峰. 平台企业社会责任的共生系统构建研究［J］. 管理评论，2022，34（11）：218-232.

[28] 彭正银，王永青，韩敬稳. B2C网络平台嵌入风险控制的三方演化博弈分析［J］. 管理评论，2021（4）：147-159.

[29] 桂栗丽. 《反不正当竞争法》中竞争关系司法认定与立法改进——以"头腾大战"等平台型企业相关案例为引证［J］. 知识产权与市场竞争研究，2021（1）：255-274.

[30] 吕明元，苗效东. 大数据能促进中国制造业结构优化吗？［J］. 云南财经大学学报，2020（3）：31-42.

[31] 金子牛. 从网络效应角度分析平台企业的竞争策略［J］. 投资与创业，2021（3）：114-116.

[32] 曹淑艳，李振欣. 跨境电子商务第三方物流模式研究［J］. 电子商务，2013（3）：23-25.

[33] 程瓯，刘传江. 电子商务对国际贸易的影响及对策［M］. 光明日报，2014：5-17.

[34] 方虹，潘博，彭博，张瑞洋. 基于跨境电子商务的外贸转型升级模式及路径研究［J］. 电信网技术，2014（5）：39-42.

[35] 任志新，李婉香. 中国跨境电子商务助推外贸转型升级的策略探析［J］. 对外经贸实务，2014（4）：25-28.

[36] 邓启明，黄运城. 跨境电商与制造业出口技术复杂度——基于跨国面板数据的实证分析［J］. 中国发展，2019（5）：26-32.

[37] 刘志云. 新中美贸易下农产品跨境电商存在的问题及发展路径研究［J］. 现代营销：信息版，2020（2）：103-103.

[38] 高明. 跨境电子商务的发展及其贸易规则新需求 [J]. 时代金融, 2020 (29): 117-119.

[39] 庞燕, 程莹莹. 跨境电商物流研究热点与前沿 [J]. 物流研究, 2022 (3): 43-53.

[40] 向婕. 中国跨境电子商务发展现状及对策 [J]. 科技经济导刊, 2019 (35): 225-225.

[41] 陈佳贵, 王钦. 中国产业集群可持续发展与公共政策选择 [J]. 中国工业经济, 2005 (9): 5-10.

[42] 张洁. 跨境电子商务兴起的原因及发展研究 [J]. 才智, 2019 (33): 233-233.

[43] 张耿, 赵燕. 中国跨境电商发展所面临的机遇与挑战——基于CiteSpace的文献计量分析 [J]. 新商务周刊, 2019 (8): 203-206.

[44] 王外连, 王明宇, 刘淑贞. 中国跨境电子商务的现状分析及建议 [J]. 电子商务, 2013 (9): 23-24.

[45] 王祖强, 胡阳. 发展跨境电子商务 促进贸易便利化 [J]. 电子商务, 2013 (9): 26-27.

[46] 王鹏, 王慧. 国际电子商务在国际贸易中的优势分析 [J]. 商场现代化, 2006 (11Z): 154-154.

[47] 马汴京. 新常态下跨境电子商务对我国外贸转型机制的影响 [J]. 当代经济, 2016 (5): 13-15.

[48] 沈瑞, 王莉. 中国的跨境电子商务: 发展及未来的视角 [J]. 中国商论, 2016 (3): 49-52.

[49] 马晓燕. 论跨境电商发展背景下我国国际贸易面临的影响及对外贸易模式的转型策略 [J]. 齐齐哈尔师范高等专科学校学报, 2019 (6): 103-104.

[50] 王力平. 跨境电子商务第三方支付外汇管理问题研究 [J]. 中国产经, 2021 (20): 104-105.

[51] 任杰, 靳俊雅. 中国跨境电子商务的优劣势比较及策略分析 [J]. 科技促进发展, 2021, 17 (3): 543-549.

[52] 杜永红. 内陆自贸区产业聚集对策研究——基于"一带一路"跨境电商视域 [J]. 技术经济与管理研究, 2020 (8): 123-128.

[53] 唐平娟, 郭娟, 林常青. 基于产教融合和赛教融合的国际贸易多元化人才培养模式探析 [J]. 创新创业理论研究与实践, 2023 (4): 133-136.

[54] 杜勇, 孙帆. 跨境电子商务企业经营风险的诱因与防范措施研究——基于信息不对称视角 [J]. 财务管理研究, 2020 (2): 35-41.

[55] 宋舒曼. 基于"一带一路"倡议背景下的跨境电商发展现状研究 [J]. 大众投资指南, 2020 (9): 36-37.

[56] 朱桑桑. 跨境电商视角下的中小外贸企业发展策略 [J]. 新商务周刊, 2019 (4): 130-131.

[57] 任冬阳. 跨境电子商务风险及防范研究 [J]. 区域治理, 2018 (30): 246-246.

[58] 陈贵香, 张新平. 中国跨境电子商务对外贸转型升级的影响 [J]. 现代商业, 2016 (23): 25-26.

[59] 弓永钦. "一带一路"跨境电商出口的难点及对策分析 [J]. 北京劳动保障职业学院学报, 2019（1）: 47-51.

[60] 刘婷婷. 探究跨境电子商务对新常态下我国外贸转型升级的影响 [J]. 经济研究导刊, 2016（23）: 162-163.

[61] 傅楷. 浅析跨境电子商务和外贸经济发展的关系 [J]. 中国商论, 2016（30）: 18-19.

[62] 林清华. 中国跨境贸易电子商务发展现状与对策分析 [J]. 现代商业, 2016（35）: 31-32.

[63] 邓琳佳. 跨境电商发展现状及机遇研究 [J]. 中国管理信息化, 2019, 22（10）: 169-170.

[64] 周佳明. 外贸企业基于跨境电商的运营及自主品牌塑造研究 [J]. 中国市场, 2018（3）: 70-71.

以下为本书参考相关网站

[1] http://www.customs.gov.cn/customs/302249/zfxxgk/2799825/302274/302277/302276/3515622/index.html

[2] https://www.cnipa.gov.cn/

[3] https://kandianshare.html5.qq.com/v2/news/7731710311954530626?src_APP=1&sGuid=000000000000000000000000000000

[4] http://paper.people.com.cn/rmrb/html/2022-06/15/nw.D110000renmrb_20220615_2-09.htm